Abschied vom Dampf
(Das letzte Jahrzehnt der DB-Dampflokomotiven)

Brian Stephenson

Franckh'sche
Verlagshandlung
Stuttgart

CIP-Kurztitelaufnahme der Deutschen Bibliothek

Stephenson, Brian
Abschied vom Dampf : d. letzte Jahrzehnt d.
DB-Dampflokomotiven. - 1. Aufl. - Stuttgart :
Franckh, 1978
Einheitssacht.: Last Steam Locomotives of
Western Germany <dt.>
ISBN 3-440-04503-X

Schutzumschlag gestaltet von Ian Allan Studio
Berechtigte Übersetzung aus dem Englischen von Alfred B. Gottwaldt
Titel der Originalausgabe: "Last Steam Locomotives of Western Germany",
erschienen bei Ian Allan Limited, Shepperton, 1978 unter ISBN 0 7110 0835 3

Franckh'sche Verlagshandlung, W. Keller & Co., Stuttgart / 1978

Printed in Great Britain — Imprimé en Grande-Bretagne / LH 19 hä / ISBN 3-440-04503-X

Inhalt

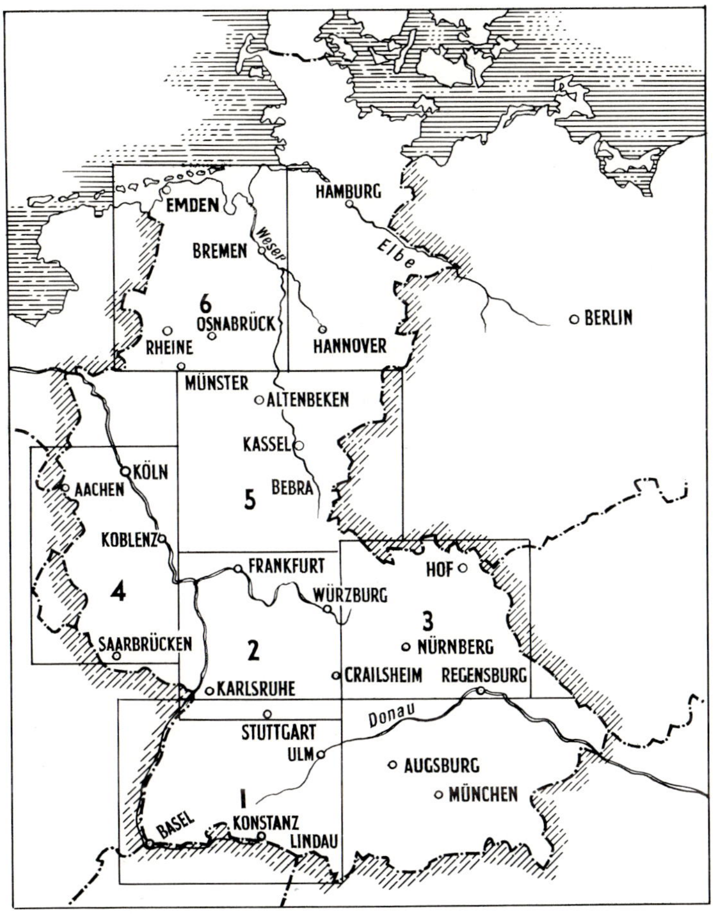

EMDEN
HAMBURG
BREMEN
Weser
Elbe
6
OSNABRÜCK
RHEINE
HANNOVER
BERLIN
MÜNSTER
ALTENBEKEN
KASSEL
KÖLN
AACHEN
5
BEBRA
KOBLENZ
FRANKFURT
HOF
4
WÜRZBURG
3
NÜRNBERG
SAARBRÜCKEN
2
CRAILSHEIM
REGENSBURG
KARLSRUHE
Donau
STUTTGART
ULM
AUGSBURG
MÜNCHEN
1
BASEL
KONSTANZ
LINDAU

39 058

Einleitung

Als ich 1964 die Bundesrepublik zum ersten Mal besuchte, waren in England die schönsten Dampflokomotiven schon in ständig wachsendem Tempo auf dem Weg zum Schrottplatz. Mit meiner Frau Mickey besuchte ich ihre Verwandten auf der schweizerischen Seite des Bodensees, und bei einem nachmittäglichen Einkaufsbummel durch Konstanz sah und fotografierte ich die erste Dampflok der Deutschen Bundesbahn. Ich wußte gar nicht, was mich erwartete, denn damals hatten wir in England viel weniger Informationen über die Maschinen auf dem Kontinent als in den letzten Jahren der Dampftraktion. Dabei hatte ich Glück, denn was da vor dem Eilzug nach Stuttgart über die Rheinbrücke donnerte, war eine der schon seltenen preußischen P 10-Loks. Und noch im gleichen Urlaub fuhren meine Frau und ich auch zweimal nach Lindau, wo ich meine einzige Aufnahme von einer S 3/6 unter Dampf schoß. Denn damals ging es im Bodenseegebiet mit der Dampflok schon ebenso zuende wie daheim in Großbritannien zu Beginn der sechziger Jahre.

Unsere Hinreise nach der Schweiz war über Frankreich erfolgt, doch wir entschlossen uns nun, die Rückfahrt über die elektrifizierte Strecke von Basel nach Koblenz und weiter über Luxemburg nach Oostende zu unternehmen und dabei zwei Tage im Moseltal bei Cochem zu verbringen. Dort bot sich nun ein völlig anderes Bild, denn bis auf einen Zug waren alle noch mit Dampf bespannt. Die einzige Ausnahme bildete eine Ausflügler-Sonderfahrt mit einem Vorkriegs-Dieseltriebwagen! Ein scheinbar endloser Strom schwerer Güterzüge fuhr hinter den unvergleichlichen dreizylindrigen 44ern an uns vorüber. Meist hielten sie in Cochem, um eine Schublokomotive durch den Kaiser-Wilhelm-Tunnel und weiter über Bullay nach Wegerohr am Gipfel der Ürziger Rampe ansetzen zu lassen. Im Bahnbetriebswerk Cochem, dem „Bw", wie der Eisenbahner sagt, standen mehrere 50er und eine einzelne G 10 zu diesem Dienst bereit. Der Personenverkehr wurde entweder von der ehrwürdigen preußischen P 8, der modernen Reihe 23 oder den schnittigen Pazifiks der Reihe 03 besorgt. Die letztgenannte Gattung war nur von 1963 bis 1965 in Trier stationert, ich hatte also Glück, sie auf dieser Strecke zu sehen.

Nur wenige traditionsbewußte britische Eisenbahnfreunde würden eine deutsche Dampflok wirklich als schön bezeichnen, besonders auch, wenn sie ihnen nur von Bildern bekannt ist. Und doch war ich nie wieder so beeindruckt wie am sonnigen Morgen des 22. August 1964, als ich in Cochem neben der Pazifikmaschine 03 244 stand. Die riesige schwarz-rote Maschine war so viel größer als die Dampfloks daheim, jedenfalls schien es von dem entsprechend niedrigen Bahnsteig her so; ihre Luft- und Speisewasserpumpen klopften geschäftig, der Turbogenerator für die Beleuchtung heulte aufgeregt – hier wartete ein rechter Vollblüter auf den Startschuß. Mit einem dumpfen Pfeifenton zog die Maschine an, beschleunigte ohne Schleuderer, und mit dem charakteristischen tiefen Auspuffgeräusch der Einheitslokomotiven, die im Reichsbahn-Zentralamt unter Richard Paul Wagner entwickelt worden waren, stob sie davon.

Nun gab es im Moseltal nicht nur Dampfloks in Hülle und Fülle, auch die Landschaft hatte ihre eigenen Reize, wie übrigens fast alle Strecken sehr schön lagen, die von den letzten Dampflokomotiven in Westdeutschland befahren wurden. So fuhr ich nach Hause mit dem festen Vorsatz, bei nächster Gelegenheit den deutschen Eisenbahnen nochmals einen Besuch abzustatten.

Auf jene erste Reise sind inzwischen über zwanzig weitere Fahrten gefolgt. Ihre Dauer schwankte, manchmal zwei Wochen, mitunter auch nur verlängerte Wochenenden, einige Male auch Durchreisen nach der Schweiz. Bei einer dieser letzteren Fahrten gelang mir auch meine einzige Aufnahme einer G8[1]-Güterzuglok

Links: Die erste deutsche Eisenbahnaufnahme des Verfassers. Die dreizylindrige preußische P 10-Maschine 39 058 dampft vor dem Eilzug E 593 nach Stuttgart über die Rheinbrücke in Konstanz. Aufnahme am 2. August 1964.

im regulären Dienst, als ich in Mönchengladbach kurz aus dem Loreley-Expreß nach Basel sprang. Ein paar Reisen unternahm ich auch mit dem Wagen, davon drei mit dem Freund Patrick Russell, der mit uns über die Autobahnen raste, um so viel Dampf wie möglich in unserem beschränkten Terminplan unterzubringen. Eine andere bemerkenswerte Reise wurde von Peter Handford, dem Toningenieur, begleitet. Faszinierend war es, seine Arbeit zu beobachten, und Seite 56 zeigt ein Bild, das genau mit einer seiner Aufnahmen übereinstimmt; es ist die Maschine 001 234-4 in Neuenmarkt-Wirsberg am Fuß der Schiefen Ebene, deren Warnpfiff für mich auf Platte ZTR 138 von Argo Transacord mit dem Titel „Engines in Germany" zu hören ist.

Und am Gipfelpunkt der Schiefen Ebene, in Marktschorgast, stiegen wir zufällig im gleichen Hotel ab, in dem auch Jean-Michel Hartmann, der bekannte Eisenbahnfotograf, übernachtete. Ich erinnere mich noch genau an unser hitziges Tischgespräch über die Kunst der Eisenbahnfotografie. Er stellte damals seinen Bildband "Dampflokomotiven in Deutschland" zusammen, deren Probeabzüge ich einmal durchsehen durfte.

Bestimmte Hotels waren regelmäßige Anlaufpunkte bei unseren Touren durch Deutschland; dort war man immer willkommen. Ich denke etwa an das Bahnhofshotel in Schwäbisch Hall-Hessental, wo sich Frau Leidig sorgend um uns kümmerte. So hatten wir einmal im Sommer 1971 von dem Ende der 03-Einsätze in Ulm gehört, denn im Lokalblatt war ein kleiner Nachruf erschienen. Wer beschreibt nun mein Erstaunen, als ich in Hessental durch das Geräusch einer Dampflok erwachte und beim Blick aus dem Fenster feststellte, daß draußen eine 03-Pazifik vor dem Personenzug stand! Selbst ein Olympiakämpfer hätte wohl das Tempo kaum übertreffen können, mit dem ich in die Kleider geschlüpft und aus dem Hotel gelaufen war. Auch Haus Waldfrieden, hoch oben am Berg über Alf, gegenüber dem Moselufer von Bullay, war sehr beliebt, denn hier konnte man beim Kaffeetrinken die Züge auf der zweistöckigen Brücke über den Fluß beobachten. Erst wenn der Zug das hintere Ende der Brücke erreichte, brauchte man sich hier von der Schwarzwäldertorte oder dem Glas Moselwein zu erheben, die Kamera ans Auge zu nehmen und auszulösen.

Viele meiner schönsten Aufnahmen entstanden durch Zufall. Ein Beispiel ist das auf Seite 63 wiedergegebene Bild der Maschine 044 070-1. Wir waren auf gemütlicher Fahrt von Schirnding nach Marktschorgast, als beim Annähern an die Strecke plötzlich das Signal gezogen wurde und bald darauf die Güterzugmaschine vorsichtig und leise um die Kurve rollte. Ohne dieses Signal hätten wir bestimmt nicht angehalten. Ebenso war es ein Glücksfall, daß eines Morgens das Neckartal bei Horb unter einer dichten

Schneedecke lag, nachdem der Tag zuvor trocken und sonnig gewesen war. So kam ich zu dem Bild der 038 711-8 auf Seite 24.

Ich war auch immer der Meinung, daß das Glück bei der Eisenbahnfotografie eine größere Rolle spielt, als viele Kollegen gern zugeben, jedenfalls bei Dampflokomotiven. Nicht nur die Lichtverhältnisse, auch Stärke und Richtung des Windes spielen eine wichtige Rolle. Man stelle sich die Bilder auf Seite 104 und 105 bei Gegenwind aus der anderen Richtung vor. Auch habe ich stets versucht, die Züge in typischer Umgebung, sei dies nun die Landschaft oder eine Bahnhofsanlage, aufzunehmen, und reine Zugfotos immer abgelehnt. So habe ich auch wenig Neigung zu Bildern aus dem Betriebswerk verspürt.

Bei der Auswahl der Bilder zu diesem Band habe ich versucht, die einzelnen Typen auf den verschiedenen Strecken in den letzten Jahren der Dampftraktion zu zeigen und so viel Landschaftsansichten aus den jeweilligen Gegenden aufzunehmen wie möglich. Natürlich hat meine Tätigkeit durch meine doch relativ kurzen Touren durch Deutschland eine gewisse Beschränkung erlitten. Für die an Ausrüstungsfragen interessierten Leser sei angemerkt, daß von den 145 Bildern im Buch alle bis auf elf mit einer Kamera aufgenommen worden sind. Es handelte sich um eine Rolleicord V mit Schneider 1: 3,5, f = 75 mm und 6 x 6-Film. Sie war 1957 gebaut worden, und ich habe sie 1962 gebraucht für 25 Pfund gekauft. Noch heute bin ich mit ihren Diensten sehr zufrieden. Von den verbleibenden Aufnahmen kamen fünf Stück mit einer Mamiyaflex C 33 und Teleobjektiv 1 : 4,5, f = 135 mm auf 6 x 6-Film zustande; es sind dies die Bilder auf den Seiten 49 unten, 63, 89, 93 und 108. Die übrigen sechs Fotografien sind Werke mit der Pentax SV in Verbindung mit dem Super Takumar 1 : 3,5, f = 135 mm auf Kleinbildfilm, zu sehen auf den Seiten 18, 32 oben, 48 oben, 49 oben, 52 und 195. Fast durchwegs wurde Kodak Tri-X-Film verwendet, für die Farbbilder Agfa CT 18. Auch die beiden Umschlagfotos mit Rolleiflex und Planar 1 : 3,5 sind auf diesem Material festgehalten.

Alle meine Reisen nach Westdeutschland waren für mich voller Freude, und dazu haben die Eisenbahner und alle anderen Menschen durch ihre Gastfreundschaft beigetragen. Ihnen allen danke ich sehr, ebenso meiner Frau, die mich auf den meisten Reisen begleitete, und die auch ein kritisches Auge auf die endgültige Bildauswahl und auf das Layout geworfen hat. Es ist sehr zu bedauern, daß es nun keine P 8 mehr im Schwarzwald, keine 01er auf der Schiefen Ebene und auch keine 44er mehr an der Mosel und in Ostfriesland zu sehen gibt.

Brian Stephenson

Oben: Vor dem Personenzug 3936, einem Arbeiterzug nach Schönmünzach, wartet die Maschine 78 093 am 30. Mai 1965 in Karlsruhe Hbf auf den Abfahrauftrag.

Links: In Cochem kommt die Dampflokomotive 03 032 mit ihrem Eilzug E 822 von Koblenz nach Trier am 22. August 1964 zum Halten. Zwei Schublokomotiven der Reihe 50 sind im Hintergrund zu sehen.

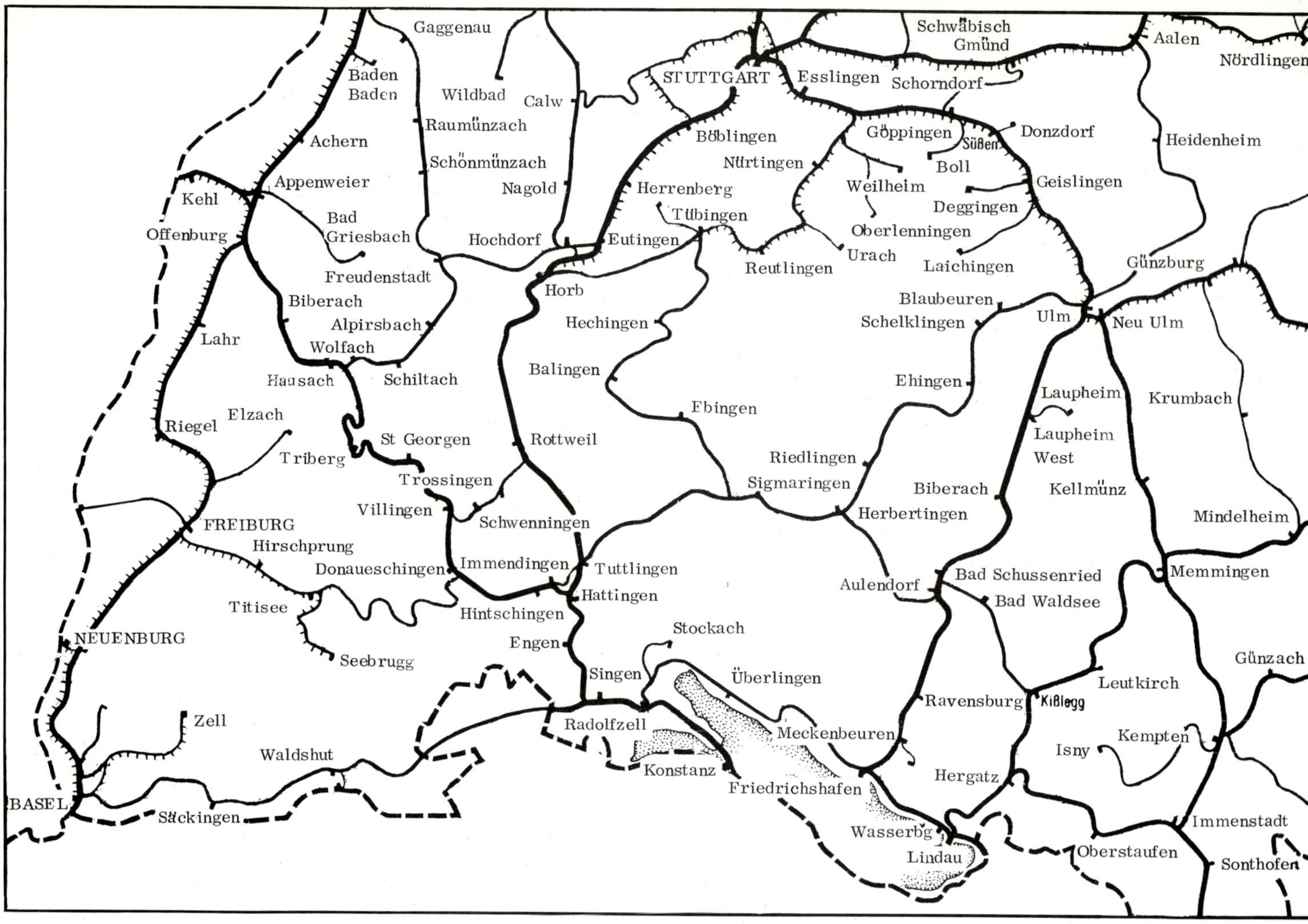

1 Bodensee, Schwarzwald, Donau

Links: Silhouette der P 8-Lokomotive 38 3849 auf dem Bodenseedamm bei Lindau am 16. August 1964.

Rechts oben: Eine weitere P 8 in Lindau, nämlich die Lokomotive 38 1743 am gleichen Tage beim Umsetzen der Kurswagen Innsbruck-Straßburg vom E 637 auf den D 161.

Rechts unten: Eine der letzten bayerischen S 3/6-Lokomotiven mit Neubaukessel im aktiven Dienst, die Vierzylinder-Verbundmaschine 18 620, befindet sich am 5. August 1964 in Lindau auf einer Leerfahrt.

Left: A silhouette of Class 38^{10} (Prussian P8) 4-6-0 No 38 3849 standing on the Bodenseedamm outside Lindau Hbf, on 16 August 1964.

Upper Right: Another 38^{10} 4-6-0, No 38 1743, shunts the through coaches of the 12.47 Innsbruck-Strasbourg train (E637/D161) in Lindau Hbf on 16 August 1964.

Lower right: One of the last rebuilt Bavarian Class S3/6 four-cylinder compound Pacifics to remain in service, No 18 620, runs light into Lindau on 5 August 1964.

38 1743

18 620
152
5

Rechts oben: Ohne Schwierigkeiten beschleunigt die P 10-Maschine 39 152 ihren Eilzug E 694 von Ulm nach Lindau nach dem Zwischenhalt in Langenargen; Aufnahme am 5. August 1964.

Rechts unten: Später am gleichen Tag begegnet uns die Lokomotive 39 152 noch einmal, nämlich mit dem abendlichen Eilzug E 822 nach dem Badischen Bahnhof in Basel. Der Zug führt einen Kurswagen von München nach Freiburg im Breisgau.

Unten: Eine der vierzig für Baden gebauten P 8-Lokomotiven, die 1922 von der Maschinenbaugesellschaft Karlsruhe gelieferte Maschine 38 3831, fügt sich hier vor der Einfahrt nach Lindau harmonisch in die Szene. Das Bild mit dem Mittagspersonenzug 3069 nach Friedrichshafen entstand am 16. August 1964.

Upper right: Class 39 Mikado No 39 152 accelerates effortlessly away from its stop at Langenargen with train E694, the 13.15 Ylm-Lindau on 5 August 1964.

Lower right: Later the same day No 39 152 is seen again as it departs from Lindau Hbf with train E822, the 17.25 to Basel Badischer Bahnhof, which includes a through coach from München to Freiburg im Breisgau.

Below: One of the 40 Prussian P8 4-6-0s built by Karlsruhe in 1922 for the Baden State Railways, Class 38^{10} No 38 3831 completes a happy scene as it approaches Lindau Hbf with train 3069, the 13.19 Personenzug from Friedrichshafen on 16 August 1964.

39 152

39 152

Oben: Tenderlokomotive 64 083 passiert ihre ausgemusterten Schwestern bei der Ausfahrt vor dem Personenzug 3752 nach Radolfzell in Friedrichshafen Stadt. Aufnahme am 2. Juni 1965.

Rechts: Maschine 39 150 in der Kurve unweit von Friedrichshafen vor dem Eilzug E 734 Basel Badischer Bahnhof – Lindau am 2. Juni 1965. Die 260 Maschinen der Gattung P 10, spätere Reihe 39⁰, wurden zwischen 1922 und 1925 gebaut; ihre letzte Vertreterin schied 1967 aus dem Dienst der DB.

Above: Class 64 2-6-2T No 64 083 passes a pair of withdrawn sisters as it leaves Friedrichshafen Stadt with train 3752, the 15.20 to Radolfzell, on 2 June 1965.

Right: Class 39 Mikado No 39 150 comes round the curve into Friedrichshafen with train E734, the 12.40 Basel Bad Bf-Lindau, on 2 June 1965. The 260 engines of Class 39 were built in the years 1922-25 and the last to remain in service on the DB were withdrawn in 1967

39 150

Oben: Wegen eines Schadens bei der elektrischen Zugförderung steht die Dampflok 50 2679 in Basel Badischer Bahnhof bereit, um den sonst mit Ellok gefahrenen Zug 3121 um die Mittagszeit nach Freiburg im Breisgau zu bringen. Aufnahme am 15. Juni 1966.

Above: Class 50 2-10-0 No 50 2679 waits to propel the normally electric train 3121, the 12.31 to Freiburg im Breisgau, out of Basel Bad Bf on 15 June 1966 due to an electrical failure.

Rechts: Eine der drei in den Jahren 1964 und 1965 zum Ersatz der S 3/6 beim Bw Lindau stationierten Einheitslok-Pazifiks der Reihe 01, die Maschine 01 093, erreicht am 2. Juni 1965 den Bahnhof Friedrichshafen Stadt vor dem Schnellzug D 75 Lindau-Kiel.

Unten: Ausfahrt der Ulmer Pazifiklok 03 275 vor dem Eilzug E 4697 nach Ulm am 2. Juni 1965 in Friedrichshafen Stadt.

Right: One of the three Class 01 Pacifics allocated to Bw Lindau in 1964-65 to replace the last of the Bavarian Pacifics, No 01 093 arrives at Friedrichshafen Stadt with train D75, the 17.21 Lindau-Kiel *Schnellzug*, on 2 June 1965.

Below: One of Ulm's 03 Pacifics, No 03 275 departs from Friedrichshafen Stadt with train E4697, the 16.33 to Ulm, on 2 June 1965.

078 453-8
1

Links: Ein Bild der leerfahrenden preußischen T 18 unter ihrer Computer-Nummer 078 453-8 vor dem alten Städtchen Rottweil am 2. September 1971.

Rechts: Rottweil wurde zum letzten Domizil der Gattung T 18 bei der DB. Hier verläßt die Lokomotive 078 474-4 mit dem Nachmittags-Personenzug 3915 Rottweil-Villingen am 2. September 1971 den Bahnhof Schwenningen.

Unten: Die letzte eingesetzte 078, Maschine 078 246-6, verläßt in Leerfahrt den Bahnhof von Villingen. Sie war gerade mit dem Zug 3915 von Rottweil herangekommen; Aufnahme am 11. Mai 1973. Ende 1974 wurde auch sie ausgemustert.

Left: With computerised number, Class 078 4-6-4T No 078 453-8 runs light below the old town of Rottweil on 2 September 1971.

Right: Rottweil became the last home of the Class 078, former Prussian T18, 4-6-4Ts. Here No 078 474-4 climbs away from Schwenningen with train 3915, the 16.49 Rottweil-Villingen, on 2 September 1971.

Below: The last 078 to remain in traffic, No 078 246-6 runs light out of Villingen station after arriving with train 3915, the 16.43 from Rottweil, on 11 May 1973. It was withdrawn at the end of 1974.

Links: Schwere dreizylindrige Güterzuglokomotive 044 332-5 bei Talfahrt vor dem Tunnel oberhalb von Horb, aufgenommen mit einem Güterzug von Böblingen in Richtung Süden am 24. Mai 1969.

Unten: Mit ihrem Kabinentender voraus verläßt die Maschine 050 560-2 am 24. Mai 1969 Horb über die Steigung nach Norden mit einem Güterzug.

Left: Three-cylinder Class 044 2-10-0 No 044 332-5 coasts downhill towards the Muhlener Tunnel above Horb with a southbound freight from Böblingen on 24 May 1969.

Below: A Class 050 2-10-0 with a *Kabinen* tender, No 050 560-2 climbs the bank out of Horb tender first with a northbound freight train on 24 May 1969.

Oben: Startbereit vor dem Nachmittagszug 4142 von Hausach nach Freudenstadt steht die Lokomotive 038 772-0 am 11. Mai 1973 in Wolfach im Schwarzwald. Diese Maschine, die frühere 38 1772 aus einer Lieferung von Schichau aus dem Jahre 1915, war die letzte aktive P 8 der DB; sie wurde Ende 1974 abgestellt. Etwa 3561 Stück dieser Gattung waren von 1906 bis 1923 zum Einsatz auf den deutschen Bahnen gebaut worden.

Above: Class 038 4-6-0 No 038 772-0 is about to depart from Wolfach in the Schwarzwald with train 4142, the 16.15 Hausach-Freudenstadt, on 11 May 1973. This locomotive, previously No 38 1772 built by Schichau in 1915, was the last Prussian P8 to remain in service on the DB and was withdrawn at the end of 1974. Some 3561 P8s were built for service on German railways in the years 1906-23.

Oben: Unter einem dunklen Wolkenhimmel stampft die Lokomotive 038 039-4, die ehemalige 38 2039, am 1. April 1970 vor ihrem abendlichen Eilzug E 2076 Tübingen – Aulendorf in Richtung Nehren.

Rechts oben: Bei der Ausfahrt von Rottenburg vor dem Nachmittagszug 4930 von Tübingen nach Horb hält die Maschine 064 094-6 den Feierabendverkehr am 1. April 1970 auf.

Rechts unten: Noch etwas später am gleichen Tag dampft die Maschine 038 626-8 (38 2626) bei Tübingen durch Gomaringen, hinter sich den Abendpersonenzug 4330 nach Sigmaringen.

Above: Dark clouds gather as Class 038 4-6-0 No 038 039-4 (formerly 38 2039) climbs towards Nehren with train E2076, the 17.20 Tübingen-Aulendorf, on 1 April 1970.

Upper right: Class 064 2-6-2T No 064 094-6 halts the rush-hour traffic as it leaves Rottenburg with train 4930, the 16.45 Tübingen-Horb, on 1 April 1970.

Lower right: On the same day Class 038 No 038 626-8 (38 2626) climbs away from Tübingen past Gomaringen with train 4330, the 17.33 to Sigmaringen.

064 094-6
(NECKAR)

Am Morgen des 2. April 1970 lag im Neckartal eine Schneedecke: Die Lokomotive 038 711-8 (38 3711) verläßt Horb vor dem Eilzug E 2140 von Stuttgart über Tübingen und Freudenstadt nach Kehl. Die P8-Maschinen des Bw Tübingen besaßen im allgemeinen noch ihren ursprünglichen Kastentender, während sonst die meisten Vertreterinnen dieser Gattung mit den Wannentendern ausgemusterter Kriegslokomotiven gekuppelt waren.

Snow lies in the Neckartal on the morning of 2 April 1970 as Class 038 4-6-0 No 038 711-8 (38 3711) climbs away from Horb with train E2140, the 06.05 Stuttgart-Kehl via Tübingen and Freudenstadt. The P8s operated by Bw Tübingen were usually coupled with the original type of tender unlike those elsewhere that were mostly given tenders from withdrawn *Kriegslokomotiven* in latter days.

003 088-2

Links: Vor dem Personenzug 3327, der um die Mittagszeit nach Friedrichshafen abging, lief am 1. September 1971 die leichte Pazifiklok 003 088-2 aus Ulm. Der Turm des Ulmer Münsters, der höchste Kirchturm der Welt, und die Brücke der Augsburger Strecke über die Donau sind im Hintergrund rechts zu sehen.

Oben: Eine andere Ulmer 03, die Maschine 003 281-3, zieht behende den Personenzug 3343 Friedrichshafen – Ulm am 26. März 1970 aus Meckenbeuren.

Darunter: Am Abend des frostigen 2. April 1970 wurde die Maschine 003 088-2 vor dem Zug 4452 Ulm – Schelklingen bei Blaubeuren aufgenommen. Sie gehörte zu den beiden letzten, 1972 ausgemusterten Loks der Reihe 03 bei der Bundesbahn.

Left: Class 003 Pacific No 003 088-2 accelerates away from Ulm with train 3327, the 12.18 to Friedrichshafen, on 1 September 1971. Ulm Cathedral, with the highest church spire in the world, and the bridge carrying the Augsburg line over the River Danube can be seen in the right-hand background.

Top: Another of Ulm's 003 Pacifics, No 003 281-3, pulls smartly away from Meckenbeuren with train 3343, the 16.56 Friedrichshafen-Ulm, on 26 March 1970.

Above: On the freezing evening of 2 April 1970 No 003 088-2 heads train 4452, the 17.45 Ulm-Schelklingen, near Blaubeuren. This engine was one of the last pair of 003s when withdrawn in 1972.

2 Neckar, Main

Rechts: Bei Schlierbach-Ziegelhausen im Neckartal begegnet uns der nachmittägliche Personenzug 2941 von Mannheim über Heidelberg nach Heilbronn, aufgenommen am 31. August 1969. Die Baureihe 50, ein „Mädchen für Alles" bei der DB, wurde 1939 von der Reichsbahn eingeführt und insgesamt in 3159 Exemplaren gebaut.

Right: Class 050 2-10-0 No 052 638-4 heads out of Heidelberg at Schlierbach-Ziegelhausen with train 2941, the 16.06 Mannheim-Heilbronn, on 31 August 1969. The Class 50, which became the DB's maid-of-all-work, was introduced by the Deutsche Reichsbahn in 1939 and a total of 3159 were built.

052 638-4
Polizei

Unten: Mittagseilzug E 560 von Frankfurt (M) nach Heilbronn mit seiner Lokomotive 038 626-8 (38 2626) am 31. August 1969 unweit von Neckargemünd.

Below: Class 038 4-6-0 No 038 626-8 (38 2626) heads away from Neckargemund and crosses the River Neckar with train E560, the 10.00 Frankfurt (M)-Heilbronn, on 31 August 1969.

Oben: Noch eine Ausfahrt von Neckargemünd, die Crailsheimer Lokomotive 023 088-8 vor dem Mittagspersonenzug 2933 von Heidelberg nach Heilbronn über Sinsheim, gleichfalls am 31. August 1969 beobachtet.

Rechts: Rückfahrt der P 8-Maschine 038 626-8 vor dem Gegenzug E 559 von Heilbronn nach Frankfurt (M), aufgenommen an der Brücke über die Elsenz kurz nach dem Verlassen des Reichensteintunnels vor Neckargemünd, am gleichen Tage.

Above: A Crailsheim Class 023 2-6-2, No 023 088-8, pulls out of Neckargemund with train 2933, the 12.39 Heidelberg-Heilbronn via Sinsheim, on 31 August 1969.

Right: No 038 626-8 is seen again on 31 August, 1969 as it crosses the bridge over the Elsenz after leaving the Reichenstein Tunnel on the approach to Neckargemund with train E559, the 13.42 Heilbronn-Frankfurt (M).

Oben: Lokomotive 065 013-5 dampft aus dem Schuppen von Weinheim, bevor sie am Nachmittag den Nebenbahnzug über die Strecke nach Fürth im Odenwald bringt. Aufnahme am 30. August 1969. Nur 18 Stück dieser erst 1951 eingeführten Baureihe wurden für die DB gebaut.

Rechts: Nur wenige Minuten später kommt die Maschine 065 013-4 mit ihrem Leerzug in den Bahnhof von Weinheim an der Bergstraße.

Ganz rechts: Jetzt ist die Maschine 065 013-5 mit dem Personenzug 3323 von Weinheim nach Fürth schon bergan unterwegs.

Above: Class 065 2-8-4T No 065-013-5 backs out of the engine shed at Weinheim on 30 August 1969 before working the 16.52 branch train to Fürth. Introduced in 1951, only 18 of these engines were built for the DB.

Right: Minutes later No 065 013-5 brings the empty coaches of its train into Weinheim (Bergstrasse) station.

Far right: Now No 065 013-4 has the bit between its teeth as it climbs away from Weinheim Tal with train 3323, the 16.52 Weinheim-Fürth, on 30 August 1969.

065 013-5

044 566-8

Links: Vor dem Zug 3736, einer aus alten Reichsbahnwagen gebildeten Verbindung zwischen Crailsheim und Heilbronn, geht die Dampflok 023 072-2 dic Steigung hinter Gailenkirchen an. Die 1'C 1'-Reihe 23 wurde 1950 vorgestellt, und bis 1959 sind 105 Stück geliefert worden. Die Maschine 23 105 war die letzte für die Bundesbahn gebaute Dampflokomotive; die letzte Vertreterin dieser Gattung wurde 1975 ausgemustert Aufnahme am 31. August 1971.

Links unten: Mit einem Güterzug rollt die schwere 044 566-8 am 15. Mai 1973 talwärts in Richtung Gailenkirchen.

Unten: Eine weitere Aufnahme des Zuges 3736 bei der Ausfahrt von Gailenkirchen, diesmal – am 15. Mai 1973 – mit der Dampflok 023 048-2 an der Spitze.

Left: Class 023 2-6-2 No 023 072-2 heads away upgrade from Gailenkirchen with train 3736, the 16.06 Crailsheim-Heilbronn formed of pre-war DR coaches, on 31 August 1971. The 2-6-2s of Class 23 were introduced in 1950 and 105 were built in the years up to 1959, when No 23 105 was completed; this was the last steam locomotive built for the DB. The final Class 23 survivor was withdrawn in 1975.

Lower Left: An eastbound freight train rolls downgrade towards Gailenkirchen behind Class 044 2-10-0 No 044 566-8 on 15 May 1973.

Below: Another look at train 3736, the 16.06 Crailsheim-Heilbronn, as it pulls away from Gailenkirchen with Class 023 No 023 048-2 in charge on 15 May 1973.

Rechts: Die Mutter mit ihren beiden Töchtern betrachtet auch die Dampflokomotive 051 620-3, die hier am 5. Juni 1971 mit einem Güterzug über die alte württembergische Kocherbahn von Crailsheim nach Heilbronn oberhalb von Schwäbisch Hall vorüberfährt.

Unten: Vorspannfahrt mit 023 044-1 und 050 450-6 vor einem Güterzug von Schwäbisch Hall in Richtung Westen, gleichfalls am 5. Juni 1971.

Darunter: Auch dieses Paar aus den Reihen 23 und 50, gebildet aus den Maschinen 023 021-9 und 050 584-2, braucht bei seiner schweren Arbeit vor dem Güterzug am 15. Mai 1973 wohl kaum abzubremsen, als es die Langsamfahrstelle in der großen Kurve zwischen Schwäbisch Hall und Schwäbisch Hessental befährt.

Right: A mother and her two young daughters watch Class 050 2-10-0 No 051 620-3 coming round the hillside above the beautiful old town of Schwäbisch Hall with a westbound freight on the former Württemberg Kockerbahn from Crailsheim to Heilbronn; the date is 5 June 1971.

Below: Class 023 2-6-2 No 023 044-1 and Class 050 2-10-0 No 050 450-6 double-head another westbound freight out of Schwäbisch Hall on 5 June 1971.

Bottom: Another Class 023 and 050 combination, Nos 023 021-9 and 050 584-2, have no need to slow-down for the commencement of a speed restriction as they toil round the long horseshoe curve between Schwäbisch Hall and Schwäbisch Hall Hessental with an eastbound freight train on 15 May 1973.

Links: Durch das Dreizylindertriebwerk erscheint hier über der Silhouette der Lok 044 558-5 (44 1562) eine gleichmäßige Rauchwolke, während sie am 31. August 1971 vor einem schweren Güterzug ostwärts an Schwäbisch Hall-Hessental vorüberfährt.

Oben: Angestrengtes Arbeiten der 044 557-7 (44 1559) in der langen Kurve zwischen Schwäbisch Hall und Hessental bei Michelbach. Aufnahme vor einem Güterzug in östlicher Richtung am Abend des 3. Juni 1971.

Rechts: Die Silhouette einer 50er Güterzuglok im Gefälle vor Schwäbisch Hall-Hessental, aufgenommen am 31. August 1971 vor einem Zug in Richtung Westen.

Left: Class 044 2-10-0 No 044 558-5 (44 1562) exhausts its three cylinders in a steady roar as it climbs past Schwäbisch Hall-Hessental, silhouetted by the setting sun, with a heavy eastbound freight train on 31 August 1971.

Above: Another 044, No 044 557-7 (44 1559), works hard on the long curve between Schwäbisch Hall and Schwäbisch Hall-Hessental near Michelbach with an eastbound freight on the evening of 3 June 1971.

Right: A silhouette of the front end of a Class 050 2-10-0 as it drops down the bank into Schwäbisch Hall-Hessental with a westbound freight on 31 August 1971.

Links: Der Fünfkuppler 094 232-6 (94 1232) aus der altpreußischen Gattung T 16¹ versah im Bahnhof Crailsheim den Rangierdienst. Hier, am 27. Mai 1969 aufgenommen, zieht er einen Leerzug aus der Station.

Unten: Noch einmal der Personenzug 3736 nach Heilbronn, dessen Lokomotive 023 065-6 hier in Crailsheim eine eindrucksvolle Anfahrt vorlegt. Bei der Aufnahme am 27. Mai 1969 zeigt die Maschine noch deutliche Zeichen der gerade vorgenommen Umnumerierung.

Left: Class 094 (Prussian T16¹) 0-10-0T No 094 232-6 (94 1232) pulls a train of empty coaches out of Crailsheim while performing station pilot duties on 27 May 1969.

Below: Showing evidence of recent re-numbering, Class 023 2-6-2 No 023 065-6 makes a smoky departure from Crailsheim with train 3736, the 16.05 to Heilbronn, on 27 May 1969.

Oben: Eine unerwartete Aufgabe übernahm die Ulmer 03 mit dem Sommerfahrplan 1971, nämlich den Eilzug E 1872 nach Stuttgart, den sie am Morgen von Crailsheim nach Backnang zu befördern und am Abend zurückzubringen hatte. Hier verläßt die Maschine 003 179-9 vor E 1872 am 6. Juni 1971 den Bahnhof Schwäbisch Hall-Hessental.

Above: An unexpected duty for an Ulm 003 Pacific at the start of the 1971 summer timetable was train E1872, the 07.30 Crailsheim-Stuttgart, which the 003 worked to Backnang and returned in the evening. Here No 003 179-9 leaves Schwäbisch Hall-Hessental with train E1872 on 6 June 1971.

Oben: Um 10 Uhr am Vormittag verließ die 078 062-7 am 25. Mai 1969 mit dem Zug E 4728 Aalen, um ihn bis Schorndorf, wo eine Ellok übernimmt, zu befördern. Die preußische T 18 wurde 1912 eingeführt und in 536 Exemplaren gebaut, von denen noch 508 in den Bestand der alten Reichsbahn kamen.

Above: Class 078 4-6-4T No 078 062-7 departs from Aalen on 25 May 1969 with train E4728, the 10.00 to Stuttgart, which the 078 will haul to Schorndorf, where an electric locomotive is to take over. The Prussian T18 4-6-4T was first introduced in 1912 and 536 were built for various German railways; 508 of them eventually came into DR stock.

Rechts: Früher am Morgen des gleichen Tages konnte die Maschine 078 062-7 bei der Ankunft mit dem Personenzug 3417 aus Stuttgart beobachtet werden.

Unten: Vor dem Eilzug E 4662 Crailsheim-Ulm verläßt die Personenzuglok 023 058-1 den Bahnhof von Aalen am Vormittag des 25. Mai 1969, während im Hintergrund die Lok 078 062-7 vor dem auf der gegenüberliegenden Seite abgebildeten Zug freie Ausfahrt erhält.

Right: Earlier on the morning of 25 May 1969 No 078 062-7 arrives at Aalen with train 3417, the 05.40 from Stuttgart.

Below: Class 023 2-6-2 No 023 058-1 leaves Aalen with train E4662, the 09.22 Crailsheim-Ulm, as in the background No 078 062-7 gets the departure signal with the train seen on the opposite page; photographed on 25 May 1969.

Oben: Leichte Personenzug-Tenderlok 064 109-2 bei der Abfahrt von Wörth, aufgenommen vor dem Mittagszug 2335 von Miltenberg nach Aschaffenburg am 6. April 1970. 520 dieser Maschinen wurden zwischen 1926 und 1940 für die Reichsbahn gebaut.

Rechts oben: Eine weitere Szene auf der alten bayerischen Strecke nach Miltenberg, hier mit der Güterzuglok 050 511-4 vor dem mittäglichen Personenzug 3315 von Aschaffenburg am 2. Juni 1971 bei der Ausfahrt von Laudenbach.

Rechts unten: Im Winter 1970/1971 wurde alle noch vorhandenen 65er nach Miltenberg umstationiert, um auf der Strecke nach Miltenberg die Reihe 64 zu ersetzen. Doch als im Frühjar 1973 die letzte 65 ausgemustert wurde, standen immer noch einige 64er unter Dampf. Hier fährt die Lok 065 001-0 am 2. Juni 1971 aus Laudenbach am Mainufer, hinter sich den Nachmittagspersonenzug 3318 von Miltenberg nach Aschaffenburg.

Above: Class 064 2-6-2T No 064 109-2 pulls away from Wörth with train 2335, the 13.34 Miltenberg-Aschaffenburg, on 6 April 1970. The Deutsche Reichsbahn had 520 of these engines built in 1926-40.

Upper right: Another scene on the former Bavarian line to Miltenberg, with Class 050 2-10-0 No 050 511-4 leaving Laudenbach with train 3315, the 13.37 from Aschaffenburg, on 2 June 1971.

Lower right: In the winter of 1970-71 all the remaining Class 065 2-8-4Ts were transferred to Aschaffenburg for work to Miltenberg, replacing most of the Class 064 2-6-2Ts. However, by the spring of 1973 the last 065 had been withdrawn and a few 064s remained at work. Here No 065 001-0 departs from Laudenbach, beside the River Main, with train 3318, the 14.53 Miltenberg-Aschaffenburg, on 2 June 1971.

051 511-4

065 001-0

3 Nordost-Bayern

Unten: Ankunft der 086 795-2 in Pyrbaum, aufgenommen am 3. April 1970 vor dem Zug 3512 über die Nebenstrecke Burgthann-Allersberg.

Rechts oben: Güterzug von Nürnberg nach Weiden in der Hartmannshofer Kurve, geführt von der Maschine 044 597-3 am 16. Mai 1973.

Rechts unten: Den Güterzug nach Nürnberg, der sich hier wieder Hartmannshof nähert, führte am 16. Mai 1973 die Dampflokomotive 050 964-6.

Below: Class 086 2-8-2T No 086 795-2 arrives at Pyrbaum with train 3512, the 14.18 Burgthann-Allersberg branch service, on 3 April 1970.

Upper Right: Class 044 2-10-0 No 044 597-3 storms round the curve from Hartmannshof with a Nürnberg-Weiden freight on 16 May 1973.

Lower right: A freight train for Nürnberg approaches Hartmannshof hauled by Class 050 2-10-0 No 050 964-6 on 16 May 1973.

050 964-6

064 295-9

Links oben: Bergan kämpft sich die kleine 064 097-9 aus Bayreuth vor dem Personenzug 4091 nach Weiden am späten Nachmittag des 7. Mai 1973.

Links unten: Nochmals ein Blick auf den gleichen Zug nach Weiden, nun am 16. Mai 1973 hinter der 064 295 mit ihren Schneeräumern bei der Ausfahrt von Stockau aufgenommen. Die letzte 64er wurde 1974 ausgemustert.

Oben: Leerfahrt der Maschine 050 899-4 in der Kurve bei Trebgast, am 8. Mai 1973 auf dem Wege von Bayreuth nach Neuenmarkt-Wirsberg.

Links: Wiederum die Lokomotive 050 899-4, nun vor dem Personenzug 4086 von Kirchenlaibach nach Bayreuth, am Nachmittag des 16. Mai 1973 vor Stockau aufgenommen.

Far left upper: Class 064 2-6-2T No 064 097-9 struggles uphill out of Bayreuth with train 4091, the 16.05 to Weiden, on 7 May 1973.

Far left lower: Another look at the 16.05 Bayreuth-Weiden train as it leaves Stockau behind snow plough-fitted No 064 295-9 on 16 May 1973. The last 064 was withdrawn in 1974.

Above: Class 050 2-10-0 No 050 899-4 runs light round the curve past Trebgast bound for Neuenmarkt-Wirsberg from Bayreuth on 8 May 1973.

Left: No 050 899-4 is seen again as it approaches Stockau with train 4086, the 15.43 Kirchenlaibach-Bayreuth, on 16 May 1973.

Oben: Auf der Bayreuther Strecke bei der Ausfahrt von Neuenmarkt-Wirsberg befindet sich die Lokomotive 044 247-5 mit ihrem Güterzug in östlicher Richtung. Aufnahme am 9. März 1972.

Links: Ankunft des berühmten Eilzuges E 658 „Frankenland" von Hof nach Saarbrücken in Neuenmarkt-Wirsberg, am 9. März 1972 bespannt mit der Maschine 001 088-4.

Rechts: Abfahrt der Pazifiklok 001 180-9 vor dem Eilzug E 1791 von Würzburg nach Hof aus dem Bahnhof von Neuenmarkt-Wirsberg am 9. Mai 1973. Die Maschine besitzt einen Neubaukessel.

Above: Class 044 2-10-0 No 044 247-5 takes the Bayreuth line out of Neuenmarkt-Wirsberg with an eastbound freight train on 9 March 1972.

Left: Class 001 Pacific No 001 088-4 arrives at Neuenmarkt-Wirsberg with train E658, the 13.00 Hof-Saarbrücken 'Frankenland', on 9 March 1972.

Right: Rebuilt Class 001 Pacific No 001 180-9 departs from Neuenmarkt-Wirsberg with train E1791, the 06.04 Würzburg-Hof, on 9 May 1973.

001 180-9

001 187-4
F

Links und rechts: Eine weitere Neubaukessel-01, die Maschine 001 187-4, donnert unter einer kleinen Brücke hervor, als sie vor dem frühen Eilzug E 1791 Würzburg-Hof am 5. April 1970 in Neuenmarkt-Wirsberg auf die Schiefe Ebene zufährt.

Unten: Dampflok 001 103-1 mit Neubaukessel rollt über die Schiefe Ebene abwärts nach Neuenmarkt-Wirsberg, hinter sich den Eilzug E 1648 von Hof nach Kaiserslautern. Aufnahme am 5. April 1970.

Left and right: Another rebuilt Class 001 Pacific, No 001 187-4, bursts from under a farm bridge as it leaves Neuenmarkt-Wirsberg at the foot of the Schiefe Ebene with train E1791, the 06.04 Würzburg-Hof, on 5 April 1970.

Below: Rebuilt Class 001 Pacific No 001 103-1 rolls down the five-mile 1 in 40 Schiefe Ebene towards Neuenmarkt-Wirsberg with train E1648, the 08.32 Hof-Kaiserslautern, on 5 April 1970.

F

Links: Nur zwei Wochen vor der Einstellung des planmäßigen Dampflokeinsatzes in Hof entstand diese Aufnahme am 18. Mai 1973, als die Maschinen 001 008-2 und 001 088-4 sich vor dem Eilzug E 1649 von Ludwigshafen nach Hof beim Anstieg über die Schiefe Ebene in der Abendsonne zeigten. Die Lok 01 008 wurde als erste ihrer Gattung im Januar 1926 in Dienst gestellt, vermutlich wegen ihrer besonderen Fabriknummer als 12 000. Borsig-Maschine. Bis 1938 wurden 231 Stück gebaut, zu denen noch die 10 umgebauten Verbundloks der Reihe 02 kamen.

Left: With just two weeks left before the end of full-scale steam working from Hof the two oldest Class 001 Pacifics to remain in service on the DB, Nos 001 008-2 and 001 088-4, glint in the evening sun as they climb the Schiefe Ebene with train E1649, the 12.02 Ludwigshafen-Hof, on 18 May 1973. No 001 008-2 was the first 01 to enter service in January 1926, probably for prestige reasons, as it was the 12000th locomotive built by Borsig. In all 231 were built up to 1938 and a further 10 were added by the rebuilding of the Class 02 compound Pacifics.

Links: Personenzugdienst mit der 001 111-4 bei Falls im Verlauf der Strecke Hof-Lichtenfels, hier vor dem Abendzug 2850 am 16. Mai 1973.

Rechts: Auch die Lokomotive 052 339-9 rollt hier mit ihrem Mittagspersonenzug 2828 von Hof nach Neuenmarkt-Wirsberg die Schiefe Ebene hinunter. Aufnahme am 18. Mai 1973.

Left: Class 001 Pacific No 001 111-4 rounds the curve towards Falls with train 2850, the 17.29 Hof-Lichtenfels, on 16 May 1973.

Right: Class 050 2-10-0 No 052 339-9 drifts down the Schiefe Ebene with train 2828, the 13.30 Hof to Neuenmarkt-Wirsberg, on 18 May, 1973.

Rechts: Silhouette der Dampflok 001 168-4, ausfahrend von Falls, hier vor dem Personenzug 2839 von Lichtenfeld nach Hof, aufgenommen am Abend des 17. Mai 1973.

Rechts unten: Schneegestöber auf dem Bahnsteig in Hof, wo die Maschine 001 187-4 mit Neubaukessel auf die Abfahrtszeit des Personenzuges 2850 nach Lichtenfels wartet. Aufnahme am 11. März 1972. Zwischen 1958 und 1961 rüstete die DB fünfzig Maschinen der Reihe 01 mit neuen, völlständig geschweißten Kesseln aus.

Unten: Eine der zehn 01er, die aus den Vierzylinder-Verbundloks der Reihe 02 umgebaut worden sind. Maschine 001 234-4, die 1925 gelieferte und 1938 umgebaute 02 003, geht hier am 8. März 1972 den Fuß der Schiefen Ebene in Neuenmarkt-Wirsberg an. Eine Diesellok der Reihe 211 leistet ihr als Nachschub am Eilzug E 1649 Ludwigshafen – Hof tatkräftige Unterstützung.

Right: Class 001 Pacific No 001 168-4 is seen in silhouette as it heads away from Falls with train 2839, the 17.09 Lichtenfels-Hof, on 17 May 1973.

Lower right: Snow whirls under the platform awnings at Hof Hbf as rebuilt Class 001 Pacific No 001 187-4 awaits departure time with train 2850, the 17.29 to Lichtenfels, on 11 March 1972. In 1958-61 the DB rebuilt 50 01s with larger all-welded boilers.

Below: One of the 10 01s rebuilt from the four-cylinder compound Class 02 Pacifics, No 001 234-4, formerly 02 003 built in 1925 and rebuilt as an 01 in 1938, attacks the foot of the Schiefe Ebene as it leaves Neuenmarkt-Wirsberg assisted by a Class 211 diesel banker with train E1649, the 11.45 Ludwigshafen-Hof, on the evening of 8 March 1972.

001 187-4

086 263-1

001 111-4

Links oben: Anstelle einer ausgefallenen 211-Diesellok führt die Maschine 086 263-1 am 28. Mai 1969 den Nachmittagspersonenzug 4014 von Bad Steben nach Hof, hier bei der Ankunft in Hof. Die Reihe 86 kam 1928 bei der Reichsbahn in Betrieb; bis 1943 wurden 774 Einheiten geliefert.

Links unten: Gerade ist die Dampflok 001 111-4 mit dem Eilzug E 1863 von Tübingen in Hof eingelaufen. Aufnahme am 17. Mai 1973. Diese Maschine, die als letzte ihrer Gattung in Lingen ausgebessert wurde, ist heute im Schuppen von Neuenmarkt-Wirsberg untergebracht, dem Deutschen Dampflok-Museum.

Links: Langsam setzt die Dampflok 44 1112 durch Hof Hbf zurück, um am Grenzbahnhof Gutenfürst einen Güterzug aus der DDR zu übernehmen. Aufnahme am 21. Mai 1967. Einst war zur Länderbahnzeit Hof der Grenzbahnhof zwischen Sachsen und Bayern.

Far left upper: Class 086 2-8-2T No 086 263-1 approaches Hof Hbf in place of a failed Class 211 diesel with train 4014, the 13.38 from Bad Steben, on 28 May 1969. The Class 86 was introduced by the DR in 1928 and 774 were built over the years to 1943.

Far left lower: Class 001 Pacific No 001 111-4 has just arrived at Hof Hbf with train E1863, the 05.36 from Tübingen, on 17 May 1973. This locomotive, the last 001 to be overhauled at Lingen Works, is preserved in the depot at Neuenmarkt-Wirsberg, which has become the Deutsches Dampflok-Museum.

Left: Class 44 2-10-0 No 44 1112 reverses light through Hof Hbf en route to collect a freight train from the East German border station at Gutenfürst on 21 May 1967. In pre-Reichsbahn days Hof was the frontier station between the Saxon and Bavarian railway systems.

01 215
Wasser

Links: Der Zugführer des D 146 Dresden-München übergibt dem Lokführer der 01 215 vor der Abfahrt in Hof die Papiere, beobachtet am 21. Mai 1967.

Oben: Mit einem Personenzug von Marktredwitz ist die Dampflokomotive 38 2641 nach Hof gekommen. Aufnahme am 21. Mai 1967.

Rechts: Friedliches Dahindösen der Maschine 50 2524 vor der Abfahrt mit dem Mittagszug 1866 nach Lichtenfels am gleichen Tage.

Left: The conductor of train D146, the 08.13 Dresden-München express, exchanges papers with the driver of Class 01 Pacific No 01 215 shortly before departure from Hof Hbf on 21 May 1967.

Above: Class 38^{10} 4-6-0 No 38 2641 stands in Hof Hbf on 21 May 1967 after arrival with train 1271, the 11.59 from Marktredwitz.

Right: Class 50 2-10-0 No 50 2524 simmers quietly before departure from Hof Hbf with train 1866, the 11.45 to Lichtenfels, on 21 May 1967.

Links oben: Nun nähert sich die Lok 050 945-3 dem Gipfel der Schiefen Ebene bei Marktschorgast, am 17. Mai 1973 mit dem Vormittagsgüterzug nach Hof am Haken.

Links unten: Bald hat die 044 544-5 mit ihrem Nachmittagsgüterzug von Marktredwitz ihr Ziel erreicht, als sie am 29. Mai 1969 in der Kurve bei Hof-Moschendorf liegt.

Unten: Wiederum eine 44er, die Lok 044 070-1 am 17. Mai 1973 mit einem Güterzug über die Strecke Hof – Marktredwitz, kurz vor der Einfahrt von Röslau. Die ersten 10 Loks der dreizylindrigen Reihe 44 wurden 1926 gebaut, doch erst 1937 wurde der Serienbau aufgenommen. Bis 1946 baute man 1979 Stück.

Upper left: Class 050 2-10-0 No 052 945-3 approaches the summit of the Schiefe Ebene at Marktschorgast with the mid-morning freight train for Hof on 17 May 1973.

Lower left: Class 044 2-10-0 No 044 544-5 nears its destination as it comes round the curve past Hof-Moschendorf station with an afternoon freight from Marktredwitz on 29 May 1969.

Below: Another Class 044, No 044 070-1, approaches Röslau with a southbound freight on the Hof-Marktredwitz line on 17 May 1973. The first 10 Class 44 three-cylinder 2-10-0s were built in 1926, but it was not until 1937 that full-scale production started; the total built by 1946 was 1,979.

Unten: Dampflok 01 202, ganz ohne Frontverkleidung, wartet in Marktredwitz auf den Abfahrauftrag. Sie hat den D 141 München – Hof ab Regensburg befördert; Aufnahme am 21. Mai 1967.

Below: Class 01 Pacific No 01 202, completely shorn of its front plating, awaits the right away from Marktredwitz with train D141, the 14.42 München-Hof express, which the 01 has hauled from Regensburg on 21 May 1967.

Oben: Mit einem Güterzug aus Eger (Cheb), den sie im Grenzbahnhof Schirnding abgeholt hat, passiert die Dampflok 50 1027 am 22. Mai 1967 die Fabrik von Rosenthal vor Marktredwitz.

Rechts: Hier liegt am 22. Mai 1967 die Maschine 01 092 vor ihrem frühen Eilzug E 511 München – Hof in der Kurve von Marktredwitz.

Above: Class 50 2-10-0 No 50 1027 passes the Rosenthal Factory as it approaches Marktredwitz with a freight train from Cheb in Czechoslovakia that it has brought from the border station of Schirnding on 22 May 1967.

Right: Class 01 Pacific No 01 092 swings round the curve out of Marktredwitz with train E511, the 06.24 München-Hof, on 22 May 1967.

Noch einmal der D 141 von München nach Hof. Die frischlackierte 001 173-4 eilt durch die langgestreckte Kurve der Regensburger Bahn bei Marktredwitz, aufgenommen am Abend des 29. Mai 1969.

Freshly-overhauled Class 001 Pacific No 001 173-4 hurries round the long curve of the Regensburg line on the approach to Marktredwitz with train D141, the 14.42 München-Hof express, on the evening of 29 May 1969.

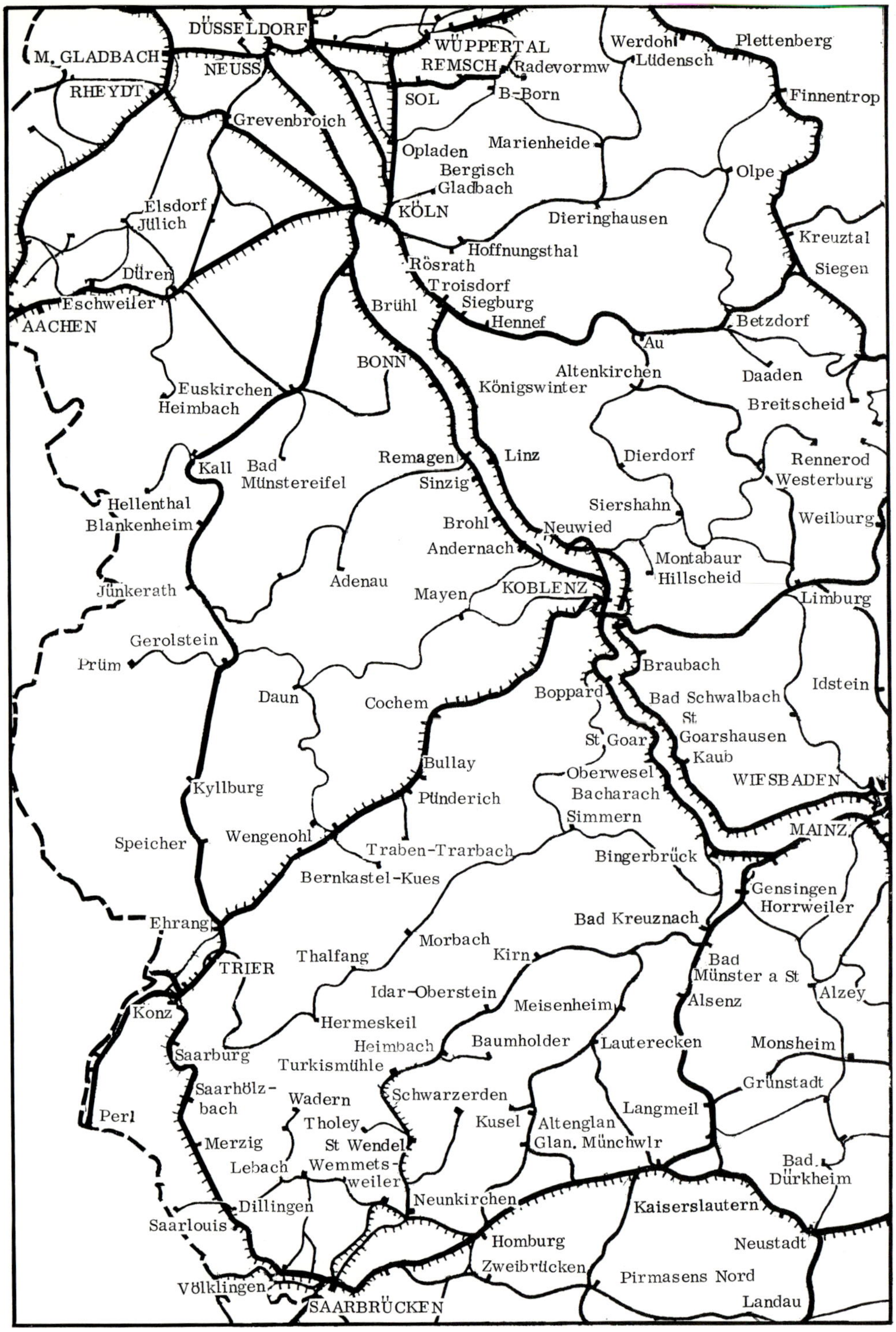

4 Rhein, Mosel, Saar

Rechts: Fast im Schatten des Kölner Domes fuhr die Maschine 23 015 mit dem Mittagszug E 790 nach Siegen aus dem Hauptbahnhof. Aufnahme am 27. Mai 1965.

Right: In the shadow of Köln Cathedral, Class 23 2-6-2 No 23 015 departs from the Hauptbahnhof with train E790, the 13.01 to Siegen, on 27 May 1965.

23 015

051 791-2

55 4953

Oben: Eine höchst interessante Geschichte hat diese von der DB an die Industrie verkaufte 1'D-Lok 56 3007 hinter sich, die hier als „Carl Alexander Nr. 4" des Eschweiler Bergwerks-Vereins zu sehen ist. 1929 nach dem Vorbild der preußischen G 8^2 von Linke-Hofmann für die Lübeck-Büchener Eisenbahn gebaut, kam sie 1938 als 56 3307 zur DR. Aufnahme am 27. August 1971 bei der Ausfahrt von der Grube Carl Alexander in Baesweiler mit einem Kohlenzug zum DB-Übergabebahnhof in Merkstein.

Links oben: Leerfahrt der Dampflok 051 791-2 unweit der EBV-Grube „Anna" in Alsdorf am 27. August 1971.

Links unten: Die Dampflok 55 4953 aus der preußischen Gattung G 8^1 macht am 21. Dezember 1967 Bahnhofsverschub in Mönchengladbach. Die G 8^1, eingeführt 1913, war mit 5087 Exemplaren die zweitgrößte deutsche Loktype. Ihre letzte Vertreterin bei der DB wurde 1972 abgestellt.

Above: One of the most interesting locomotives sold by the DB for use by industry was Class 56 2-8-0 No 56 3007, seen here as Eschweiler Bergwerks-Verein *Carl-Alexander Nr 4*. It is seen leaving the EBV Carl-Alexander colliery at Baesweiler with a coal train for the DB exchange sidings at Merkstein on 27 August 1971. Built by Linke-Hofmann in 1929 to Prussian Class $G8^2$ design for the Lübeck-Büchener Eisenbahn, it later became DR No 56 3007.

Upper left: Class 050 2-10-0 No 051 791-2 runs light past the EBV Anna Colliery at Alsdorf on 27 August 1971.

Lower left: Class 55^{25} (Prussian $G8^1$) 0-8-0 No 55 4953 performs station pilot duties at Mönchengladbach Hbf on 21 December 1967. The $G8^1$, introduced in 1913, was the second most numerous German locomotive type, with 5087 examples built for German railways. The last DB example was withdrawn in 1972.

Links oben: Eine der ehemals badischen P 8, Lokomotive 38 3810, nähert sich am 21. August 1964 mit dem Personenzug 2437 Trier – Cochem der Station Eller.

Links unten: Aus dem verrauchten Kaiser-Wilhelm-Tunnel bei Eller, dem mit 4205 Metern längsten Tunnel der DB, kommt dieser schwere Kohlenzug nach Luxemburg am 21. August 1964, geschleppt von der Lok 44 1529 und nachgeschoben von der Maschine 50 1389.

Rechts oben: Nach der Passage durch den Tunnel wird die Maschine 03 244 vor dem Schnellzug D 321 Saarbrücken – Köln am 22. August 1964 den Bahnhof Cochem verlassen.

Upper left: One of the former Baden P8 4-6-0s, Class 38^{10} No 38 3810, approaches Eller with train 2437, the 10.49 Trier-Cochem, on 21 August 1964.

Lower Left: A heavy coal train for Luxembourg leaves the smoky depths of the longest tunnel on the DB the 4205metre-long Kaiser Wilhelm Tunnel at Eller, hauled by Class 44 2-10-0 No 44 1529 and banked by Class 50 2-10-0 No 50 1389 on 21 August 1964.

Above: After having passed through the Kaiser Wilhelm Tunnel, Class 03 Pacific No 03 244 is about to depart from Cochem with train D321, the 07.02 Saarbrücken-Köln express, on 22 August 1964.

044 117-0

Links oben: In rascher Fahrt nähert sich die 001 133-8 mit Neubaukessel über die Moselbrücke der Station Eller, nachdem sie den Petersberg-Tunnel hinter sich gelassen hat. Die Aufnahme mit dem Eilzug E 1867 Trier-Koblenz entstand am 4. September 1971.

Links unten: Ein Paar 44er, die Maschinen 044 117-0 (44 1118) und 044 573-4 (44 1573), aufgenommen am 7. Juni 1971 mit einem schweren Kohlenzug nach Frankreich auf der Fahrt von der Moselbrücke zum Tunnel Petersberg.

Oben: Umgeben von Rebenhängen hier das andere Ende des 369 Meter langen Petersberg-Tunnels in Richtung Neef. Die Maschine 050 142-9 dampft mit einem Güterzug nach Trier am 10. Juni 1971 daraus hervor.

Upper left: Rebuilt Class 001 Pacific No 001 133-8 hurries across the River Mosel to Eller after leaving the Petersberg Tunnel with train E1867, the 14.40 Trier-Koblenz, on 4 September 1971.

Lower left: A pair of Class 044 2-10-0s, Nos 044 117-0 (44 1118) and 044 573-4 (44 1573), cross the River Mosel to the Petersberg Tunnel with a heavy coal train for France on 7 June 1971.

Above: Surrounded by vines, Class 050 2-10-0 No 050 142-9 leaves the other end of the 369metre-long Petersberg Tunnel at Neef with a van train for Trier on 10 June 1971.

Links: Eine schwere 44er auf der zweistöckigen Moselbrücke von Bullay, hinter sich einen Güterzug nach Trier. Aufnahme am 11. Juni 1971.

Unten: Anfahrt der 23er vor dem Personenzug 2464 nach Trier über die Mosel bei Bullay am 28. August 1969. Noch wenige Augenblicke, und der Zug verschwindet im 458 Meter langen Prinzenkopf-Tunnel.

Darunter: Vor dem Eilzug 1867 nach Koblenz erwartet die Mannschaft der 001 227-8 am 12. Juni 1971 in Bullay das Abfahrtszeichen.

Left: A Class 044 2-10-0 crosses the double-deck bridge over the River Mosel as it leaves Bullay with a heavy freight train for Trier on 11 June 1971.

Below: A Class 023 2-6-2 accelerates away from Bullay over the River Mosel with train 2464, the 17.00 to Trier, on 28 August 1969. Moments later it will plunge into the 458metre-long Prinzenkopf Tunnel.

Bottom: In Bullay Station rebuilt Class 001 Pacific No 001 227-8 awaits the departure signal with train E1867, the 14.40 Trier-Koblenz, on 12 June 1971.

023 022-7

Oben: Unweit des Bahnhofs Pünderich in der Kurve am Moselufer entstand dieses Bild der Lok 044 270-7 (44 1269) mit einem nach Norden fahrenden Leerzug am 7. April 1970.

Links: Wendet man sich in die entgegengesetzte Richtung, hat man den wohl schönsten Blick der Moselstrecke vor sich. Hier nähert sich die 023 022-7 gerade Pünderich, nachdem sie mit ihrem Mittagspersonenzug 2448 von Koblenz nach Trier den Prinzenkopf-Tunnel hinter sich gelassen hat. Aufnahme am 7. April 1970.

Above: Class 044 2-10-0 No 044 270-7 (44 1269) comes round the curve past Pünderich station beside the River Mosel with a northbound train of empty hopper wagons on 7 April 1970.

Left: Turning to the opposite direction, one surveys perhaps the finest view on the Mosel line. Here Class 023 2-6-2 No 023 022-7 approaches Pünderich, having just left the Prinzenkopf Tunnel with train 2448, the 13.33 Koblenz-Trier, on 7 April 1970.

Gerolstein
39 158

DB
39 075
Überschreiten der Gleise für Nichtberechtigte verboten
H

Links oben: Mit 40 Minuten Verspätung erreichte die Maschine 39 158 am 28. Mai 1965 im strömenden Regen Gerolstein, hinter sich den Frühschnellzug D 152 von Köln nach Saarbrücken. Zwei Tage später wurde die Beförderung dieses Zuges von der Pazifikreihe 01 übernommen, und die Tage der dreizylindrigen Mikados auf der Eifelbahn waren fast vorüber.

Links unten: Eine andere Jünkerather P 10, die Lokomotive 39 075, steht hier abfahrbereit mit dem Personenzug 1567 in Gerolstein. Aufnahme am Vormittag des 28. Mai 1965.

Unten: Aus Koblenz kam die Dampflok 38 2586 am 22. August 1964 mit dem Mittagszug 2436 nach Trier Hbf, wo dieses Bild entstand.

Upper left: Running nearly 40 minutes late in pouring rain, Class 39 2-8-2 No 39 158 arrives at Gerolstein with train D152, the 08.13 Köln-Saarbrücken express, on 28 May 1965. Two days later 01 Pacifics took over the haulage of this train and the days of the three-cylinder Mikados on the Eifelbahn were nearly at an end.

Lower left: Another of Jünkerath's Class 39 2-8-2s, No 39 075 waits to leave Gerolstein with train 1567, the 10.19 to Köln, on 28 May 1965.

Below: Class 38^{10} 4-6-0 No 38 2586 is seen after arrival at Trier Hbf with train 2436, the 12.27 from Koblenz, on 22 August 1964.

Oben: Abfahrt des Schnellzuges D 611 nach Heidelberg über Saarbrücken am 22. August 1964 in Trier, bespannt mit der Dampflokomotive 03 015. Zwischen 1930 und 1937 wurden 298 Maschinen dieser Gattung gebaut.

Rechts oben: Mittagspersonenzug nach Konz am 22. August 1964 in Trier, gebildet aus der Maschine 86 369 und vier dreiachsigen Umbauwagen.

Rechts unten: Am ersten Tag des Sommerfahrplans, dem 30. Mai 1965, erreicht die Maschine 01 080 mit dem „Eifelschnellzug" D 152 von Köln den Hauptbahnhof Saarbrücken.

Above: Class 03 Pacific No 03 015 leaves Trier with train D611, the 14.40 to Heidelberg via Saarbrücken on 22 August 1964. The 03 Pacifics were introduced in 1930 and 298 were built up to the end of 1937.

Upper right: Class 86 2-8-2T No 86 369 departs from Trier Hbf with the 12.38 local train to Konz, formed of four rebuilt six-wheel coaches, on 22 August 1964.

Lower right: On the first day of the Summer timetable, Class 01 Pacific No 01 080 arrives at Saarbrücken Hbf with the '*Eifelschnellzug*', train D152, the 08.13 from Köln, 30 May 1965.

TRIER HBF
86 369

Abfahrt
Gleis
2
01 080

Rechts oben: Außerhalb von Saarbrücken in Richtung Jägersfreude ist am Rangierbahnhof die Maschine 57 1970, eine preußische G 10, mit einem Zug leerer Erzwagen unterwegs. Aufnahme am 29. Mai 1965. Die Gattung G 10 wurde 1910 erstmals gebaut; etwa 2600 Stück entstanden.

Rechts unten: Am gleichen Tag fuhr auch die Lok 78 302 mit dem Personenzug 1348 von Neunkirchen (Saar) durch Jägersfreude in Richtung Saarbrücken. Es handelt sich um eine der 46 Maschinen, die 1935 mit den Eisenbahnen des Saarlandes von der Reichsbahn übernommen wurden.

Unten: Abfahrbereit in Saarbrücken Hbf steht die Dampflok 23 052 vor dem Mittagseilzug E 131 nach Karlsruhe, den sie bis Landau in der Pfalz befördern soll. Aufnahme am 30. Mai 1965.

Upper right: Class 57^{10} (Prussian G10) 0-10-0 No 57 1970 passes the marshalling yard outside Saarbrücken as it approaches Jägersfreude with a train of empty iron ore hoppers on 29 May 1965. The G10 was introduced in 1910 and approximately 2600 were built.

Lower right: Class 78 4-6-4T No 78 302 approaches Saarbrücken soon after leaving Jägersfreude with train 1348, the 10.34 from Neunkirchen (Saar), on 29 May 1965. This was one of 46 T18 4-6-4Ts taken in DR stock from the Eisenbahnen des Saarlandes in 1935.

Below: Class 23 2-6-2 No 23 052 prepares to depart from Saarbrücken Hbf on 30 May 1965 with train E131, the 13.10 to Karlsruhe, which the 2-6-2 hauled to Landau (Pfalz).

140

139
9

Links oben: Saarbrücken Hauptbahnhof an einem verregneten Abend, dem 28. Mai 1965. Die Maschine 50 470 vor dem Personenzug 1689 nach Neunkirchen (Saar) über Wemmetweiler dampft noch ruhig vor sich hin.

Rechts oben: Zwischenhalt der Maschine 01 060 in Saarbrücken Hbf am 28. Mai 1965 mit dem Abendeilzug E 624 Karlsruhe – Trier.

Rechts unten: Auch die Dampflokomotive 78 410 mit dem Personenzug nach Türkismühle wurde an diesem regnerischen Abend in Saarbrücken aufgenommen.

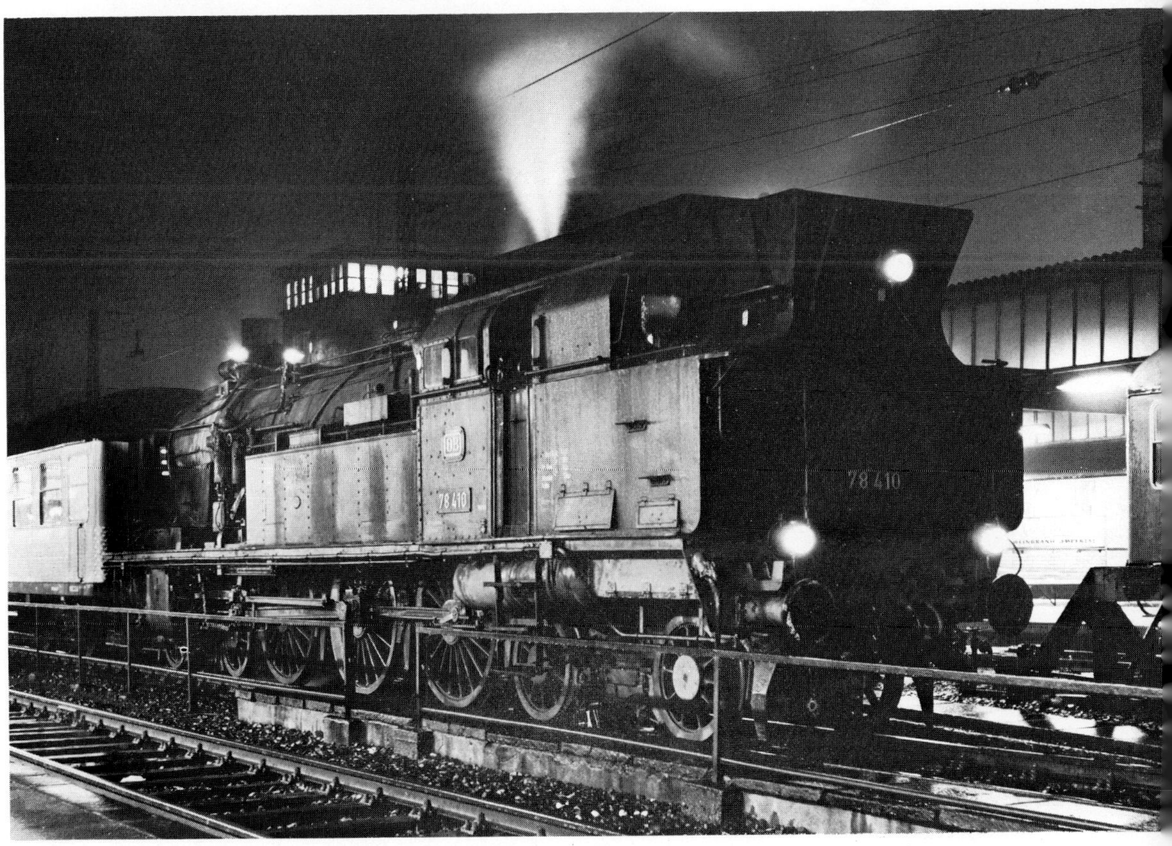

Upper left: Saarbrücken Hbf on a wet night with Class 50 2-10-0 No 50 470 waiting to depart with train 1689, the 21.28 to Neunkirchen (Saar) via Wemmetweiler, on 28 May 1965.

Upper right: Class 01 Pacific No 01 060 pauses at Saarbrücken Hbf with train E624, the 18.57 Karlsruhe-Triér, on 28 May 1965.

Lower right: Class 78 4-6-4T No 78 410 waits in the rain before departing from Saarbrücken Hbf with train 1397, the 21.55 to Türkismühle, on 28 May 1965.

5 Hessen, Egge-Gebirge, Harz

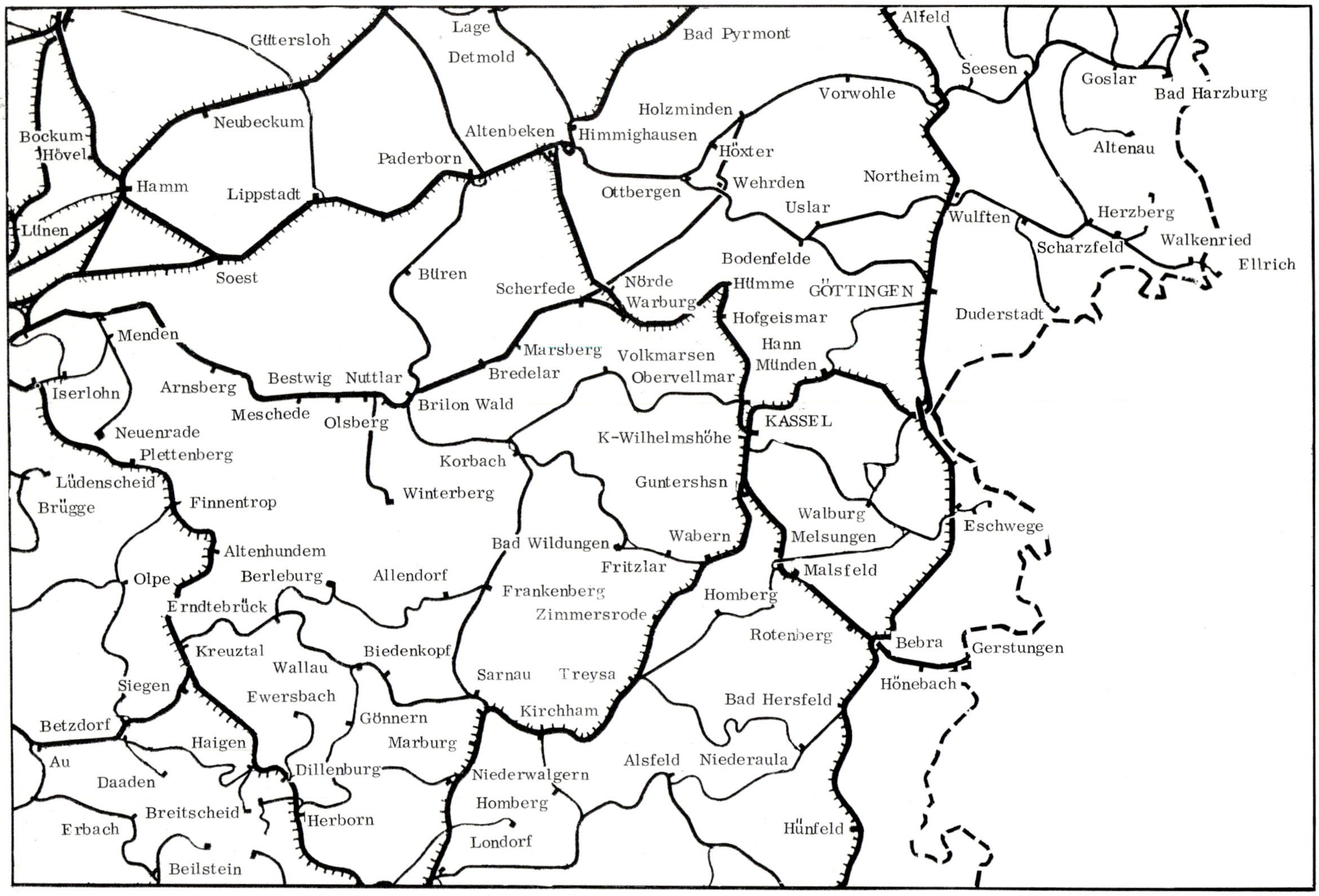

Links: Mit voller Kraft schiebt sich die ölgefeuerte 043 636-0 am 5. April 1969 durch die Kurve am Altenbekener Viadukt, hinter sich einen schweren Güterzug von Hamm nach Kassel.

Rechts: Auf dem Heimweg nach Ottbergen befindet sich diese 044 376-2 am 5. Mai 1973 am Viadukt in Altenbeken mit einem Güterzug aus Paderborn.

Left: Oil-fired Class 043 2-10-0 No 043 636-0 is working all out round the curve from Altenbeken Viadukt with a heavy Hamm to Kassel freight train on 5 April 1969.

Right: Class 044 2-10-0 No 044 376-2 heads home to Ottbergen as it crosses Altenbeken Viadukt with a freight train from Paderborn on 5 May 1973.

044 376-2

050 811-9

050 811-9

Oben: Im Personenzugdienst Altenbeken – Paderborn stand die Maschine 044 188-1 (44 1188) am 5. April 1969, als sie talwärts über das Duhnetal bei Neuenbeken im Egge-Gebirge rollte.

Links oben: Leerfahrt der 050 811-9 am gleichen Tag durch die Wälder oberhalb von Neuenbeken, hier auf dem Weg von Paderborn nach Hameln.

Links unten: Am Morgen des gleichen Tages war die Maschine 050 811-9 bei der Ausfahrt von Altenbeken mit dem „Sammler" zwischen Hameln und Paderborn zu beobachten.

Above: Class 0442-10-0 No 044 188-1 (44 1188) hurries downhill across the Duhnetal Viadukt near Neuenbeken in the Egge Gebirge with the 14.29 Altenbeken-Paderborn local on 5 April 1969.

Upper left: Class 050 2-10-0 No 050 811-9 runs uphill through the woods above Neuenbeken while running light from Paderborn to Hameln on 5 April 1969.

Lower left: Earlier on April 5 1969 No 050 811-9 pulls away from Altenbeken with a Hameln-Paderborn pick-up freight.

Links oben: Einfahrt Harlingerode mit einem kurzen Schotterzug von Bad Harzburg nach Goslar am 1. Oktober 1973, geführt von der Dampflokomotive 051 784-7.

Links unten: Personenzugdienst der Maschine 023 042-5 vom Bw Bestwig. Ankunft mit dem Nachmittagszug 2682 Kassel – Warburg am 5. April 1969 in Lamerden.

Rechts unten: Eine der gepflegten 44er des Bw Ottbergen, die Maschine 044 491-9 (44 1491), ist bei vorsichtiger Fahrt im Niemandsland an der Zonengrenze mächtig anzuschauen. Am 1. Oktober 1973 befand sie sich mit einem langen Güterzug für die DR auf der für Personenverkehr nicht benutzten Strecke von Walkenried nach Ellrich.

Upper left: Class 050 2-10-0 No 051 784-7 approaches Harlingerode with a short ballast train from Bad Harzburg to Goslar on 1 October 1973.

Lower left: Class 023 2-6-2 No 023 042-5 from Bw Bestwig arrives at Lamerden with train 2682, the 16.30 Kassel-Warburg, on 5 April 1969.

Below: One of Ottbergen's well-maintained stud of Class 044 2-10-0s, No 044 491-9 (44 1491), looms large as it cautiously approaches the no-man's land between the West and East German border with a long train for the DR, on the freight-only line from Walkenried to Ellrich. Photographed on 1 October 1973.

DB
01 1061
Gl
7

Links: Auch das Personal der ölgefeuerten Dreizylinder-Pazifiklok 01 1061 ruht sich bei der Ankunft am 20. Mai 1967 in Kassel Hbf aus, nachdem sie den Frühеilzug E 482 von Osnabrück nach Fulda ab Altenbeken geführt haben. Sie wird heute in Neuenmarkt-Wirsberg museal aufbewahrt.

Unten: Kurz nach der Ankunft in Bebra am 28. Juni 1966 entstand diese Aufnahme der Maschine 41 204 vor dem Personenzug 1620 aus Kassel. Die ersten beiden Maschinen dieses Typs liefen 1936, und nach den Probefahrten wurden von 1938 bis 1941 weitere 364 Stück beschafft; weitere 60 Exemplare wurden durch den Krieg nicht mehr geliefert.

Left: The crew of Class 01^{10} oil-fired three-cylinder Pacific No 01 1061 take a rest after arrival at Kassel Hbf with train E482, the 07.46 Osnabrück-Fulda, on 20 May 1967. No 01 1061 worked the train from Altenbeken. It is now preserved at Neuenmarkt-Wirsberg.

Below: Class 41 2-8-2 No 41 204 has just arrived at Bebra with train 1620, the 13.12 from Kassel, on 28 June 1966. The first two mixed traffic Class 41 2-8-2s were built in 1936; after trials a further 364 locomotives were built during the period 1938-41 before wartime conditions stopped the construction of a further 60.

Rechts oben: Zwischen Dillenburg und Niederscheld Nord befindet sich am 28. August 1971 die Lokomotive 094 540-2 (94 1539) mit ihrem Zug 3218, der am frühen Nachmittag bis Gönnern lief. Die Lok gehörte zur altpreußischen Gattung T 16^1.

Rechts unten: Eine weitere 94er, die Lok 094 538-6 (94 1538), hier am 28. Mai 1971 beim Abstieg über die Rampe 1:17 zwischen Hirzenhain und Herrnberg mit dem Personenzug 3223 Biedenkopf-Dillenburg wenige Stunden später aufgenommen. Die hier eingesetzten Maschinen der Reihe 94^5 besaßen Gegendruckbremse.

Unten: Noch einmal der Zug 3218 nach Gönnern, wie er mit klingendem Läutewerk beständig über die Steigung 1:17 nach Hirzenhain dampft. Etwa 1250 Lokomotiven der Gattung T 16^1 wurden von 1913 bis 1924 gebaut.

Upper right: Class 094 (Prussian $T16^1$) 0-10-0T No 094 540-2 (94 1539) approaches Niederscheld Nord as it heads away from Dillenburg with train 3218, the 14.42 to Gönnern, on 28 August 1971

Lower Right: Another Class 094 0-10-0T, No 094 538-6 (94 1538), begins to descend the 1 in 17 gradient from Hirzenhain to Herrnberg with train 3223, the 16.10 Biedenkopf-Dillenburg, on 28 May 1971. For working on this line the 94^5 class was fitted with counter-pressure brakes.

Below: The 14.42 Dillenburg-Gönnern train is seen again on 28 August 1971 as, with its bell ringing, No 094 540-2 steadily climbs the 1 in 17 to Hirzenhain. Approximately 1250 $T16^1$ 0-10-0Ts were built in 1913-24.

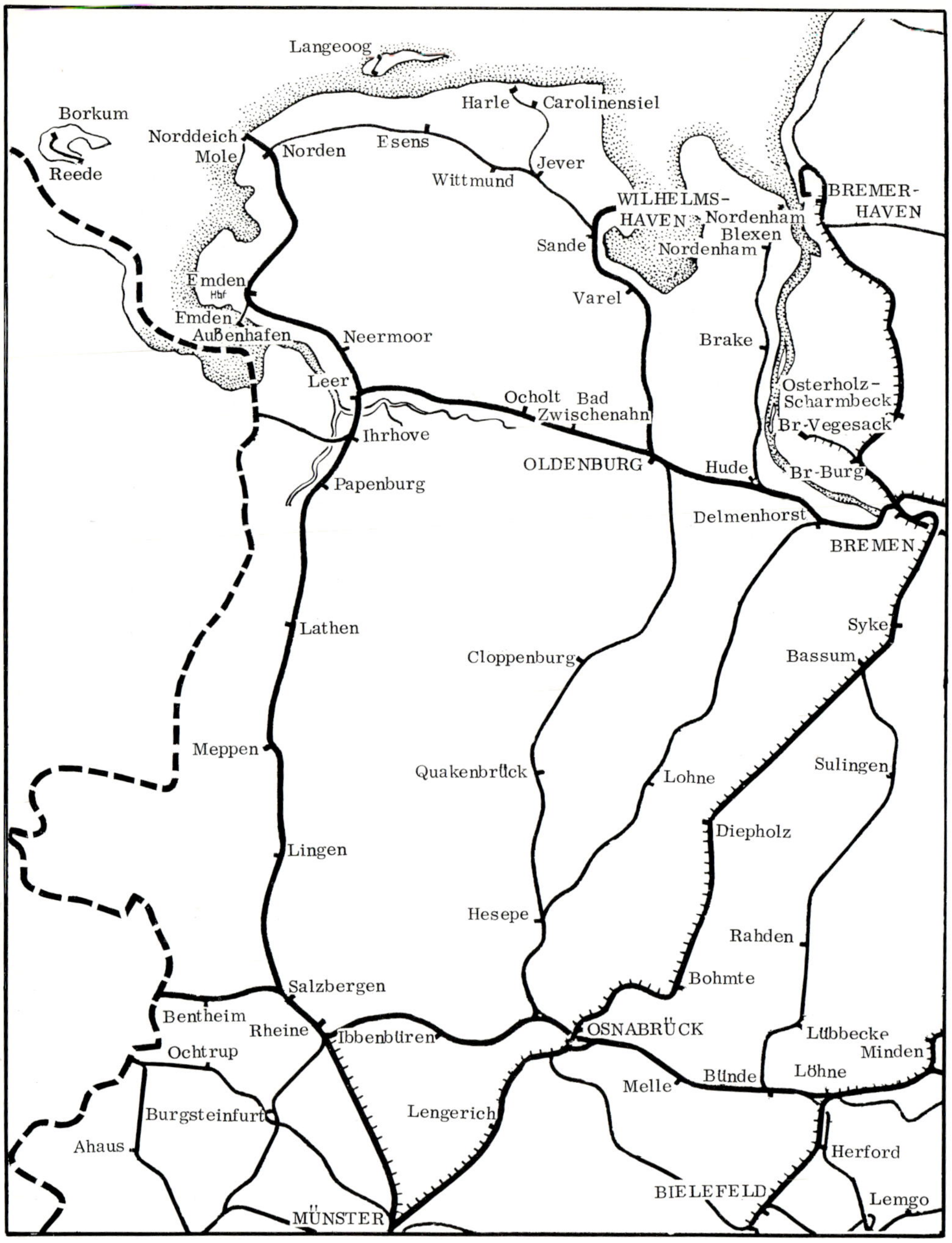

6 Teutoburger Wald, Ems, Ostfriesland

Rechts: Wie Flammen erscheinen die Dampffetzen aus dem Kamin der Maschine 41 069 mit ihrem Neubaukessel, als sie am 19. Mai 1967 vor einem Güterzug aus Bentheim durch Osnabrück Hbf rollt. Die DB hatte 103 dieser Maschinen mit geschweißten Kesseln ausgerüstet und gleichzeitig zwischen 1957 und 1971 auch 40 Stück mit Ölfeuerung versehen. Die letzten Maschinen im Originalzustand wurden 1970 ausgemustert, denen bald die kohlegefeuerten Umbaulokomotiven folgten.

Right: With steam swirling flame-like from its chimney rim, rebuilt Class 41 Mikado No 41 069 passes through Osnabrück Hbf with a freight train from Bentheim on 19 May 1967. The DB rebuilt 103 of these 2-8-2s with larger welded boilers and at the same time equipped 40 of them for oil burning in 1957-61. The last unrebuilt engines were withdrawn in 1970 and the last of the coal-burning rebuilds followed to the scrap heap soon after.

OSNABRÜCK HBF
132
6
41 069

01 1105

44 1574

Oben: Beschleunigte Fahrt im Gefälle hinter Osnabrück am 19. Mai 1967. Die Dampflokomotive 01 1071 hat den Schnellzug D 395, eine Mittagsverbindung zwischen Köln und Hamburg Altona, im Schlepp.

Links oben: Vorspannfahrt der 01 1105 bei der 01 1054 am 19. Mai 1967 auf der Rampe zwischen Ostercappeln und Vehrte im Teutoburger Wald, aufgenommen vor dem Schnellzug D 494 von Altona nach Köln.

Links unten: Gerade hat die ölgefeuerte 44 1574 den Gipfel der Steigung von Osnabrück bei Vehrte erreicht. Sie beförderte am gleichen Tag einen Güterzug in Richtung Hamburg.

Above: Class 01^{10} oil-fired Pacific No 01 1071 accelerates downgrade from Vehrte soon after leaving Osnabrück with train D395, the 11.24 Köln-Hamburg Altona express, on 19 May 1967.

Upper left: A pair of Class 01^{10} Pacifics, Nos. 01 1105 and 01 1054, work hard on the climb from Ostercappeln to Vehrte in the Teutoburger Wald with the heavy train D494, the 12.07 Hamburg Altona-Köln express, on 19 May 1967.

Lower left: Oil-fired Class 44 2-10-0 No 044 1574 reaches the summit of the climb from Osnabrück at Vehrte with a freight train for Hamburg on 19 May 1967.

Oben: Mit einem Leergüterzug donnert die ölgefeuerte 043 438 durch Salzbergen in Richtung Rheine. Aufnahme am 19. März 1970. Die Ölloks der Reihe 44 wurden im Computerschema der DB als 043, die Ölloks der Reihe 01^{10} als 012 und die Ölloks der Reihe 41 als 042 bezeichnet.

Rechts oben: Noch ohne die neuen Nummernschilder läuft am 3. April 1969 die Maschine 01 1064 vor dem Eilzug E 1807 aus Rheine. Sie hat den Zug von Essen nach Norddeich Mole ab Münster befördert.

Rechts unten: Am Signal vor Rheine begegnet uns am 4. April 1969 die ölgefeuerte 042 210-5 mit ihrem Güterzug aus Bentheim.

Above: Oil-fired Class 043 2-10-0 No 043 438-1 pounds through Salzbergen towards Rheine with an empty wagon train on 19 March 1970. The oil-fired 44s were designated 043 in the DB's computerised renumbering, while the 01^{10}s which were oil-fired became 012 and the oil-burning 41s became 042.

Upper right: Class 01^{10} Pacific No 01 1064, awaiting its new numberplates, departs from Rheine with train E1807, the 13.20 Essen-Norddeich Mole, which it has brought from Münster on 3 April 1969.

Lower right: Class 042 Mikado No 042 210-5 gets a cautionary signal as it approaches Rheine with a freight train from Bentheim on 4 April 1969.

01 1064

042 210-5

042 347-5

Oben: Am 29. März 1972 vormittags donnert die 012 084-0 durch die Kurve südlich von Aschendorf, hinter sich den Schnellzug D 734 von Norddeich Mole nach Köln. Noch befindet sich die Maschine nach dem Halt in Papenburg im Beschleunigen. 1939 wurde die erste dieser Loks von Schwartzkopff gebaut, der 1940 noch 54 Stück folgten, alle mit einer Stromlinienverkleidung für 140 km/h versehen.

Links: Auf der Steigung hinter Meppen ist am 29. März 1972 die Mikado-Lokomotive 042 347-5 mit dem Güterzug von Rheine nach Emden unterwegs. Einige dieser Maschinen blieben bis zum Ende der Dampftraktion in Rheine 1977 im Einsatz.

Above: Class 012 Pacific No 012 084-0 roars south round the curve from Aschendorf with train D734, the 10.53 Norddeich Mole-Köln express, on 29 March 1972. The Pacific is still gathering speed after its stop at Papenburg. The first three-cylinder 01^{10} was built by Schwartzkopff in 1939 and a further 54 engines followed in 1940. All were originally streamlined and had a maximum speed of 140 km/h.

Left: Class 042 Mikado No 042 347-5 attacks the rising gradient beyond Meppen with the afternoon mixed freight from Rheine to Emden on 29 March 1972. Some of these engines survived to the end of steam at Rheine in 1977.

Links: Vor der kalten 044 481-0 bei Aschendorf dampft die Maschine 052 786-1 am 28. März 1972 in Richtung Emden.

Unten: Noch immer mit der großen Frontschürze ist hier die 044 231-9 im Morgennebel des 5. Oktober 1973 bei Lehe mit einem Kokszug nach Emden unterwegs. Das Stellwerk Lehe ist für den nördlichen Abschnitt der eingleisigen Strecke über den Küstenkanal bei Dörpen zuständig.

Rechts: Nach der Durchfahrt des Kokszuges hat die Maschine 043 131-2 (44 1131) sogleich Freie Fahrt über die eingleisige Strecke bei Lehe, hinter sich einen Leerzug in Richtung Süden.

Left: Class 050 2-10-0 No 052 786-1 approaches Aschendorf towing dead Class 044 2-10-0 No 044 481-0 towards Emden on 28 March 1972.

Below: Class 044 2-10-0 No 044 231-9, still fitted with its original front plating, hurries north out of the morning fog past Lehe signalbox with a coke train for Emden on 5 October 1973. Lehe signalbox controls the northern end of the single-line section over the Küsten Canal Bridge at Dörpen.

Right: Now the coke train has passed, Class 043 2-10-0 No 043 131-2 (44 1131) gets the road for the single-line section at Lehe with a southbound empty wagon train on 5 October 1973.

043 131-2

Unten: Über die Hebebrücke am Alten Binnenhafen in Emden rumpelt die Dampflokomotive 012 055-0 vor dem Eilzug E 1630 am Nachmittag des 28. September 1973, eine Verbindung von Norddeich Mole nach Köln. Nach dem Kriege übernahm die DB bis auf eine Maschine – die 01 1067 war 1943 ausgemustert worden – alle Loks der Reihe 01^{10}, ließ die Verkleidung entfernen, ab 1953 neue Kessel einbauen und 34 Stück später auf Ölfeuerung umstellen.

Below: Class 012 Pacific No 012 055-0 thunders across the lifting bridge over the neck of the Alter Binnenhafen as it leaves Emden with train E1630, the 15.09 Norddeich Mole-Köln, on 28 September 1973. After the war the DB took over all but one of the 01^{10}s (No 01 1067 had been written off in 1943); the streamlined casing was removed and from 1953 they were rebuilt with new boilers, 34 later being equipped for oil burning.

Oben und rechts: Ankunft und darauffolgende Abfahrt der Maschine 012 104-6 in Papenburg am 5. Oktober 1973 vor dem Schnellzug D 724 von Norddeich Mole nach Köln. Die Lokomotive befindet sich heute in Steamtown Carnforth in England. Mit dem Ende der planmäßigen 012-Einsätze im Mai 1975 ging die große Epoche der Pazifikmaschinen in ganz Westeuropa vorüber.

Above and right: Class 012 Pacific No 012 104-6 arrives and then departs from Papenburg with train D734, the 10.53 Norddeich Mole-Köln express, on 5 October 1973. This engine is now preserved at Steamtown Carnforth, England. The 012s ceased regular operation at the end of May 1975 and therewith the curtain was pulled down on the last everyday Pacific working in Western Europe.

Links: Am Bahnhofsvorplatz in Lingen aufgestellt ist die Dampflokomotive 082 008-4, eine der 41 zwischen 1950 und 1955 gebauten Fünfkuppler.

Rechts: Leerfahrt über die Emsbrücke bei Hanekenfähr im Süden von Lingen am 25. Oktober 1976. Es ist die Maschine 043 167-6.

Unten: Mit dem Tender voraus begegnet uns die gleichfalls leerfahrende 042 356-6 wenige Tage später, am 29. Oktober 1976, am selben Ort. Sie ist unterwegs nach Holthausen, um dort einen Kesselwagenzug nach Salzbergen zu übernehmen.

Left: Preserved in the station forecourt at Lingen is Class 082 0-10-0T No 082 008-4, one of 41 built for the DB in 1950-55.

Right: Class 043 2-10-0 No 043 167-6 runs light across the Ems Bridge at Hanekenfähr, south of Lingen, on 25 October 1976.

Below: Running tender first, Class 042 Mikado No 042 356-6 heads light across the River Ems at Hanekenfähr on 29 October 1976. It is making for Holthausen to collect a tanker train for Salzbergen.

Oben: Am 26. Oktober 1976 stampfen die beiden Maschinen 043 903-4 und 043 636-0 bei Lehe in die Nacht, am Zughaken einen schweren Kohlenzug nach Emden.

Above: A pair of Class 043 2-10-0s, Nos 043 903-4 and 043 636-0, head into the night at Lehe with a heavy coke train for Emden on 26 October 1976.

Hier erhält die 043er in Elbergen das Fahrtsignal, um ihren Weg vor dem Erzzug von Emden in Richtung Süden fortzusetzen. Aufnahme am Abend des 29. Oktober 1976. Zwei Monate später lief der planmäßige Dampflokdienst in Rheine aus, und nur wenige Maschinen blieben für Sonderleistungen bis zum Herbst 1977 noch im Einsatzbestand.

Class 043 2-10-0 No 043 087-6 gets a clear signal at Elbergen as it steams south into the night with an iron ore train from Emden on 29 October 1976. Two months later regular steam working from Rheine had all but ceased, leaving just a few locomotives to cover extra trains until they too were withdrawn in Autumn 1977.

»Wumm!«, hauchte ihr der Bankräuber ins Ohr.

Die Hand mit der Waffe verschwand aus ihrem Blickfeld. Wieder presste sich die Laufmündung an ihr Kinn, dann glitt das kalte Metall langsam an ihrer Kehle hinab und wanderte weiter, immer tiefer - bis in den Ausschnitt ihrer bunten Bluse.

Gleichzeitig drängte sein Unterleib gegen ihren Körper. Deutlich spürte sie die Gürtelschnalle des Gangsters, hörte sein aufgeregtes Schnaufen.

Unüberlegt und reflexartig stieß Sarah Phillips ihren Ellenbogen mit großer Wucht nach hinten. Ungefähr in Hüfthöhe. Röchelnd und prustend ließ der Räuber sie los. Offenbar hatte sie ihn an seiner empfindlichsten Stelle getroffen.

Der Mann krümmte sich vor Schmerz. Doch überraschend schnell raffte er sich wieder auf. Mit seiner freien Hand griff er die vor Schreck wie versteinerte Engländerin am Haarschopf und zerrte sie zu sich heran.

»Du Biest!«, schrie er ihr ins Gesicht, während er ihr ein ganzes Haarbüschel ausriss. »Das machst du nicht ... «

Weiter kam er nicht.

Voller Panik hatte Sarah Phillips den Kopf herumgerissen - und biss mit aller Kraft zu. Sie erwischte die Stelle am Handgelenk, zwischen Lederhandschuh und Overall-Ärmel, die durch die Rangelei für einen kurzen Moment ungeschützt war. Ihre Zähne gruben sich tief in seinen Arm. Und sie ließ nicht locker.

Ansatzlos schlug er zu. Mit dem Kolben seiner MPi. Mit voller Wucht. Immer wieder. Traf ihre Stirn, ihr rechtes Ohr, ihren Hinterkopf. Bis sie, aus vielen Wunden blutend, endlich den Biss lockerte, seinen Arm freigab - und zusammenbrach.

Der Bankräuber stand vor Wut schnaubend über ihr und rieb sich sein schmerzendes Handgelenk.

»Abflug!«, hörte sie jemanden in der Ferne brüllen. Vom Boden aus, wie durch einen Schleier, sah sie, dass der zweite Gangster zurück in den Schalterraum gerannt kam. Die Waffe geschultert, trug er zwei prall gefüllte Jutesäcke in den Händen.

Ein wuchtiger Tritt traf sie am Hinterkopf. Sarah Phillips verlor das Bewusstsein.

Die Schüsse, die kurze Zeit später vor dem Bankportal fielen, hörte sie nicht mehr.

Das marode Holz knarrte. Der Steinmarder, der seinen Tagesschlafplatz hoch oben im Gebälk einer einsam gelegenen Feldscheune eingerichtet hatte, hob sein Haupt. Jemand hatte das große Holztor aufgerissen. Schummriges Licht fiel auf staubiges Heu, aufgeplatzte Strohballen und ausrangierte Landmaschinen.

Ein Motorradhelm mit hoch geklapptem Visier und die breiten Schulterpartien einer schwarzen Lederjacke tauchten im Türrahmen auf. Dann schob sich ein Arm in die Scheune, ein Arm mit einer eingeschalteten Stabtaschenlampe. Deren Strahl irrlichterte durch das Scheuneninnere.

»Alles sauber«, krächzte eine Stimme. Der Bursche in der Lederjacke trat ein. Ihm folgten zwei weitere Männer, die jeder ein Gelände-Motorrad schoben. Auch sie trugen Integralhelme und Lederjacken. Hastig rollten sie die Enduro-Maschinen in eine Ecke und bockten sie auf. Der Taschenlampenmann schloss derweil das Tor.

»Verdammte Scheiße!«, fluchte er mit unterdrückter Stimme, während er den Holzriegel herunterklappte. Wütend riss er sich den Helm vom Kopf. Ein verschwitztes, hochrotes Gesicht mit einer Boxernase kam zum Vorschein. »Verfluchte Ballerei!«, rief er nun lauter. Er trat gegen eine leere Cola-Dose am Boden, die scheppernd im Gestänge eines Heuwenders landete. »Was sollte das? Musstest du unbedingt den Rambo machen?«

»Passiert halt«, blaffte der Kleinere der beiden anderen zurück. Auch er hatte den Helm abgezogen. Sein kugelrunder Schädel war geschoren und blitzeblank poliert, die rechte Augenbraue zierte ein Piercing. »Was musste der Bulle auch den Helden spielen ...«

»Wenn der nun den Löffel abgibt?«

»Red keinen Quatsch. Den hab ich doch nur in den Beinen erwischt.«

»Hoffentlich hast du recht«, erwiderte der Dritte im Bunde. Ein schlaksiger, hagerer Typ. Ein Mittelscheitel trennte sein strähniges halblanges Haar, das dringend einer Wäsche bedurfte. »Sonst können wir uns auf was gefasst machen.«

Der Gepiercte winkte ab: »Wird schon schiefgehen.« Er bückte sich zu den prall gefüllten Jutesäcken zu seinen Füßen. In hohem Bogen schleuderte er sie ins Heu.

»Was regt ihr euch auf? Is doch alles super gelaufen. Wir haben irre abgesahnt. Nur große Scheine, gelbe und lila. Mindestens 'ne halbe Mille.«

»Na wenigstens was.«

Die Boxernase schob den Ärmel seiner Jacke hoch und streckte das rechte Handgelenk vor. »Nur ... da ... da ist noch was ... « Die sichelförmige Wunde mit dem verkrusteten Blut war deutlich zu sehen. »Das Miststück von Schlampe hat mich gebissen. Wie 'n räudiger Köter. Ich hätte sie kalt machen sollen ... «

Seine Kumpane traten näher.

»Hattest das Luder wohl nicht richtig im Griff«, knurrte der Gepiercte ungehalten. »Is aber 'n schöner Zahnabdruck. Der kann dir noch 'ne Menge Ärger einbringen.«

»Euch genau so«, schnauzte die Boxernase.

»Mach mal halblang.« Der Mittelscheitel guckte böse. »Das ist dein Problem. Wie kann man nur so dämlich sein und sich von so 'nem Weibsstück beißen ... «

»Schluss jetzt!«, unterbrach ihn der Gepiercte. »Passiert ist passiert.« Er packte die Boxernase am Arm. »Mit dem netten Andenken da tauchst du erst mal 'ne Weile unter, klar? Sonst haben 'se uns ratzfatz am Arsch.«

Die Boxernase stöhnte auf.

»Zwei, drei Wochen werden reichen. Verzieh dich zu Kalle, nach Hamburg. Bis das da verheilt ist. Dann können 'se dir nix mehr anhängen.«

Die Boxernase warf den Kopf in den Nacken und starrte ins finstere Dachgebälk der Scheune. Als suche er die Lösung seines Problems dort oben. Den Steinmarder, der ihn mit seinen Knopfaugen fixiert hatte, bemerkte er nicht. »Und die Kohle?«, fragte er schließlich.

»Die lassen wir verschwinden. Wie geplant. Gemeinsam. Und das Versteck wird nicht angerührt, klar? Zwei, drei Monate mindestens. Wenn's sein muss, auch länger. Bis Gras über die Sache gewachsen ist. Dann sehen wir weiter.« Der Gepiercte trat zu den Geldsäcken im Heu. »Und jetzt machen wir erst mal Kassensturz.«

Der Ambulanzwagen nahm gerade die Einfahrt zur Notaufnahme des Celler Allgemeinen Krankenhauses, als Sarah Phillips wieder zu sich kam. In ihrem bandagierten Kopf wummerte und hämmerte es, als hätte jemand ihre Schläfen in eine Schraubzwinge gezwängt. Böse Erinnerungen an wilde Birminghamer Studentenzeiten wurden wach, an die qualvollen Tage nach den Saufgelagen am Wochenende.

Mühsam öffnete sie die Augen und blinzelte in das grelle Licht.

»Sie ist wach«, hörte sie jemanden auf Deutsch sagen. Ihr fiel wieder ein, dass sie in Deutschland zu Besuch war, dass ihre Studienreisegruppe in Celle angekommen sein musste. Mehr aber auch nicht.

»Hello. Can You hear me?« Ein blonder junger Mann hatte sich über sie gebeugt. Das rote Kreuz auf dem weißen Polo-Shirt nahm sie nur verschwommen wahr.

»Yes«, murmelte sie wie in Trance. Ihr Mund schien weitgehend unversehrt. Daraus, dass sie liegend in einem Rettungswagen transportiert wurde, schloss sie unwillkürlich auf einen Unfall.

»What's Your name, please?«

»Sarah Phillips.«

»Where are You come from?«

»From Sidmouth, England.«

»And You know, where You are?«

«Yes, of course. I'm in Germany, in Celle."

«Good. Very good.« Der junge Mann nickte mehrmals. *»Do You know ... Are You able to ... «*

»Wir können Deutsch reden«, unterbrach sie ihn nahezu akzentfrei, während ihr Blick versuchte, dem grellen Licht von der Decke zu entfliehen.

In diesem Augenblick stoppte der Wagen. Die Hecktüren wurden aufgerissen, ein kühler Luftzug streifte ihre nackten Füße.

»Bitte, nur eine Minute«, hörte sie eine andere deutsche Männerstimme. Eine tiefe, klare Stimme. »Es ist wichtig.«

»Okay«, erwiderte der Notarzt und trat zur Seite. »Aber nur eine kurze Minute. Sie spricht übrigens Deutsch.«

Der Mann mit der tiefen Stimme kletterte in den Rettungswagen und beugte sich über sie. Er lächelte freundlich, als er sprach: »Robert Mendelski, von der Kriminalpolizei Celle. Frau Phillips, wie geht es Ihnen?

»*Well.* Nicht besonders gut.« Ihr gequälter Gesichtsausdruck unterstrich ihre Worte.

Mendelski ärgerte sich über seine dämliche Frage. Rasch fuhr er fort: »Können Sie sich an den Banküberfall erinnern?«

»Banküberfall?« Ihr Schädel dröhnte wie eine Dampframme. »*No.* - Nein.«

Der Kriminalbeamte guckte enttäuscht. »Sie befanden sich zufällig in der Schalterhalle«, erklärte er, »als drei maskierte Männer die Stadtsparkasse überfielen. Dabei wurden Sie verletzt.«

Sarah Phillips versuchte, sich trotz ihres Brummschädels zu konzentrieren. »Ich kann mich nicht erinnern«, erwiderte sie schließlich mit matter Stimme.

»Von der Schießerei haben Sie auch nichts mitbekommen?«

»Schießerei?« Sie riss die Augen auf. »*Goodness!* - Wurde auf mich geschossen?«

»Nein, Sie wurden niedergeschlagen. Die Bankräuber hatten Sie als Geisel genommen - zumindest für eine kurze Zeit.«

»Geisel, ich?« Sie versuchte, den Kopf zu schütteln, was ihr aber wegen der starren Halskrause nicht gelang. »*Sorry,* aber ich kann mich an gar nichts erinnern.«

»Sie waren sehr tapfer und haben sich gewehrt ... und dabei einem der Bankräuber in den Unterarm gebissen.«

»Gebissen? Ich habe jemanden gebissen?« Erschrocken fuhr sich Sarah Phillips mit der Zunge über die Zähne. Sie spürte eine Unebenheit zwischen den Zähnen im linken Oberkiefer.

»Ihr Zahnabdruck kann uns vielleicht zu den Bankräubern führen«, fuhr der Kripo-Mann fort.

»Da ist was«, murmelte die Engländerin, während sie versuchte, den an einen Tropf angeschlossenen Arm zu heben. »Im Oberkiefer. Ich glaube, da ist ein Stück von einem Zahn abgebrochen.«

»Das wäre wohl mit Abstand das geringste Übel«, kommentierte der Notarzt. Er hatte die ganze Zeit zugehört. »Ihr Kopf hat so einiges mitbekommen. Aber wir wollen mal sehen. Öffnen Sie bitte den Mund.«

Mit einer Taschenlampe in Kugelschreibergröße leuchtete er in ihren Mund.

»Nein, da fehlt nichts«, sagte er. »Im Gegenteil, da ist was zu viel ... zwischen den Zähnen ... das gehört da nicht hin ... « Er wandte sich um und öffnete eine der Schubladen im Wandschrank.

Kurze Zeit später hielt er eine Pinzette in die Höhe. »Na, sieh mal einer an. Ein Hautfetzen, ziemlich groß, man kann sogar kleine Härchen erkennen.«

»Hautfetzen? Härchen? - Schnell, eine Plastiktüte.« Robert Mendelski strahlte Sarah Phillips an. Er schien von dem Fund entzückt. »Frau Philipps, Sie sind ein Schatz.«

Erstes Kapitel

Die ganze Nacht über hatte es bereits geschneit. Die Nacht von Sonntag auf Montag. Anfang Dezember.

Nur mühsam drang das Morgenlicht durch eine dichte und tief hängende Wolkendecke. Himmel und Erde schienen zu einer grenzenlosen, grauweißen Masse vereint zu sein. Nichts deutete darauf hin, dass der Schneefall bald enden würde.

Trotzdem herrschte reges Leben auf den Straßen Wienhausens. Zwei blinkende Schneepflüge, jeder von einer kleinen Autokolonne verfolgt, begegneten sich auf der Hauptstraße. Der eine bog in den Schlossgarten ein, um in Richtung Oppershausen davon zu brausen, der andere donnerte weiter in die Celler Straße.

Überall kamen die Menschen aus ihren Häusern. Mit Schneeschiebern, Schaufeln, Besen, mit motorbetriebenen Fräsen und Gebläsen rückten sie der weißen Pracht zu Leibe. Kein Bürgersteig, kein Gehweg, keine Grundstücks- oder Garagenzufahrt war vor ihnen sicher.

Auch rund um das Kloster wurde emsig Schnee geschoben und gefegt. Das mächtige Backsteingebäude, die Klosterkirche, der hölzerne Glockenturm, die Wassermühle, der zum Trauhaus umfunktionierte Kornspeicher - all das war mehr und mehr unter einer weißen Decke verschwunden.

Ein Kolkrabe, der hoch oben im Geäst einer Winterlinde neben dem Mühlenkanal hockte, beobachtete interessiert das Treiben am Boden. Bestand doch die Chance, dass durch das Schneeschieben die tote Ringeltaube wieder zum Vorschein kam, die er gestern Abend in der Nähe der Wassermühle gefunden hatte. Bis zum Einbruch der Dunkelheit war sie noch nicht von der Konkurrenz, von den Dorfelstern und Krähen, entdeckt worden und über Nacht zugeschneit.

Ab und an schüttelte der Kolkrabe sein Gefieder, um den Schnee loszuwerden. Er war ein alter, einsamer Geselle, Witwer seit einem Jahr. Mit einem tiefen »Kraa, kraa, kraa!« rief er sein Leid in die

Welt hinaus. Er hatte Hunger. Dass er allein war, erschwerte die Futtersuche enorm. Vier Augen hatten stets mehr gesehen als zwei. Und der heftige Wintereinbruch machte seine Lage noch problematischer.

Da! – Der Mann drunten an der Wassermühle hatte die tote Taube mit seinem Schneeschieber freigelegt. Der Kadaver schien weiterhin in einem guten Zustand, nur mit etwas Neuschnee paniert. Der Mann stutzte kurz, nahm den tiefgefrorenen Vogel auf das Schaufelblech und versenkte ihn in einem Papierkorb.

Mit wütendem »Rak, rak, rak!« schwang sich der Kolkrabe in die Höhe. Die Taube im Papierkorb war für ihn verloren.

Frustriert verließ der Rabe Wienhausen in Richtung Osten, flog ein Stück parallel zur Aller und bog dann scharf nach Süden ab. Die schneebedeckten Dächer von Offensen ließ er in sicherer Entfernung links liegen, überquerte Felder und Wiesen und auch den Mühlenkanal. Zum Sinkflug setzte er erst an, als er den Wald erreichte: das Langlinger Holz, den Klosterforst.

Sein Ziel war eine Hute-Eiche inmitten eines ausgedehnten Kiefernstangenholzes. Den Solitärbaum, eine imposante, dreihundert Jahre alte Stieleiche mit baumstammstarken, weit ausladenden Seitenästen, hatte ein weiser Forstmann aus Naturschutzgründen stehen gelassen, als der Bestand vor fünfzig Jahren mit Kiefern neu aufgeforstet worden war. In den letzten beiden Jahrhunderten hatte die Eiche als Mastbaum für die Hausschweine gedient, die zur Waldweide, der Hute, getrieben worden waren.

Um die Lage zu peilen, ließ sich der Kolkrabe auf einem abgestorbenen Seitenast der Eiche nieder. Eine Handvoll Schnee rieselte zu Boden, als der mächtige Vogel seine Krallen um das tote, jedoch noch steinharte Holz klammerte.

Die Waldarbeiter waren immer noch da. Das Schneetreiben und die schlechte Sicht schienen kein Grund zu sein, die Durchforstungsarbeiten im Kiefernbestand abzubrechen. Harvester und Forwarder, zu Deutsch Holzvollernter und Rückezug, standen mit abgeschalteten Motoren in trauter Eintracht in einer Rückegasse. Ihre Maschinenführer waren nicht zu sehen. Am Wegesrand parkte ein Auto mehr als sonst, ein dunkelgrüner Volvo-Kombi mit

Celler Kennzeichen. Der amerikanische Pickup vom Harvesterfahrer und der Mercedes Sprinter vom Rücker trugen jeweils finnische Nummernschilder. Anscheinend hatten sich die beiden Waldarbeiter zu ihrem Besuch in den Kombi gesetzt.

Der Kolkrabe wähnte sich sicher und senkte den Kopf. Mit seinen trotz des hohen Alters noch immer ungewöhnlich scharfen Sehorganen äugte er zum Stammfuß der Eiche hinab.

Ja, es war noch da.

Das Hirschluder.

Direkt unter dem Baum, in einer tiefen Mulde. Die Geweihspitzen und die Reste des mächtigen Wildkörpers ragten deutlich aus dem Neuschnee empor.

Bei einem Streifzug durch die Wälder hatte der Kolkrabe gestern Morgen den verendeten Hirsch entdeckt. Die normalerweise scheuen Wildschweine, die sich tagsüber gern ruhig verhielten, waren sein Wegweiser gewesen. Schon von weitem hatte man die Sauen grunzen, quieken und schmatzen gehört.

In der Mulde war es hoch hergegangen. Eine Rotte von sieben Stück, zwei Bachen und fünf Frischlinge, stritt sich um die Reste des Kadavers. Mit seinem Gebrech knackte das Hauptschwein die Rippen des Hirsches, als wären es Streichhölzer. Die andere Bache machte sich am Hals zu schaffen, dass die Fetzen nur so flogen, während die Frischlinge an allen vier Läufen zerrten und knabberten.

So hungrig er auch gewesen war, für den Kolkraben gab es zunächst keine Chance, ein Stück von dem edlen Wildfleisch zu ergattern. Zwanzig lange Minuten musste er mit ansehen, wie der Hirschleib immer weniger wurde, nach und nach in sich zusammenfiel und schließlich die blanken Knochen zum Vorschein kamen. Erst als sich der Harvester bis auf wenige Baumlängen an die Hute-Eiche und damit an das Hirschluder herangearbeitet hatte, als die Kronen gefällter Kiefern in unmittelbarer Nähe zu Boden krachten, ließen die Wildschweine von dem Aas ab, sprangen aus dem Loch und stoben davon.

Darauf hatte der Kolkrabe sehnlichst gewartet. Wie ein reifes Stück Obst ließ er sich aus der Krone fallen und landete am Rand der Mulde. Nachdem er die Entfernung zum Harvester taxiert und den Sicherheitsabstand für noch soeben erträglich befunden hatte, kletterte er auf das Hirschluder und begann zu picken.

Die Sauen hatten noch kleine Happen übrig gelassen. Insbesondere das Haupt des Hirsches war nahezu unversehrt geblieben. Mehr als genug für eine reichliche Mahlzeit.

Erst jetzt, in Augenhöhe mit dem Kadaver, konnte der Kolkrabe erkennen, dass es sich bei dem Hirsch um einen außergewöhnlich kapitalen Vertreter seiner Spezies handelte, um einen wahren König der Wälder. So weit der schwarzgefiederte Vogel auch in den Jagdgründen der Südheide herumgekommen war: Ein derart großes Geweih mit so vielen Enden war ihm noch nicht unter die Fittiche gekommen.

Dem Kopf nach zu urteilen, musste es sich um einen alten Hirsch handeln, um einen sehr alten sogar. Vielleicht war er ja an Altersschwäche gestorben. Oder er hatte sich beim Zusammenstoß mit einem Auto auf der Landstraße lebensgefährlich verletzt. Vielleicht war er aber auch einem Grünrock in die Quere gekommen, der ihn beschossen, aber nicht richtig getroffen hatte. Das kranke Tier war danach geflüchtet, hatte sich hier in der Mulde abgelegt und war elendig verreckt.

Erst als der Kolkrabe genug gefressen hatte und der Harvester bedrohlich nahe herangekommen war, hatte der Aasvogel von seiner Beute abgelassen und das Weite gesucht. Eine großzügige Schleife über Sandlingen und Eicklingen ziehend, war er schließlich zurück nach Wienhausen geflogen.

Ausser dem Neuschnee schien sich seit gestern nicht viel verändert zu haben. Die Sauen waren nicht noch einmal hier gewesen, vielleicht hatten die Waldarbeiter sie abgeschreckt.

Keck, wie Rabenvögel sind, ließ sich der Kolkrabe auf der Augsprosse des mächtigen Hirschgeweihs nieder. Ohne lange zu fackeln, begann er an den Lauschern zu zupfen, die neben den Stangenenden in die Höhe ragten. Der Kadaver war zugeschneit und beinhart gefroren, und es kostete den Aasvogel einige Mühe, an verwertbares Fleisch heranzukommen.

Menschengeschrei ließ ihn zusammenfahren. Der Kolkrabe hob den Kopf und äugte Richtung Waldweg. Von dort kam der Lärm. Und von dort kamen auch Menschen. Vier Mann.

Die beiden Finnen und zwei Fremde kamen direkt auf ihn zu. Die Finnen trugen ihre typische Arbeitskleidung, kanadische Holzfällerjacken und Baseballkappen. Die Fremden sahen wie Jäger aus, mit grünen Armeejacken und Hüten. Sie hielten Waffen in den Händen, der eine eine kurze, der andere eine lange.

Seltsam, wie sie sich benahmen. Sie rangelten, schrien sich an, stritten miteinander.

Verschreckt erhob sich der Vogel in die Luft und flog eine Kehre zurück in die Spitze der Hute-Eiche. Die Menschengruppe kam näher. Der Kolkrabe - von Natur aus ebenso neugierig wie vorsichtig - verließ das winterkahle Geäst des Laubbaums, das wenig Deckung bot, und flog ein paar Bäume weiter. Im Schutze einer immergrünen Kiefernkrone verfolgte er das Geschehen am Boden.

Die Menschen waren inzwischen bei der Hute-Eiche und der Mulde mit dem Hirschluder angekommen. Der Jäger mit der langläufigen Waffe deutete auf das tote Tier und brüllte herum.

Der finnische Harvesterfahrer schüttelte heftig den Kopf. In seinen weit aufgerissenen Augen spiegelte sich Verzweiflung - und Angst. Todesangst. Auch seinem skandinavischen Landsmann, dem Holzrücker, stand die Panik ins Gesicht geschrieben. Der zweite Jäger geriet völlig in Rage und begann, die Finnen mit Fußtritten und Fäusten zu attackieren.

Sein Kumpan zerrte ihn am Arm, um den Rasenden zu bremsen, dann flüsterte er ihm etwas ins Ohr. Der andere zögerte, schließlich nickte er. Im Laufschritt trieben die Jäger die beiden Waldarbeiter zurück zu ihren Maschinen, die Gruppe verschwand aus dem Blickfeld des Kolkraben.

Anstatt zum Hirschluder zurückzufliegen, verharrte der Vogel vorsichtshalber auf seinem Baum. Er zog den Kopf ein und verhielt sich regungslos.

Wenige Minuten später wurde die Maschine des Harvesters angelassen. Menschengeschrei übertönte den Motorenlärm. Panisches Geschrei, das dem Vogel durch Mark und Ständer ging.

Der Motor heulte mehrmals auf, die Kettensäge des Harvesters surrte, aber es fiel kein Baum.

Dann war plötzlich Stille.

Gespenstische Stille.

Der Harvestermotor lief nicht mehr. Der Schneefall wurde stärker, der Winterwald schien jegliche Geräusche zu verschlucken.

Der Kolkrabe streckte seinen Kopf in die Höhe, um besser lauschen zu können. In der Ferne klappten Autotüren, ein Pkw-Motor wurde gestartet. Das Fahrzeug entfernte sich in rasanter Fahrt.

Die Stille kehrte zurück.

Erst nach Minuten siegte der Hunger über die Vorsicht, der Vogel wagte sich aus der Deckung. Durch dichtes Schneetreiben flog er zurück zur Hute-Eiche und ließ sich in deren Krone nieder, um Ausschau zu halten. Doch es war nichts Verdächtiges zu erkennen. Das Hirschluder lag verlassen in der Mulde und schneite zusehends zu. Von den Menschen hörte und sah man nichts mehr, die Forstmaschinen waren hinter einem dichten Vorhang aus Schneeflocken verschwunden.

Der misstrauische Kolkrabe schwang sich noch einmal zu einem Erkundungsflug in die Luft. Dabei überflog er den Waldweg, an dem Harvester, Forwarder und die Autos der Waldarbeiter standen. Von den beiden Finnen und den Jägern war nichts zu sehen. Auch der grüne Volvo-Kombi war verschwunden.

Gerade wollte der Kolkrabe abdrehen, um zum Hirschluder zurückzufliegen, als er stutzte. Anders als vorhin war der Kranarm des Harvesters ausgefahren und reckte sich schräg in den Himmel. Die geschlossenen Zangen des Sägekopfs hielten etwas mit ihren Metallarmen umklammert. Nach einem Stück Holz sah es allerdings nicht aus.

Der Vogel flog eine Schleife und näherte sich der Forstmaschine von der Frontpartie her. Jetzt war es genauer zu erkennen: Aus der einen Seite des Sägekopfs hingen zwei Menschenbeine herunter, von der anderen Seite tropfte Blut. Auf dem Waldboden im Schnee unterhalb des Krans hatte sich eine riesige Blutlache gebildet.

Der Kolkrabe ging in den Sinkflug über und landete zielsicher auf der Spitze des Krans. Seine Aasvogel-Instinkte waren geweckt.

Tatsächlich: Im Sägekopf des Harvesters klemmte ein lebloser menschlicher Körper - ohne Kopf. Der Kleidung und den Stiefeln nach zu urteilen, schien es sich um einen der beiden finnischen Waldarbeiter zu handeln.

Der abgetrennte Schädel lag mit der Nase nach unten wenige Meter neben der Blutlache im Schnee. Die Baseballkappe war nirgends zu sehen. Ohne zu zögern, breitete der Kolkrabe seine Flügel aus und setzte zum Sturzflug an.

Kaum war Henning Grube aus dem Funkloch heraus, da meldete sich sein Handy. Er griff nach dem Smartphone, das auf dem Beifahrersitz lag und schaute auf das Display. 3311, die Mailbox. Nachdem er das Gespräch angenommen hatte, wurde eine neue Nachricht angekündigt. Sie war bereits eine halbe Stunde alt.

Zunächst hörte er nur dröhnenden Lärm, wahrscheinlich Motorengeräusche. Dann abgehackte Sätze: »Mika ... hier ... sind zwei Männer ... Jäger mit Waffen ... machen Panik ... «

Die Aufzeichnung endete abrupt. Der junge Mann nahm den Fuß vom Gas.

Hinter ihm hupte ein Auto. Auf der schneebedeckten Landstraße war es für nachfolgende Fahrzeuge gefährlich, wenn ihr Vordermann ohne erkennbaren Grund abbremste.

Henning Grube bog in die nächste Feldwegeinfahrt ab und drückte hastig auf seinem Smartphone herum. Zittrig hielt er das Telefon ans Ohr und wartete auf eine Antwort. Doch bei Mika schaltete sich lediglich die Mailbox ein.

»Verdammt!«, fluchte er laut. »Sollte da etwa ... ?«

Von einer Minute zur anderen war er leichenblass geworden. Wütend warf er das Handy auf den Beifahrersitz, legte den Rückwärtsgang ein und setzte mit durchdrehenden Reifen zurück auf die Landstraße.

Nur zehn Minuten später erreichte er das Langlinger Holz. Eine lange Schneefahne hinter dem Kombi herziehend, raste er in den Wald hinein - bis zu der Stelle, wo die Autos und Maschinen der Finnen geparkt standen.

Ein weiteres Auto war nirgends auszumachen.

Auf dem Waldweg, auf den noch immer leichter Schneefall niederging, war keine Menschenseele zu sehen. Er hielt hinter dem Sprinter und sprang aus dem Wagen. In der geöffneten Fahrertür stehend lauschte er in den Wald, in Richtung Hute-Eiche.

Stille.

Henning Grube wurde es mulmig. Vorsichtig und möglichst leise - als ginge es darum, während der Blattzeit einen Rehbock anzupirschen - öffnete er die Tür zur Rückbank und holte eine Büchse mit Zielfernrohr hervor, die in einem offenen Gewehrfutteral gesteckt hatte. So geräuscharm es irgend ging, lud er die Waffe durch.

Ohne die Autotüren zu schließen, schlich er zum Sprinter und spähte in die Runde. Der Schnee knirschte laut unter seinen Canada-Boots. Wieder lauschte er.

Gespenstische Stille.

Da fiel sein Blick auf den Harvester. Der Kran reckte sich in die Höhe. Eine untypische Parkposition, sehr ungewöhnlich. In der Zange, die sonst Baumstämme festhielt, klemmte etwas, das nicht wie Holz aussah.

In geduckter Haltung verließ Henning Grube die Deckung des Sprinters, die Waffe schussbereit in den Händen. Je näher er dem Harvester kam, desto mehr verdichtete sich sein Verdacht. Ein haarsträubender, schrecklicher und blutrünstiger Verdacht.

Oben im Sägekopf - gut fünf Meter über dem Erdboden - ragten die Beine eines Menschen aus der Greifzange.

»Oh, mein Gott!«, stöhnte er auf. Im selben Augenblick registrierte er aus den Augenwinkeln eine Bewegung. Zwischen den Bäumen hatte sich etwas geregt. Am Boden, im Schnee. Rechter Hand, keine zehn Meter entfernt. Wie bei einer Drückjagd auf Sauen schwenkte er Kopf, Oberkörper und Gewehr zur Seite.

Zwischen zwei Kiefern entdeckte er ein rhythmisches Auf und Ab, pechschwarzes Gefieder mit kräftigem Schnabel. Ein Vogelkopf - ein Kolkrabe beim Picken.

Henning Grube hob die Büchse und schoss in die Luft.

»Weihnachtsmarkt ohne Glühwein ist voll öde«, maulte Maike Schnur, während sie lustlos an ihrem Früchtepunsch nippte.

»Weihnachtsmärkte finde ich eigentlich sowieso zum Kotzen. – Autsch, ist der heiß.«

»Mach mal halblang«, nuschelte Jo Kleinschmidt. Schmalzgebäckreste bröselten aus seinen Mundwinkeln. »Es muss auch mal ohne Alkohol gehen. Ist doch wunderschön hier. Diese Altstadtkulisse, die vielen bunten Buden, dazu das tolle Winterwetter ...«

»Ich frier mir 'n Arsch ab.«

»Du hast auch immer was zu meckern.«

»Nicht immer«, giftete Maike zurück. »Aber dieser alljährliche Weihnachtskommerz geht mir mächtig auf den Keks.«

»Könntest doch wenigstens Rücksicht auf... «

»Ist ja gut«, fuhr Robert Mendelski dazwischen. Er hob seinen Punschbecher zur Versöhnung. »Könntet Ihr beiden mir den Gefallen tun, heute mal nicht zu streiten?«

Heiko Strunz und Ellen Vogelsang stießen als Erste an. Dann folgten die Becher von Jo und Maike. Als sich alle fünf Becher berührten, schaute Mendelski jedem einzelnen in die Augen und sagte feierlich: »Schön, dass ihr gekommen seid, um mit mir an meinem Geburtstag die Mittagspause zu verbringen. Ihr wisst, wie ich den Celler Weihnachtsmarkt liebe. Und mit meinen netten Kollegen find ich's besonders schön.«

»Recht hast du«, erwiderte Ellen Vogelsang und nippte an ihrem Punsch. »Ich bin auch gerne hier. Jedenfalls ist es hier tausendmal stimmungsvoller als in unserer Kantine.«

Maike Schnur seufzte auf: »Dazu gehört ja nicht viel. Die Weihnachts-Deko ist mal wieder unter aller Sau ... so was von lieblos ... «

»Apropos Kantine.« Heiko Strunz rieb sich den Bauch. »Ich glaube, mein Magen knurrt. Schlage vor, dass wir mal rüber zum Würstchenstand wechseln.«

Mendelski setzte gerade zu einer Antwort an, als sein Handy in der Brusttasche vibrierte.

Das Auto war nicht zu hören gewesen. Genauso wie der Mensch, der sich vorsichtig angeschlichen hatte. Der tiefe Schnee, der Waldboden und Bäume umhüllte, schluckte die Geräusche wie eine überdimensionale Lärmschutzwand.

Hinzu kamen der Hunger und die gefräßige Gier. Zu verlockend war das frische, noch bluttriefende Fleisch, als dass der Kolkrabe sich alle Nase lang umschauen und sichern musste.

Der Schuss in unmittelbarer Nähe erschreckte den Vogel mächtig. Er ließ von seiner Beute ab und schwang sich hastig in die Höhe. Erst als er sich in sicherem Abstand wähnte, stieß er ein wütendes »Kraa, kraa!« aus.

In dreifacher Baumhöhe flog er einen großen Bogen und ließ sich danach erneut im Geäst der Hute-Eiche nieder. Seinen Schnabel, an dem noch frisches Blut klebte, putzte der Rabe geschickt am toten Holz der Eiche. Immer wieder schielte er zum Hirschluder hinunter.

Der Mensch, der geschossen hatte, hastete auf ihn zu. Exakt auf der inzwischen zugeschneiten, jedoch noch halbwegs sichtbaren Spur, die vorhin die vier Männer hinterlassen hatten. Das Gewehr geschultert und mit gesenktem Kopf, studierte er den Boden. Seine Bewegungen wirkten fahrig.

Der Kolkrabe verharrte ruhig auf dem Ast. Nach der Völlerei und der plötzlichen Flucht war er zu erschöpft, um gleich wieder durchzustarten. Aus luftiger Höhe beobachtete er, wie der Mensch zum Hirschluder gelangte und den Tierkadaver betrachtete. Doch dann benahm sich der Zweibeiner recht sonderbar. Mit beiden Händen raufte er seinen dichten Lockenschopf und schrie aus Leibeskräften.

Der Kolkrabe wollte schon die Flucht antreten, als der Mensch plötzlich kehrt machte und wie eine angeschossene Wildsau davonrannte. Mit großen Schritten hetzte er durch den Wald, lief kreuz und quer zwischen den Bäumen umher und rief immer wieder: »Mika! Mika! Mika!«

»Und Sie haben die Leiche entdeckt?«

Maike Schnur ließ es sich nicht nehmen, den attraktiven jungen Mann persönlich zu interviewen. Dessen lausbubenhafter Wuschelkopf, die leuchtend grünen Augen und der Drei-bis-vier-Tage-Bart gaben ihm ein verwegenes Aussehen. Außerdem trug er eine hautenge Hirschlederhose ...

»Ja, hab ich.« Seine Augen flackerten nervös. Sie hielten dem Blick der Kriminalkommissarin nicht stand und wanderten zu den uniformierten Polizisten, die durch den Schnee stapften, um den Fundort der Leiche weiträumig mit Flatterband abzusperren.

Maike zog Notizblock und Bleistift aus der Jackentasche. »Name?«

»Von dem Toten?«

»Nein. Ihrer?«

»Grube. Henning Grube.«

»Geburtsdatum?«

»12.03.1985.«

»Wohnhaft wo?«

»Eigentlich in Göttingen. Aber derzeit wohne ich in Wienhausen, zur Untermiete. Ich vertrete den Förster. Den vom Klosterforst, der ist zur Kur. Bin erst drei Wochen hier.«

»Sie sind selbst aber auch Förster?«

»Ja.«

»Dann erzählen Sie mal ... «

»So gegen halb zwölf wollte ich hier vorbeischauen, beim Harvester und beim Forwarder. Das mache ich - wenn's geht - einmal am Tag.«

»Harvester und Forwarder? Das sind die beiden Monster-Maschinen da drüben?«

»Richtig. Der Harvester ist ein Holzvollernter. Er fällt, entastet und zersägt die Stämme. Der Forwarder - den nennt man auch Rückezug - lädt das Holz auf und fährt es an den Weg.«

»Zu denen wollten Sie also?«

»Ja. Doch als ich hier ankam, standen die Maschinen still, geparkt auf der Rückegasse. Das kam mir nicht ganz geheuer vor. Die Autos waren zwar auch da, es war aber kein Mensch zu sehen. Dann bemerkte ich, dass der Kran vom Harvester ausgefahren war. In die Höhe gereckt ... und nicht so, wie er jetzt dasteht, mit dem Sägekopf auf der Erde. Das schien mir ungewöhnlich.«

»Wieso?«

»Na, wenn der Harvesterfahrer Pause macht und seine Maschine abstellt, dann lässt er den Sägekopf doch nicht in der Luft baumeln, sondern setzt ihn auf dem Boden ab. Schon aus Sicherheitsgründen ... «

»Verstehe. Weiter.«

»Und dann sah ich die Beine. Die hingen schlapp aus der Zange. Ich dachte erst an ’nen Scherz von den Finnen. So ’n Nikolaus-Streich mit ’ner Puppe oder so. Obwohl ... das wäre gar nicht ihre Art. Die Finnen sind eher nüchtern ... «

»Wo genau haben Sie gestanden?«

»Dort drüben, bei meinem Auto.«

»Und dann sind Sie die paar Meter zum Harvester gegangen.«

»Ja. Und dann bemerkte ich plötzlich den Kolkraben im Schnee. Wie der an dem ... an was herumpickte. Da habe ich dann in die Luft geschossen, um ihn zu vertreiben.«

»Wie? Sie hatten eine Waffe dabei?«

Henning Grubes Gesicht, das durch die Kälte ohnehin gut durchblutet war, wurde noch eine Spur röter. »Ja klar. Instinktiv habe ich meine Büchse mitgenommen. Die liegt immer griffbereit auf der Rückbank vom Auto. Als zuständiger Förster darf ich hier im Klosterforst ja auch jagen.«

»Was heißt instinktiv?«

»Ich sagte doch schon, mir war die Sache nicht geheuer. Mit ’ner Waffe in der Hand fühlt man sich halt sicherer.«

»Na gut.« Maike zog die Augenbrauen hoch. »Also, Sie haben mit Ihrer Büchse in die Luft geschossen. Der Rabe flog weg. Wie ging’s weiter?«

»Ich bin da dann noch näher ... und ... man musste schon genauer hinsehen, um zu erkennen, dass ... da ... ein menschlicher Kopf im Schnee lag. Der war übel zugerichtet.« Henning Grube musste schlucken. »Der Kolkrabe hatte ganz schön hingelangt.«

»Haben Sie denn gleich erkannt, um welchen ... um wessen Kopf es sich handelte?«

»Ja. Wegen der blonden Haare.« Wieder schluckte der junge Förster. Er wandte sein Gesicht zur Seite und schwankte leicht. »Und dem Ohrring«, murmelte er.

»Wollen Sie sich nicht besser setzen?«, fragte Maike Schnur besorgt. »Vielleicht da drüben im Rettungswagen – und was trinken?«

»Nee, nee.« Er wischte sich eine Lockensträhne aus der Stirn. »Geht schon. Fragen Sie nur weiter.«

Maike blätterte ihren Notizblock um. Da sie wollene Fingerhandschuhe trug, ging das nicht reibungslos. »Wie ist der Name des Toten?«, fragte sie.

»Niilo Humppi. Doppel-i und Doppel-p. Ist ein Finne.«

»Alter?«

»Äh, keine Ahnung. So um die vierzig.«

»Und er hat für Sie gearbeitet?«

»Ja. Als Rückezugfahrer. Der fuhr den Forwarder dort drüben.«

»Ach so.« Maike Schnur guckte verwundert. »Der Tote ist also gar nicht der Harvesterfahrer?«

»Nein.«

»Und der ist verschwunden?«

»Ja. Hab keine Ahnung, wo der steckt. Er geht nicht an sein Handy.«

»Name?«

»Mika Rahola. Wie man's spricht. Auch ein Finne.«

»Alter?«

»Etwas jünger als Niilo. Vielleicht 35.«

»Wo wohnen die beiden?«

»Auf einem abgelegenen Bauernhof bei Oppershausen. Im Winter jedenfalls. Im Sommer in Wohnwagen im Wald. Da hat jeder seinen eigenen ... «

»Wie war deren Verhältnis zueinander?«

»Ganz okay soweit. Aber nach drei Wochen kann ich das kaum beurteilen. Mika ist der Chef, ihm gehören auch die Maschinen. Die beiden sind - glaube ich - sogar entfernt verwandt.«

»Gab's mal Streit?«

»Keine Ahnung. Ich habe die beiden ja höchstens einmal am Tag gesehen, nur wenn's Probleme gab, auch zweimal.«

»Was für Probleme?«

»Na, forsttechnische Sachen. Zum Beispiel Fragen zu den Holzsortimenten oder zu den Rückegassen. Nichts Privates. Das ... «

Ein Jagdhornsignal unterbrach ihr Gespräch. Maike Schnur schaute konsterniert drein.

»Das ist mein Handy«, entschuldigte sich Henning Grube. Hastig grub er mit beiden Händen in den Jackentaschen. »Vielleicht ist es ja Mika ... «

Der Förster schaute auf das Display seines Smartphones. »Nee, is er nicht«, seufzte er und drückte das Telefonat weg.

Das war Robert Mendelski lange nicht passiert. Dass er sich von einer Leiche abwenden musste, weil ihm schlecht wurde.

Die Gerichtsmedizinerin Frau Dr. Grote und Ellen Vogelsang waren so intensiv mit der Untersuchung des kopflosen Torsos im Harvester-Sägekopf beschäftigt, dass sie nicht bemerkten, wie der Kriminalhauptkommissar sich unauffällig zurückzog.

Nach ein paar Schritten blieb er stehen und holte tief Luft.

»Robert, komm mal her«, rief Heiko Strunz, der ganz in der Nähe zwischen zwei Bäumen im Schnee hockte. Sein weißer Schutzanzug mit Kapuze gab eine hervorragende Tarnung ab. Wie ein Jäger im Schneehemd auf Fuchsjagd, dachte der Kommissar, während er auf den Chef der Spurensicherung zustapfte. Fehlten nur noch Fernglas und Gewehr.

Dankbar über die Ablenkung erwiderte er: »Was gibt's denn bei dir?«

»Spuren. Schau mal: alte, zugeschneite und eine einzelne neue.« Heiko Strunz deutete auf die Abdrücke im Schnee. »Da ist ein recht frischer Schuhabdruck, vielleicht eine Stunde alt. Zirka meine Größe, 42, 43. Ich tippe auf männlich, robustes Profil, wahrscheinlich ein Arbeitsschuh, Wanderstiefel oder dergleichen. Darunter jede Menge ältere Schuhabdrücke, die allerdings zugeschneit sind. Wahrscheinlich von drei, vier oder gar fünf Personen. Ich schätze, die sind von heute Vormittag - stehen also in engem zeitlichen Zusammenhang zur Tatzeit.«

»Ist da noch was zu machen?«

Heiko Strunz wiegte skeptisch den Kopf. »Kann ich jetzt noch nicht sagen. Da müssen wir erst mal den Neuschnee abtragen.«

»Und die frische Spur?«

»Kein Problem, die können wir sichern. Aber ich fürchte, die bringt uns nicht viel weiter.« Mit seiner behandschuhten Hand wies er auf Henning Grube, der neben Maike Schnur beim Harvester stand. »Der Förster ist hier doch rumgelaufen. Und guck mal, der trägt solche Boots. Könnte hinkommen ... da werden wir am besten ... «

»Lass erst mal«, unterbrach ihn Mendelski. »Der läuft uns nicht weg. Mich interessieren mehr die alten Spuren. Wo führen die hin?«

»Das ist leicht herauszufinden. Sieht aus, als wäre eine Elefantenherde durch den Klosterforst gestapft.«

»Dann mal los.«

Maike Schnur holte tief Luft. »Haben Sie irgendeine Idee, wie es zu dieser grausigen ... zu diesem grausigen Zwischenfall kommen konnte?«

Henning Grube schüttelte nachdenklich, aber bestimmt, den Kopf.

»Kann es ein Arbeitsunfall gewesen sein?«, fuhr die Kriminalkommissarin fort. »Haben Sie schon mal von vergleichbaren Unglücken aus dem Forstumfeld gehört? Hat der Harvesterfahrer seinen Kollegen vielleicht nicht gesehen, als er einen Baum absägen wollte?«

Henning Grube zog ein zweifelndes Gesicht.

»Oder ... «, setzte Maike nach, »war es vielleicht eine Mutprobe, eine Wette oder ein makaberes Spielchen unter verrückten Holzfällern - mit tödlichem Ausgang? Was meinen Sie?«

»Hab keinen blassen Schimmer.« Der Förster schüttelte immer noch den Kopf. »Also, Arbeitsunfall: sehr unwahrscheinlich. Von etwas Vergleichbarem habe ich noch nie gehört. Spielerei: kommt meines Erachtens ebenfalls nicht in Frage. Die beiden sind ... die waren Profis. Sie wussten ganz genau, was sie taten und wie gefährlich ihre Maschinen waren. Nee, da muss etwas anderes dahinter stecken.«

»Gab es vielleicht ein Alkoholproblem bei den Finnen? Man hört ja öfter, dass die Skandinavier gern und viel trinken.«

»Glaube ich nicht. Soweit ich die beiden überhaupt kannte, tranken die auch nach Feierabend keinen Tropfen. Die haben mir mal erzählt, dass man in Finnland entweder richtig trinkt oder gar nicht. Sie gehörten zur letzteren Gruppe.«

»Was ist dann hier passiert?« Maike Schnur schaute zum Harvester hinüber, in dessen Führerhaus soeben ihr Kollege Jo Kleinschmidt geklettert war. »Wenn ein Unfall ausscheidet: War es fahrlässige Tötung? Totschlag? Oder gar Mord?«

Henning Grube zog den Reißverschluss seiner Fleece-Jacke bis unters Kinn. Ihn fröstelte. »Sie müssen Mika Rahola finden«, forderte er mit heiserer Stimme. »So schnell wie möglich. Nicht dass noch ... « Er stockte.

»Dass noch ... was?« Maike Schnur war plötzlich hellwach. »Was meinen Sie?«

»Nicht dass ihm auch noch was passiert ... «

»Wie kommen Sie denn darauf?« Die Kriminalkommissarin schaute skeptisch. »Vielleicht läuft er ja vor uns weg und will gar nicht, dass wir ihn finden. Vielleicht hat er ja eine Dummheit begangen ... «

»Nein, das kann ich mir nicht vorstellen. Gar nicht. Da sind bestimmt Dritte im Spiel.«

»Die bösen Unbekannten?«

»Genau.«

»Vielleicht war es die finnische Holzfäller-Mafia?«

Henning Grube winkte verärgert ab. »Jetzt machen Sie doch keine Witze. Mir ist wirklich nicht zum Lachen zumute.«

»Sorry!« Entschuldigend berührte Maike Schnur leicht seinen Arm. »Selbstverständlich suchen wir nach Mika Rahola. Als Zeugen, aber auch als möglichen Mitwisser – oder gar Täter.«

»Täter? Das können Sie total vergessen. Suchen Sie ihn. Schnell. Am besten fangen Sie in seinem Haus in Oppershausen an.«

»Okay. Tun wir.« Maike Schnur klappte ihr Notizbuch zu. »Soweit erst mal. Alles Weitere dann später. Aber halten Sie sich bitte zur Verfügung.« Sie hielt inne und schaute ihm in die Augen. »Oder ... haben Sie noch was ... Sie gucken so ... so gequält.«

Henning Grube senkte rasch den Blick. Dann schüttelte er den Kopf. »Nein, nichts«, sagte er hastig. »Aber vielleicht fällt mir ja später noch was ein.«

Die mysteriöse Nachricht von Mika auf seinem Handy behielt er erst mal für sich.

Sie standen vor der Mulde und starrten auf das Hirschluder. Mendelski bekam große Augen. »*Dios mio!*«, entfuhr es ihm auf Spanisch.

»Was ist das denn?«, wunderte sich auch Strunz.

»Weißte nicht? Na, wonach sieht's denn aus?«

»Tja ... nach einem Kadaver ... von einem Rothirsch.«

»Siehst du. Ist doch gar nicht so schwer.«

Mit zusammengekniffenen Augen taxierte Mendelski die Umgebung. Der frisch gefallene Schnee unter der Hute-Eiche schien unberührt. Er fand nur die Trittsiegel eines größeren Vogels. Die einer Krähe oder eines Kolkraben, wie er unschwer erkennen konnte.

»Die menschlichen Spuren enden hier«, kommentierte er. »Beziehungsweise sie führen den gleichen Weg zurück.«

Strunz nickte. »Stimmt. Sowohl die alten Spuren als auch die neue. Aber was hatten die hier zu suchen? Was für eine Rolle spielt dieses ... dieser Hirschkadaver in unserem Fall?«

»Gute Frage.« Mendelski stieg in die Mulde und ging neben dem mächtigen Geweih in die Hocke. »So was Kapitales habe ich hier in der Heide noch nie gesehen«, murmelte er ehrfurchtsvoll, während er die Enden des Hirschgeweihs zählte. Dann sagte er laut: »Ein ungerader Zwanzig-Ender. Stangen so dick wie Kinderbeine. Und diese Auslage. Das ist mal ein imposanter Hirsch.«

»Aber ... warum liegt der hier?« Strunz war zu ihm in die Kuhle geklettert. »Ist der an Altersschwäche gestorben oder – oder wurde der geschossen?«

»Keine Ahnung. Der scheint hier schon ein paar Tage zu liegen. Guck mal, die Sauen haben ihn bereits halb aufgefressen.«

»Sauen?«

»Ja, Wildschweine. Die fressen Aas.« Gedankenverloren fuhr Mendelski fort. »Vielleicht waren aber auch Füchse hier, oder der Marderhund, ein Wolf ... «

Strunz schüttelte verwirrt den Kopf: »Das ist doch jetzt erst mal zweitrangig. Wichtiger ist, dass zur Tatzeit eine Gruppe von

Personen hier war und wieder zurück zum Tatort marschiert ist. Und sehr wahrscheinlich waren die beiden finnischen Waldarbeiter mit dabei.«

Mendelski erhob sich aus der Hocke. »Denkbar, muss aber nicht«, sagte er. »Aber in einem hast du wohl recht: Dieses Hirschluder dürfte in einem engen Zusammenhang mit dem Toten dort drüben stehen.«

»Okay.« Strunz stieg aus der Kuhle. »Wir werden die Gegend hier großräumig absperren müssen. Wer weiß, was da noch alles unterm Schnee liegt ... «

»Bis zur Schneeschmelze können wir aber nicht warten.«

»Den Hirsch bergen wir natürlich vorher. Vielleicht finden wir ja Hinweise auf die Todesursache. Eine Knochenfraktur, eine Schussverletzung oder sogar ein Projektil ... «

»So wird's gemacht.« Mendelski wies Richtung Tatort. »Wir müssen uns den Förster vorknöpfen. Ist die frische Spur von ihm? Wenn ja, was hatte er hier zu suchen? Und: Wusste er von dem Hirschluder?«

Zweites Kapitel

›Aber halten Sie sich bitte zur Verfügung‹, hatte sie gesagt - die junge, zierliche, trotzdem drahtige, hübsche, dazu kesse, im Gesicht gepiercte - kurzum sehr außergewöhnliche - Kriminalkommissarin. Wäre sie ihm in der Celler Altstadt, auf dem Weihnachtsmarkt, in der Disco oder sonst wo über den Weg gelaufen, hätte er sie nie und nimmer für eine Polizistin oder Kripobeamtin gehalten. Eher für eine taffe Studentin, eine Mode-Designerin oder eine Künstlerin. Mit Sicherheit hätte er jede Gelegenheit genutzt, sie anzubaggern.

Was bedeutete ›sich zur Verfügung halten‹, fragte sich Henning Grube, während er zu seinem Auto ging. Hieß das, dass er nicht wegfahren dürfte, bis ihm das gestattet wurde? Dass er warten musste, bis man wieder etwas von ihm wissen wollte? Das konnte dauern.

Um ihn herum wuselten Kriminalbeamte, Streifenpolizisten, Sanitäter, Feuerwehrleute - und einige Leute in Zivil.

»Entschuldigen Sie bitte«, sprach ihn ein Mann in brauner Fell-Lederjacke an. Über der Schulter trug er einen Fotoapparat, ein Diktiergerät in der Hand. »Axel Schriewe von der *Celleschen Zeitung*. Ich vermute, Sie sind der hier zuständige Förster? Können Sie mir sagen, was sich hier ... «

»Kein Kommentar«, unterbrach ihn Henning Grube barsch. »Wenden Sie sich an die Kripo.«

Ohne ihn eines weiteren Blickes zu würdigen, ließ er den verdutzten Reporter stehen und ging weiter.

Eigentlich war erst einmal alles geklärt: Einer der Feuerwehrleute kannte sich sowohl mit Harvestern als auch mit Forwardern aus. Der konnte die Maschinen bedienen und auch auf einen Tieflader fahren, falls die Polizei den Holzvollernter als Tatwerkzeug beschlagnahmen wollte. Er, als Förster, konnte da sowieso nicht helfen.

Der Kripo hatte er die Adresse von Mika und Niilo in Oppershausen genannt. Er hatte sie dringendst gebeten, dorthin zu fahren.

Aber sie rührten sich nicht. Die schickten nicht mal einen Streifenwagen los und kümmerten sich ausschließlich um den toten Niilo, dem eh nicht mehr zu helfen war.

Keine Sau scherte sich um den verschwundenen Mika, der wahrscheinlich in höchster Gefahr schwebte. Wenn er denn überhaupt noch am Leben war. Bei dem Gedanken wurde Henning Grube speiübel.

Er wollte gerade in sein Auto steigen, als ihn jemand rief: »Hallo! Herr Grube. Einen Moment bitte.«

Nein, bloß das nicht, schoss es dem Förster durch den Kopf. Der hat mir gerade noch gefehlt. Ohne hinzusehen hatte er den Rufenden an seiner schnarrenden Stimme erkannt.

Als er sich umdrehte, stand Dr. Wimmer schon neben ihm, ein kleiner, kugelrunder Mann, ganz in Grün gekleidet, mit einer mächtigen Pelzmütze auf dem Kopf. Der promovierte Geologe war alteingesessener Jagdpächter im Klosterforst und ein guter Bekannter der Äbtissin.

»Meine Güte, was ist denn hier los?«, fragte Dr. Wimmer. Sein staunender Blick in die Runde bewies, dass er gerade erst angekommen war. »Ich war auf Revierkontrollfahrt, da entdeckte ich die vielen Fahrspuren im Schnee. Denen bin ich gefolgt. Ist das etwa eine Notfallübung?«

»Nein, das ist keine Übung. Das ist bitterer Ernst.« Henning Grube berichtete.

Der junge Förster mochte Dr. Wimmer nicht besonders. Sie hatten sich kürzlich wegen der hohen Wildbestände in den Haaren gelegen. Für den Förster und die Waldbauern gab es viel zu viel Rehwild im Langlinger Holz, das den Pflanzungen und der Naturverjüngung zusetzte. Für den Jagdpächter und Waidmann hingegen zählte ausschließlich das jagdbare Wild, Bäume und deren Bewirtschaftung interessierten ihn wenig. Außerdem wurmte es Henning Grube insgeheim, dass er im Klosterforst nur eingeschränkt jagen durfte – lediglich Schmalrehe, Frischlinge und Raubzeug.

»Wie bitte?« Dr. Wimmer stand das Entsetzen ins Gesicht geschrieben. »Der Finne ist von seinem eigenen Harvester geköpft worden? Das ist ja furchtbar.«

»Nicht vom eigenen«, erwiderte Henning Grube gereizt. »Von dem seines Chefs. Von Mika. Niilo ist der Tote, der Forwarder-Fahrer.«

»Der Blonde mit dem Ohrring?«

»Ja.«

»Schrecklich, schrecklich. – Und hat man eine Ahnung, wie das passieren konnte?«

»Nein.«

Dr. Wimmer rückte seine Pelzmütze zurecht. »Dann kann ich meinen heutigen Ansitznachmittag wohl vergessen«, seufzte er. »Bei so einem Trubel hier im Wald. Wie lange wird das denn noch dauern, bis die hier fertig sind?«

»Eine ganze Weile noch, denke ich.«

»Dabei wollte ich nur nachsehen, ob etwas dran ist an der Mär, dass sich *Pani Pronz* in der Gegend aufhalten soll.«

»*Pani Pronz?* – Ach, der Jahrhunderthirsch.« Henning Grube hob den Arm. »Der liegt da drüben. Unter der Hute-Eiche. Mausetot.«

»Wie bitte?« Dr. Wimmer riss Augen und Mund weit auf.

»Ich hab ihn selbst gesehen«, erwiderte der Förster. »Verendet in einer Mulde, die die Sauen gebuddelt haben. Der liegt da aber schon ein paar Tage, das Schwarzwild war auch schon dran.«

Dr. Wimmer verlor mehr und mehr seine Fassung. »Unglaublich. Das müssen Sie mir zeigen.«

»Nee, kann jetzt nicht. Muss los.« Henning Grube stieg in sein Auto. »Wenden Sie sich an die Kripo. Habe aber meine Zweifel, ob die Sie momentan überhaupt zum Hirsch lassen.«

»Ich bin schließlich der Jagdpächter«, echauffierte sich der Geologe. »Ich ... «

»Das sagen Sie am besten der jungen Kommissarin da vorne.« Der Förster deutete auf Maike Schnur, die gerade durch den Schnee zu ihrem Auto stapfte. »Die wird sicher Verständnis für Sie haben.«

»Das will ich doch stark hoffen ... «, hörte er Dr. Wimmer noch schimpfen. Dann schlug Henning Grube die Autotür zu und startete den Motor.

»Hey, wo will der denn hin?« Maike Schnur winkte aufgeregt mit den Armen.

Wie aus dem Nichts war neben ihr ein kleines grünes Männchen aufgetaucht. »Gestatten: Wimmer, Dr. Wimmer. Ich bin hier der ... «

»Einen Moment bitte«, fuhr ihm die Kommissarin über den Mund. »Was ist denn mit dem Förster los? Der sollte sich doch bereit halten.« Aus der Gesäßtasche ihrer engen Jeans fummelte sie eine Visitenkarte hervor, dann zog sie ihr Handy aus der Jacke und begann, eine Nummer zu tippen.

»Herr Grube meinte, er müsse dringend weg«, kommentierte Dr. Wimmer in der Annahme, die Kripobeamtin wollte den Förster an die Strippe bekommen.

»*Fuck!*«, fluchte die junge Frau wenig ladylike. »Die Mailbox.« Dann förmlich, aber sehr bestimmt: »Herr Grube! Maike Schnur hier. So war das nicht abgesprochen. Sie sollten sich am Tatort zur Verfügung halten. Wir brauchen Sie hier. Wir haben da nämlich was gefunden, einen toten Hirsch, zu dem wir ein paar Fragen haben. Bitte rufen Sie umgehend zurück.«

»Also stimmt es?« Dr. Wimmer hatte sich ein Stück vorgebeugt und versuchte, ein verbindliches Lächeln hinzubekommen.

»Was?«, entgegnete Maike Schnur schroff.

»Was Herr Grube erzählte – über *Pani Pronz.*«

»*Pani* ... wer?«

»*Pronz.* So heißt der Hirsch, von dem Sie eben redeten. Herr Grube sagte jedenfalls, dass er es ist. Wir Jäger haben ihn so getauft. Frei nach Siegfried Lenz.«

Maike Schnur steckte genervt ihr Handy weg. »Wie schön. Dann könnten Sie uns ja eventuell auch weiterhelfen. Kommen Sie mal mit. – Wie war noch gleich Ihr Name?«

»*Lo siento mucho!*«, sprach Mendelski in sein Mobiltelefon. Er stand etwas abseits, neben einem zugeschneiten Polter Kiefernindustrieholz. »Tut mir leid, Carmen. Der Geburtstagskaffee muss leider ausfallen. – Ja, ich hatte gedacht, das geht hier schneller. Aber es handelt sich nicht um einen Arbeitsunfall, sondern um ...

um Schlimmeres. - Ja. Natürlich bleibt es bei unserem Abendessen. Im Notfall - nee, dann fahre ich früher als die anderen. - Genau. Bis nachher. *A dios.*«

Der Kriminalhauptkommissar kehrte zu den anderen zurück. Die Gerichtsmedizinerin hatte soeben ihre Untersuchungen abgeschlossen.

»Ich bin soweit durch«, sagte Frau Dr. Grote. »Hier im Wald komme ich nicht weiter. Wir müssen die Obduktion abwarten.«

»Gibt's etwas, das wir jetzt schon wissen sollten?« Mendelski hatte seinen Notizblock in der Hand.

»Na, was ihr ja immer als Erstes wissen wollt: der Todeszeitpunkt. Nach jetzigem Kenntnisstand liegt der zwischen 10.00 und 11.00 Uhr heute Vormittag.«

»Okay.« Mendelski schrieb auf. »Weiter.«

»Sauberer Trennschnitt zwischen erstem und zweitem Halswirbel. Sturzhöhe des Kopfes aus zirka fünf Metern Höhe in den Schnee. Die Fraßspuren am Schädel stammen vom Vogel und sind postmortal. Das Hämatom am Hinterkopf rührt meines Erachtens nicht vom Aufschlag auf dem Boden her, auch nicht von einem Aufprall auf einen Baumstumpf oder dergleichen. Dazu liegt zu viel Schnee. Ich gehe eher davon aus, dass das Opfer vor seinem Exitus mit einem stumpfen Gegenstand einen kräftigen Schlag auf den Kopf bekommen hat. Er war mit höchster Wahrscheinlichkeit bewusstlos, als man ihn in die Zange des ... des Harvesters gelegt hat.«

Ellen Vogelsang schüttelte sich. Obwohl sie in ihrer Winterjacke offensichtlich nicht fror, liefen ihr eisige Schauer über den Rücken. »Freiwillig klettert da doch kein Mensch rein, oder?«

»Wohl kaum«, erwiderte Frau Dr. Grote. »Außerdem war der Tote nicht gefesselt, und typische Kampfspuren liegen auch nicht vor. All das bestätigt die Annahme, dass das Opfer bewusstlos war. Jedenfalls rühren die Hämatome an Oberarmen und Oberschenkeln sowie die Hautabschürfungen an beiden Händen wohl am ehesten von der Harvester-Zange.«

»Wie sieht es mit Frakturen aus?«, fragte Mendelski nach. »Ich meine, wenn sich so eine Zange schließt ... damit kann man jemandem doch alle Knochen brechen.«

»Das mag so sein. Aber soweit ich das bisher beurteilen kann, gibt es keine signifikanten Knochenbrüche.«

»Jo und ich haben uns die Zange angesehen«, warf Ellen Vogelsang dazwischen. »Der Feuerwehrmann, der sich mit Harvestern auskennt, meinte, dass die Zange nicht ganz geschlossen war. Anscheinend hielt die Maschine den Körper des Opfers nur so fest, dass er nicht herausfallen konnte.«

Mendelski kräuselte die Stirn. »Verstehe ich nicht«, brummte er. »Es wäre also ein Leichtes gewesen, den Finnen mit der Zange zu zerquetschen - wenn man das denn wollte. Stattdessen wird er mehr oder weniger behutsam in den Sägekopf gelegt, vorsichtig hoch oben in die Baumkronen gehievt - und erst dann wird ihm mit der Kettensäge der Garaus gemacht.«

»Vielleicht wollte man ihn noch ein wenig quälen ... «

»Wenn er bewusstlos ist?«

»Stimmt, daran hab ich gar nicht mehr gedacht. Aber ... «

»Entschuldigt bitte«, unterbrach sie Frau Dr. Grote. »Aber ich muss weiter. Spekulieren ist eure Sache, ich liefere lediglich die Fakten.«

»Eine letzte Frage noch.« Mendelski winkte mit seinem Notizblock. »Ist es denkbar, dass der Mann am Boden geköpft und die Leiche erst hinterher in die Höhe gehievt wurde?«

»Dafür gibt es keine Hinweise.« Die Gerichtsmedizinerin schüttelte den Kopf. »Den weit verstreuten Blutspuren nach zu urteilen - die trotz des Neuschnees noch gut zu finden waren - ist der Mann in luftiger Höhe enthauptet worden.«

»Und an Sägeblatt und Sägekette ... ?«

»Sind eindeutig Blut-, Knochen-, Haar- und Hautfetzenspuren. Da hat sich wohl niemand mehr die Mühe gemacht, die abzuwischen.«

Als das Jagdhornsignal erklang, schnappte sich Henning Grube das Mobiltelefon vom Beifahrersitz. Doch seine Hoffnung, dass Mika sich melden würde, trog. Wer auch immer anrief, hatte seine Telefonnummer unterdrückt. Wahrscheinlich telefonierte die Kripo hinter ihm her. Die konnten warten.

In Offensen verließ er die Landstraße und bog in einen Seitenweg ab, um die Abkürzung nach Oppershausen über den Aller-Radweg zu nehmen. So musste er nicht über Wienhausen fahren. Obwohl der junge Förster noch nicht lange in der Gegend arbeitete, kannte er bereits den einen oder anderen Schleichweg durch Feld und Flur.

Der Wirtschaftsweg war noch nicht vom Schnee geräumt, jedoch gab es bereits Fahrspuren. Henning Grubes geländegängiger Wagen kam dank der großen Bodenfreiheit problemlos voran. Als er das Allerwehr passierte, meldete sich die Mailbox. Dieses Mal nahm er das Gespräch an. Tatsächlich fragte die fesch-forsche Kripo-Beamtin Schnur nach ihm. Und sie beschwerte sich mächtig.

Henning Grube grinste kurz. Als er dann aber hörte, dass sie ihn vor allem wegen des Hirschluders befragen wollten, platzte ihm der Kragen.

»*Pani Pronz!*«, schnauzte er, während er das Gaspedal durchtrat. »Was interessiert mich der dämliche Hirsch? Ich fass es nicht. Mika ist denen wohl scheißegal.«

Minuten später erreichte er Oppershausen. Das Haus der Finnen lag etwas außerhalb, ein maroder Resthof zwischen eis- und schneebedeckten Wiesen, umgeben von einem Pappel-Hain.

Auch hier fand er frische Fahrspuren im Schnee. Trotz der einsetzenden Dämmerung waren sie deutlich zu erkennen.

Leise Hoffnung keimte in ihm auf, als er die Hofeinfahrt nahm. Sollten die Spuren von Mika stammen? Wer sonst könnte hier eingebogen sein? Mika und Niilo wohnten allein in dem armseligen Gemäuer. Niilo war tot. Und der Postbote brauchte nicht aufs Grundstück, da der Briefkasten - eines dieser nordamerikanischen Modelle aus Blech, das sich Mika letztes Jahr aus Kalifornien mitgebracht hatte - vorn an der Straße angebracht war.

Aber nein. Henning Grube biss sich auf die Unterlippe. Die Spuren konnten gar nicht von Mika stammen. Zumindest nicht von seinem Auto. Denn das stand ja noch im Langlinger Holz.

Als er sein Fahrzeug auf dem Hof ausrollen ließ und den Motor ausschaltete, rutschte ihm das Herz in die Hose. Sollten etwa die Mörder ...?

Ohne auszusteigen schaute er sich um. Haus und Hof schienen verwaist, keine Menschenseele, kein Auto, kein Licht - nicht das kleinste Lebenszeichen. Die frischen Fahrspuren führten zurück zur Hofeinfahrt. Da war kürzlich jemand hier gewesen und wieder weggefahren.

Vorsichtig öffnete er die Fahrertür. Er zögerte kurz und überlegte, ob er nach der Büchse auf dem Rücksitz greifen sollte, verwarf den Gedanken aber. Intuitiv kam er zu dem Schluss, dass sich kein menschliches Wesen auf dem Anwesen befand.

Trotzdem befiel ihn ein ungutes Gefühl. Er befürchtete, in Kürze eine zweite schreckliche Entdeckung zu machen.

Mit weichen Knien und flatterndem Magen stieg er aus.

Auf dem Hofgelände standen - zugeschneiten Gespenstern gleich - ein ausgedienter Harvester, der als Ersatzteillager diente, daneben die Überreste eines rostroten US-Pick-ups und im Hintergrund ein ausrangierter Wohnwagen mit eingeschlagenen Fensterscheiben.

Zögernd machte Henning Grube ein paar Schritte auf das Haus zu. Sein Blick war auf den Boden gerichtet. Neben den Reifenspuren fand er auch jede Menge Schuhabdrücke. Von mindestens drei verschiedenen Personen. Die Spuren führten ins Haus und wieder heraus.

Als er aufschaute, bemerkte er, dass die Haustür einen daumenbreiten Spalt weit offen stand. Aufgeregt näherte sich der Förster dem Gebäude.

»Mika?«, rief er verhalten gegen die Tür. Dann lauter: »Mika, bist du da drin?«

Er streckte den Arm aus, um die Tür aufzuschieben. Die Holztür knarrte fürchterlich - letzten Samstag noch hatte er den Finnen empfohlen, die rostigen Scharniere endlich mal zu ölen. Nach einem halben Meter stieß der Türflügel gegen irgendeinen Widerstand und ließ sich nicht weiter bewegen.

Als Henning Grube den Kopf durch den Türspalt steckte, sah er den großen, dunklen Fleck.

Auf den Fliesen im Flur hatte sich eine sauschwartengroße Blutlache ausgebreitet.

»Bei Hubertus!«, staunte Dr. Wimmer. »Das ist er. Kein Zweifel. Das ist *Pani Pronz.*«

Ehrfürchtig ging er vor dem Hirschluder in die Knie - wie vor einem Heiligtum. Voller Respekt betastete er die Stangenenden. »Was für eine Trophäe.«

»Tja, ein 1A-Hirsch, wie er im Buche steht«, pflichtete ihm Mendelski bei. Er war zu dem Jagdpächter in die Grube gestiegen. »*Pani Pronz*, der legendäre Hirsch aus ›*So zärtlich war Suleyken*‹. Da haben Sie sich einen schönen Namen ausgesucht.«

»Nicht ich. Das war ein Lehrer aus Nienhagen. Ein passioniert jagender Deutschlehrer.«

Mendelski blickte nachdenklich auf das tote Tier. »Jammerschade, dass der hier so verludert ist. So mancher Waidmann hätte für diesen Hirsch Haus und Hof gegeben.«

»Oder seine Ehefrau ... «

Maike Schnur und Heiko Strunz, die am Rande der Kuhle standen, schauten sich vielsagend an. »Jäger unter sich«, raunte die Kommissarin verschwörerisch.

Der Chef der Spurensicherung grinste vielsagend. »Jetzt kapier ich endlich«, flüsterte er zurück, »warum die von Hirschluder sprechen. Das Tier ist hier verludert, also in Verwesung übergegangen. Weil es niemand rechtzeitig gefunden hat.«

»Ein Hirschluder hat also mit einem Boxenluder nichts zu tun?«, gluckste Maike. Ihr Versuch, bei der Frage ernst zu bleiben, scheiterte kläglich.

»Was für ein Jammer!«, setzte Dr. Wimmer die eigentümliche Totenklage fort. »In meinem langen Jägerleben habe ich ja so manchen kapitalen Geweihträger gestreckt. Im In- und Ausland. Sogar in Übersee. Aber *Pani Pronz* wäre die Krönung gewesen ... mein Lebenshirsch sozusagen.«

»Sie waren sicherlich nicht der Einzige, der hinter dem Burschen her war«, vermutete Mendelski.

»Darauf können Sie Gift nehmen.« Dr. Wimmer erhob sich und streckte seine kurze Wirbelsäule. »Als emsiger und heimlicher Grenzgänger hat der die Jägerschaft im gesamten südlichen Landkreis Celle auf Trab gehalten. *Pani Pronz* war nicht sonderlich standorttreu. Bei der Brunft in September hat man ihn im Harzhorn zwischen Nienhof und Hohne gesichtet. Im Oktober soll er sich angeblich in der Sprache herumgetrieben haben. Aber hier im Langlinger Holz hat er sich erst einmal blicken lassen.«

»Gut so weit.« Mendelski reichte Strunz die Hand und ließ sich aus der Kuhle ziehen.

»Wann, wie oder wodurch der Hirsch verendet ist, wissen wir nicht. Das kann nur eine eingehende Untersuchung ergeben. Er kommt also in die Gerichtsmedizin.«

»So einen Aufwand für das tote Viech?«, beschwerte sich Maike Schnur. »Haben wir nichts Besseres zu tun?«

»Ja, so einen Aufwand für ein totes Viech«, konterte Mendelski verschnupft, während Dr. Wimmer ihm mit einem heftigen Nicken beipflichtete. Der Hauptkommissar fuhr fort: »Schließlich waren der getötete Finne und seine Mörder kurz vor der Tat hier. Ich halte es für sehr wahrscheinlich, dass es einen Zusammenhang zwischen ihnen, der Tat und dem Hirschluder gibt.«

»Und das ausgerechnet in meinem Revier.« Dr. Wimmer klopfte sich den Schnee von den Hosenbeinen. »Unfassbar. - Immerhin ... als Jagdpächter steht mir wenigstens die Trophäe zu.«

»Sie haben vielleicht Sorgen«, entfuhr es Maike Schnur. Ihr scharfer Blick durchbohrte Dr. Wimmer regelrecht. »Ein vergammeltes Hirschgerippe scheint Ihnen wichtiger zu sein als der getötete Finne.«

»Nein ... keineswegs«, stammelte der Jagdpächter. »Natürlich ... natürlich berührt mich der Tod dieses ... dieses ... «

»Ist schon okay«, unterbrach ihn Strunz. Er half Dr. Wimmer aus der Kuhle. »Eine Frage noch. Wenn - wie ich eben herausgehört habe - eventuell auch Tatmotive wie Jagdneid oder Wilderei in Frage kommen, dann verstehe ich nicht, warum die Täter das angeblich so wertvolle Geweih nicht mitgenommen haben.«

Maike Schnurs Handy meldete sich. Sie wandte sich ab.

»Vielleicht hatten die Täter keine Zeit mehr«, antwortete Mendelski. »Vielleicht haben sie sich gestritten, die Finnen und die beiden Unbekannten. Vielleicht ging es um den Hirsch, vielleicht auch nicht. Die Angelegenheit eskalierte, es kam zu gewalttätigen Auseinandersetzungen, die dann zum Tod von Niilo Humppi ... « Mendelski stockte. »Ja, Maike, was gibt's?«

Die Kriminalkommissarin winkte aufgeregt mit ihrem Handy. »Grube, der Förster, hat angerufen«, rief sie. »Aus dem Haus der Finnen in Oppershausen. Dort, im Flur, sagt er, ist alles voller Blut ... «

WIE EIN HÄUFCHEN ELEND und schlotternd vor Aufregung hockte Henning Grube in seinem unbeleuchteten Auto und starrte zum Haus hinüber, das mehr und mehr von der Dunkelheit verschluckt wurde. Es fing wieder an zu schneien.

Nach der schaurigen Entdeckung war er voller Panik zu seinem Auto zurückgelaufen.

Erst als er die Fahrertür hinter sich geschlossen hatte und mit seinen zittrigen Händen vergeblich versuchte, den Zündschlüssel ins Schloss zu stecken, war er zur Besinnung gekommen. Er musste sich zusammenreißen und schleunigst die Kripo informieren. Zum Glück war Frau Schnur sofort an ihr Handy gegangen. Sie hatte ihm versprochen, so schnell wie möglich zu kommen, und ihm eingeschärft, sich nicht von der Stelle zu rühren.

Sich nicht von der Stelle rühren. Die Frau hatte gut reden. Drinnen im Haus lag wahrscheinlich die Leiche von Mika - und er sollte hier sitzen bleiben. Na prima.

Nervös schaute er auf sein Smartphone. Schon 16.41 Uhr. Die Frontscheibe begann zuzuschneien. Henning Grube wagte nicht, den Scheibenwischer einzuschalten.

Der Schnee! Verdammt!

Die Spuren schneiten zu. Die Fußspuren und die Autospuren von den ... den Verbrechern, den Mördern ... Das waren vielleicht wichtige Beweise.

Henning Grube griff nach der Wolldecke, die auf der Rückbank lag, und stieg aus dem Wagen. Froh, nicht länger zur Untätigkeit verdammt zu sein, suchte er eine Stelle direkt neben einer der Fahrspuren, wo besonders viele Fußabdrücke im Schnee zu sehen waren. Hier waren sie aus dem Auto aus- und wieder eingestiegen - wer auch immer.

Behutsam breitete er die Decke aus. Quasi auf Zehenspitzen stakste er zu seinem Auto zurück, um so wenig Spuren zu zerstören wie möglich.

Doch er zögerte, in den Wagen einzusteigen. Wieder schaute er nach der Uhr. 16.48 Uhr.

Wo blieben die nur? Die Strecke vom Langlinger Holz hierher war eigentlich in zehn Minuten zu schaffen. Aber wahrscheinlich fuhren sie über Wienhausen, das dauerte länger. Und dann der Schnee ...

Unschlüssig starrte er zu dem dunklen Haus. Wenn Mika noch lebte? Wenn er schwer verletzt hinter der Tür liegen würde? Wenn jede Minute, jede Sekunde zählte, um sein Leben zu retten?

Einen Notarzt hatte die Polizei sicher längst angefordert, das war bei denen Routine.

Oder?

Was zum Teufel sitze ich hier 'rum?, fragte sich Henning Grube.

Kurzentschlossen riss er die Fahrertür auf und holte die Stabtaschenlampe hervor, die unter dem Vordersitz lag. Ohne auf den Krach zu achten, knallte er die Autotür zu und rannte zum Haus.

»WARUM IST DER FÖRSTER DENN überhaupt weggefahren?«, wollte Robert Mendelski wissen, während er sich mit beiden Händen am Griff über der Autotür festhielt. »Der sollte sich doch zur Verfügung halten.«

Maike Schnur, die am Steuer saß, hatte alle Mühe, dem vorausfahrenden Streifenwagen zu folgen. »Ja, spinnt der denn?«, schimpfte sie über den Kollegen vor sich. Der kannte sich offenbar gut aus, denn sie rasten mit hoher Geschwindigkeit, eingeschaltetem Blaulicht und Martinshorn über die Waldwege. Erneut einsetzender Schneefall behinderte zudem die Sicht. »Das ist hier doch nicht Paris-Dakar ... «

»Du hattest doch Klartext mit ihm gesprochen?«, fuhr Mendelski unbeirrt fort. »Ihn aufgefordert, am Tatort zu bleiben?«

»Klar doch.« Maike guckte böse in das Schneetreiben vor ihnen. »Hab ich. Aber ich konnte ihn ja schlecht festbinden. Der hat sich einfach still und heimlich verpisst.«

»Was treibt den denn? Wollte er nach dem zweiten Finnen suchen?«

»Anscheinend.«

Ohne den Handgriff loszulassen, versuchte Mendelski, eine bequemere Position zu finden. »Hatte er denn einen Verdacht?«

»Keine Ahnung.« Maike überlegte. »Er hatte nur gefordert, dass wir so schnell wie möglich zum Haus der Finnen fahren.«

»Und ... ?«

»Was und?« Die junge Kriminalkommissarin riss das Lenkrad herum, dass der Schnee spritzte. Nur mit Mühe blieb das Fahrzeug in der Spur. »Ich hab ihm gesagt, dass wir uns schon darum kümmern werden. Aber immer der Reihe nach. Wir können uns ja schlecht vierteilen.«

»Vierteilen ist gut ... « Mendelski grinste, dann wurde er wieder ernst. »Also ist er auf eigene Faust losgefahren. Ohne uns Bescheid zu geben.«

»Genau.«

»Aber den Finnen - wie heißt der doch gleich - den Mika Rahola hat er nicht gefunden, dafür jede Menge Blut?«

Maike nickte. »Die Haustür soll offen gestanden haben. Und auf den Fliesen im Flur war anscheinend eine große Blutlache. Da ist er nicht weiter ins Haus eingedrungen, sondern hat mich angerufen. Ich hab ihm jedenfalls gesagt, er soll sich nicht von der Stelle rühren.«

»Hoffentlich hält sich unser Privatdetektiv dieses Mal an die Order. Nicht dass er wieder einen Alleingang wagt ... «

Die Kommissarin trat heftig in die Bremse, um nicht auf den Streifenwagen aufzufahren. Sie hatten die Landstraße erreicht.

Mendelskis schwerer Körper wurde vom Sicherheitsgurt aufgefangen. Erschrocken drehte sich der Hauptkommissar zur Fahrerin. »Mensch, Maike, jetzt ras nicht so«, wetterte Mendelski. »Nachher krachen wir wieder auf einen Baumstumpf. So wie damals. In der legendären Schneenacht ... auf dem Truppenübungsplatz bei Bergen ... «

»Diese olle Kamelle schmierst du mir jeden Winter aufs Brot.« Maike Schnur gab wieder Gas. »Funk lieber die da vorne an, sie sollen ihre Tröte und die Weihnachtsbeleuchtung abschalten. Ist wohl besser, wir schleichen uns auf Samtpfoten an das Haus der Finnen heran ... «

Der Strahl der Taschenlampe erleuchtete den Flur hinter der Haustür. Ohne lange zu fackeln, stemmte Henning Grube seine Schulter gegen das Türblatt und drückte mit aller Kraft.

»Mika!«, rief er. »Mika, bist du da?«

Da lag irgendetwas auf dem Boden hinter der Tür ... es ließ sich nur schwer beiseite schieben. Doch schließlich gelang es dem Förster, die Tür so weit zu öffnen, dass er sich ins Hausinnere zwängen konnte.

Das grelle LED-Licht der Taschenlampe erfasste ein lebloses haariges Bündel, das direkt hinter der Tür am Boden lag und den Zugang so erschwert hatte.

Henning Grube musste tief durchatmen. Denn nicht Mika lag da blutüberströmt und mausetot auf den Fliesen. Es war Lilly, der Haus- und Hofhund der Finnen. Die Hündin, eine Mischung aus Australian Shepherd und Finnischem Vogelhund, hatten sich die beiden aus ihrer Heimat mitgebracht - ein sehr gutmütiges und menschenfreundliches Tier. Im Schein der Taschenlampe zählte Henning Grube mindestens drei Einschüsse.

Der Lichtschein geisterte über die Fliesen.

Überall Blut. Hatte sich Lilly sterbend hinter die Haustür gelegt, nachdem die Mörder das Haus verlassen hatten?

So viel Blut. Diese riesige Lache ...

Stammte das alles von dem Hund?, fragte sich der Förster ahnungsvoll. Oder lagen noch weitere Opfer im Haus? Angeschossen, sterbend, verblutend?

Ohne das Licht einzuschalten, orientierte er sich nur mit der Stablampe. In der Küche fand er weitere Blutspuren. Eine Unmenge Blut. Zweifellos hatte es einen Kampf gegeben. Ein Stuhl lag mit abgebrochenen Beinen am Boden, die Gardinen waren zerfetzt. Die Türen des Küchenschranks hingen schräg in den Scharnieren, Schubladen waren herausgerissen, ihr Inhalt auf dem Fußboden verstreut. Auf dem Küchentisch ein wüstes Stillleben aus einer zerbrochenen Bierflasche und einem zertrümmerten Aschenbecher.

Von Mika keine Spur.

Voller Unruhe durchquerte Henning Grube die übrigen Räume.

Im Wohnzimmer sah es noch schlimmer aus. Umgeworfene, aufgeschlitzte Polstermöbel, ein umgeschlagener Teppich, von den Wänden gerissene Bilder - nur der Flachbildschirmfernseher hatte nichts abbekommen.

»Um Gottes Willen!«, entfuhr es dem Förster. »Ich ahne, was die gesucht haben.«

Auch Niilos Schlafzimmer sah aus, als hätte eine Bombe eingeschlagen. Den Kleiderschrank hatte jemand umgekippt, Matratzen lagen kreuz und quer wie auf einer Mülldeponie, aus zerrissenen Federbetten hatten sich feine Daunen wie eine dünne Schneeschicht im gesamten Raum ausgebreitet. Bei jedem Schritt wirbelten sie zu weißen Wolken auf.

Auch in diesem Raum stieß Henning Grube auf Blutspuren.

»Mika!«, schrie er, als ihn plötzlich die Panik übermannte. »Mika, verdammt. Wo steckst du?«

Einer Antwort gleich drang ein tiefes Brummen an sein Ohr. Kaum hatte er es registriert, erstarb das Geräusch wieder. Henning Grube fuhr zusammen. Instinktiv knipste er die Taschenlampe aus und lauschte.

Totenstille.

Nur das Ticken des Weckers war zu hören. Der stand als einer der wenigen Gegenstände unversehrt auf dem Nachttisch im Schlafzimmer.

Das Brummen war aus dem Flur gekommen, mutmaßte er. Oder - eventuell auch aus größerer Entfernung. Vielleicht aus dem Keller?

Dort hatte er noch gar nicht nachgeguckt. Hoffnung keimte in ihm auf. Hatten die Eindringlinge Mika vielleicht dort unten eingesperrt? Er musste sich beeilen.

Beherzt tastete sich Henning Grube im Dunkeln an der Wand entlang in Richtung Flurtür.

Eine Spur zu hastig und unbedacht.

Mit Wucht knallte seine Schläfe gegen die Kante der geöffneten Tür, es gab ein hässliches Geräusch. Vor seinen Augen tanzten bunte Sterne. Er taumelte zurück, stürzte und krachte mit dem Hinterkopf gegen den Sockel des umgestürzten Kleiderschranks.

Benommen blieb er liegen.

»Keine Spur vom Förster«, raunte Mendelski Maike zu. Mit gezogenen Waffen und einschaltbereiten Taschenlampen waren sie hinter dem Auto von Henning Grube in Deckung gegangen. Die beiden Kollegen von der Streife hockten hinter dem ausrangierten Wohnwagen. Ihre Fahrzeuge hatten sie in der Einfahrt zurückgelassen.

»Dieser Idiot!« Maikes Stimme klang ärgerlich. Und eine Spur zu laut. Mendelski hielt den Zeigefinger vor die Lippen.

»Der ist sicher im Haus«, flüsterte er, während er sich auf dem unbeleuchteten Hof umschaute. Dank der Schneelage konnte man trotz Dunkelheit einigermaßen gut sehen. Er wies zur Haustür. »Hilft nichts, wir müssen da rein.«

Sie gaben den beiden Streifenpolizisten durch Handzeichen zu verstehen, was sie vorhatten. Deren Aufgabe war es, die Rückseite des Hauses zu sichern, wo sie weitere Türen vermuteten.

Geduckt huschte Mendelski in einem weiten Bogen auf das Haus zu. Maike folgte ihm wie ein Schatten. Am Eingang angelangt, sahen sie, dass die Tür offen stand. Mit dem Rücken zur Wand postierten sie sich rechts und links des Hauseingangs und lauschten.

Stille. Aus dem Hausinneren drang kein Ton.

Mendelski knipste die Taschenlampe an und leuchtete in den Flur hinein. Der Lichtschein fiel auf den toten Hund, der hinter der Tür in einer Blutlache am Boden lag. Auch Maike schaltete ihre Taschenlampe ein.

»Herr Grube!«, rief Mendelski ins Haus, ohne seine Position zu verlassen. »Herr Grube, sind Sie da drin?«

Regungslos und angespannt lauschten sie. Keine Reaktion. Kein Laut.

Mendelski gab Maike ein Zeichen. Auf Zehenspitzen betraten sie den Flur.

Sich gegenseitig Deckung gebend, schlichen sie voran. Durch die offenen Türen leuchteten sie in die Räume hinein - auf das unbeschreibliche Chaos überall.

In der Türöffnung zum letzten Raum fanden sie ihn. Zunächst die Boots, dann die Hosenbeine und unter einer Schicht Daunen schließlich den Rest des Körpers.

Henning Grube rappelte sich gerade wieder auf.

»Jetzt langsam ziehen«, kommandierte Heiko Strunz.

Im Schein eines mobilen Scheinwerfers, der zwischen den Bäumen aufgestellt worden war, zogen die drei uniformierten Polizisten an einem Seil. Es gab einen Ruck.

»Langsam, hab ich gesagt«, rief Strunz. »Sonst fällt der uns auseinander.«

Am Geweih war ein Seil befestigt. Der Chef der Spurensicherung hielt die rechte, Jo Kleinschmidt die linke Geweihstange. Mit vereinten Kräften bewegten sie das brettsteif gefrorene Hirschluder Stück für Stück aus der Mulde.

»So is gut. Jetzt auf die Plane damit«, schnaufte Strunz.

Am Fuß der Hute-Eiche bedeckte eine drei mal vier Meter große Kunststoffplane den Schnee. Auf deren Mitte legten sie den Wildkörper ab.

»Ging doch prima«, lobte Dr. Wimmer, der neben der Eiche gestanden und die Bergung beobachtet hatte. »Erst jetzt kommt *Pani Pronz* richtig zur Geltung.« Er trat an die Mulde. »Da, sehen Sie mal. Wo der Wildkörper gelegen hatte, ist gar kein Schnee«, plapperte er weiter. »Der erste Schnee fiel aber vor acht Tagen. Folglich hat der Hirsch hier schon über eine Woche gelegen.«

»Bitte nicht so nah heran«, wies ihn Strunz zurück. Nur widerwillig hatte er dem Wunsch Dr. Wimmers entsprochen, bei der Bergung des Hirschkadavers dabei sein zu dürfen. »Lassen Sie uns bitte in Ruhe unsere Arbeit machen. Am besten, Sie gehen fünf Meter auf Abstand.«

Der Jagdpächter trat drei Schritte beiseite. Drei kleine Schritte. »Auf der Unterseite scheint die Decke noch unversehrt«, rief er aufgeregt. »Sie müssten ihn umdrehen und nachsehen, ob ... «

»Das hatte ich sowieso vor«, knurrte Strunz dazwischen. »Jetzt halten Sie sich mal etwas zurück. Sonst muss ich Sie ...«

»Ich will doch nur helfen.«

Strunz wandte sich an seine Kollegen. »Zwei an die Läufe, der dritte zu uns ans Haupt. Das ist am schwersten. Wir kippen ihn einfach auf die andere Seite.«

Sekunden später hatten sie den Hirsch gewendet. Strunz nickte zufrieden.

»Nun sehen Sie schon nach«, forderte Dr. Wimmer voller Ungeduld. »Oder soll ich ...«

Jetzt reichte es, Strunz platzte der Kragen: »Dr. Wimmer, wenn Sie nicht sofort Ruhe geben, verweise ich Sie des Platzes. Wegen Behinderung der polizeilichen Ermittlungstätigkeit.«

Das saß.

Dr. Wimmer senkte den Kopf und murmelte etwas. Ob es eine Entschuldigung war oder ein Fluch, konnte niemand verstehen.

Kopfschüttelnd wandte sich Strunz wieder dem Hirschluder zu. Er bückte sich, um mit behandschuhten Händen die Decke im Blatt- und Rippenbereich abzutasten. Da der Hirsch auf dieser Seite gelegen hatte, war das Haar plattgedrückt, aber die Decke weitgehend unversehrt.

Plötzlich stoppte seine Rechte, um mit dem Zeigefinger eine Stelle genauer zu prüfen. Eine Vertiefung kurz vor dem Keulenansatz. Doch war sein Finger zu dick, um Genaueres festzustellen.

Strunz zog einen Kugelschreiber aus der Tasche, setzte die Spitze auf die Vertiefung und drückte sachte. Der Stift ließ sich mühelos im Wildkörper versenken.

Ohne den Kugelschreiber wieder herauszuziehen, erhob sich Strunz und kramte sein Diktiergerät aus der Umhängetasche. »Hirsch weist Einschussloch auf«, sprach er verhalten, jedoch für jedermann verständlich. »Auf der rechten Seite im unteren Bauchbereich. Schusskanal verläuft schräg nach hinten in Richtung Becken. Größeres Kaliber, wahrscheinlich von einem Jagdgewehr. Ausschuss nicht mehr nachvollziehbar, da Wildkörper im hinteren Bereich und auf der linken Seite weitestgehend zerstört, von Wildschweinen und anderen Aasfressern.«

»Ich hab's doch geahnt«, rief Dr. Wimmer aus dem Hintergrund in die Runde. »Da war entweder ein Schlumpschütze aus der Nachbarschaft oder ein Wilderer am Werk. Sollten gar diese Finnen ...?«

Der Jagdpächter verstummte jäh, als ihn Jo Kleinschmidts böser Blick traf.

»SIE SOLLTEN DOCH AM AUTO WARTEN!«, schnauzte Maike Schnur. Sie reichte Henning Grube die Hand, um ihm aufzuhelfen. »Stattdessen spielen Sie hier Sherlock Holmes.«

Der Förster kam nur mühsam in die Senkrechte. Vorsichtig betastete er die beiden Beulen, die an der Stirn und die am Hinterkopf. »Autsch ...!«, entfuhr es ihm.

»Der Notarzt ist schon unterwegs«, sagte Mendelski. Er schaute sich die beiden Wunden an. Dabei ging er nicht gerade zimperlich mit dem Forstbeamten um. »Kein Blut zu sehen. Also wird's nur halb so schlimm sein.«

»Was hatten Sie denn hier im Haus zu suchen?«, fragte Maike.

»Ich ... ich wollte doch nur nachsehen, ob Mika hier irgendwo liegt. Womöglich verletzt ... «

»Ihre Sorge um den Finnen ehrt Sie ja«, lenkte Mendelski ein. »Aber Ihre Alleingänge gefallen uns nicht. Erstens behindern Sie die Arbeit der Polizei und zweitens bringen Sie sich dabei in große Gefahr.«

»Gefahr? - Nein. Die waren längst wieder weg, als ich hier ankam.« Noch immer leicht schwankend streifte er sich einzelne Daunen aus seiner Lockenmähne. »Das hab ich an den Spuren gesehen.«

»Wer ... die?«, forschte Maike.

»Na, die Gangster. Die Niilo auf dem Gewissen haben.«

»Kennen Sie die denn?« Mendelski richtete den Strahl seiner Taschenlampe auf das Gesicht seines Gegenübers. »Oder haben Sie einen konkreten Verdacht?«

»Nein ... nein!«, stammelte Grube. Um dem gleißenden Licht auszuweichen, kniff er die Augen zusammen und wandte den Kopf zur Seite. »Woher soll ich denn das wissen?« Trotzig rief er: »Hab überhaupt keine Ahnung.«

»Und was ist mit dem anderen Finnen, dem Mika?«, setzte Maike nach. »Seinetwegen sind Sie doch hierher gefahren.«

»Ich dachte, er wär vielleicht zu Hause.«

»War er aber nicht.« Mendelski senkte die Taschenlampe und leuchtete über das verwüstete Schlafzimmer. »Stattdessen fanden Sie das hier - und den erschossenen Hund.«

»Ja. Leider. Diese Schweine haben Lilly regelrecht durchsiebt. Dabei war sie die Gutmütigkeit in Person, hat keiner Fliege etwas zuleide getan.«

»Die haben alles auf den Kopf gestellt. Haben was Bestimmtes gesucht.« Gedankenverloren wies Maike mit dem Strahl ihrer Taschenlampe auf die herausgerissenen Kleiderschrankschubladen. »Ganz klar. Nur was?« Und an Grube gewandt: »Was die hier gesucht haben, wissen Sie wohl auch nicht?«

Der Förster schüttelte wortlos den Kopf.

»Jedenfalls sind sie vor einem Mord nicht zurückgeschreckt. Scheint einigermaßen bedeutsam zu sein, was die suchten.« Mendelski ging in die Hocke, um unter das Bett zu leuchten. »Aber ob sie gefunden haben, was sie suchten, das wissen wir nicht.«

»Hoffentlich haben sie Mika nicht gefoltert«, murmelte Grube. »So viel Blut. Ob das ausschließlich von Lilly ist?«

»Das wird unser Labor herausbekommen.« Mendelski hatte sich wieder erhoben. »Wir sollten besser nichts mehr anrühren und den Rest der Spurensicherung überlassen.«

»Apropos Spuren!« Henning Grube hatte seine Taschenlampe wieder angeknipst und wies mit dem Strahl in den Flur. »Draußen im Schnee waren guterhaltene Reifen- und Menschenspuren. Als es anfing zu schneien, hab ich sie mit einer Decke zugedeckt. Vielleicht können Sie damit was anfangen.«

»Sehr schön. Das haben Sie gut gemacht.« Mendelski wandte sich an Maike. »Ruf Heiko an. Die sollen so schnell wie möglich hierher kommen.«

Drittes Kapitel

Als Mika Rahola aus der Bewusstlosigkeit erwachte, lag er auf dem Rücken. Sein Kopf, der auf einem flachen, bretteharten Kissen ruhte und in einer Kapuze steckte, dröhnte wie ein Brummkreisel.

Um ihn war Dunkelheit. Und Kälte.

Feuchte Kälte.

Nur langsam kam er zu sich. Sein Blick war senkrecht nach oben gerichtet. Zunächst befürchtete er, dass seine Sehkraft gelitten hätte, dass er gar erblindet sei. Doch dann registrierte er, dass es dunkel war in dem Raum, in dem er lag.

Stockdunkel.

Bis auf eine winzige, kaum wahrnehmbare Ausnahme. Direkt über ihm - in welcher Höhe, war schwer zu schätzen - entdeckte er ein Rechteck. Nahezu ein Quadrat. Dessen Ränder markierten hauchdünne Lichtstreifen. Dort oben musste es eine Luke oder ein verhangenes Fenster geben, hinter dem Tageslicht oder eine künstliche Lichtquelle verborgen waren.

Er versuchte, sich aufzurichten, kam aber nicht weit. Seinen Kopf konnte er nur wenige Zentimeter anheben, dann war Schluss. Erschöpft ließ er ihn zurück in seine alte Position fallen.

Ein stechender Schmerz durchfuhr seinen Schädel, Tränen schossen ihm in die Augen. Erst als der Schmerz nachgelassen hatte, begann sein Denkapparat wieder zu funktionieren.

Mein Gott, was war bloß passiert? Ein Unfall? Am Hinterkopf musste er eine Wunde oder zumindest eine dicke Beule davon getragen haben.

Mika startete einen zweiten Versuch. Vergebens. Er kam einfach nicht hoch. Sein Brustkorb, die Arme und auch die Beine ließen sich nicht bewegen. Er lag da wie ein geschnürtes Paket. Unfähig sich zu rühren.

Hatte er sich etwa am Rücken verletzt, an der Wirbelsäule? Oder schlimmer - war er gar querschnittsgelähmt?

Panik machte sich in ihm breit. Fühlte sich das so an?

Die Hände - gottlob, er konnte sie spüren - schienen an seinen Oberschenkeln fixiert, die Füße oberhalb der Knöchel zusammengebunden.

Zusammengebunden?

Wahrscheinlich mit Verbandsmateriel oder Klebeband, mutmaßte er. Schnüre oder Kabelbinder hätten sich tiefer in die Haut geschnitten, das hätte er gespürt.

Ihm fiel ein Stein vom Herzen. Zunächst. Eine Querschnittslähmung schied aus. Doch warum hatte man ihn derart ruhig gestellt? Gab es andere schwerwiegende Wunden? Knochenbrüche oder innere Verletzungen?

Vorsichtig forschte er weiter. Seine Kleidung hatte man ihm gelassen. Die Fingerkuppen ertasteten den derben Jeansstoff, im Nacken spürte er sein kanadisches Flanellhemd.

Lag er im Krankenhaus? In der Notaufnahme?

Aber warum im Dunkeln?

Weit und breit waren keine Apparate zu erahnen, keine Kontrolllämpchen, keine Schläuche, kein Tropf. Warum - zum Teufel - kümmerte sich niemand um ihn?

Behutsam, um seinen schmerzenden Hinterkopf zu schonen, wandte er den Kopf zur Seite. Seine Wange stieß gegen Kunststoff. Sich kalt anfühlenden, jedoch weichen, flauschigen Kunststoff. Das Material kannte er, auch den Geruch. Erinnerungen wurden wach. Erinnerungen an Sommerausflüge in den finnischen Wäldern, an Camping, Hüttenurlaub und an Kanu-Touren auf glasklaren, tiefgründigen Seen in traumhaft schöner Landschaft.

Sein Schlafsack.

Man hatte ihn in seinen eigenen Schlafsack gesteckt. In den engen, dunkelblauen, mehrfach geflickten Mumienschlafsack, den er vor mehr als zwanzig Jahren in Rovaniemi gekauft hatte.

Derart warm eingepackt fror er nicht. Lediglich im Gesicht spürte er die Kälte. Der Raum, in dem er sich befand, musste lausig kalt sein.

Merkwürdig. Sehr merkwürdig das alles.

Seine Zunge fuhr über die aufgeplatzten Lippen, über denen sich eine Kruste gebildet hatte. Es schmeckte nach Metall - nach Blut.

Dort hatte er also auch etwas abbekommen. Auf dem Mund.

Ein Unfall wurde für ihn immer wahrscheinlicher. Ein Unfall im Wald, mit seinem Harvester. Vielleicht hatte eine Baumkrone das Führerhaus getroffen und die Scheiben durchschlagen. Oder die Maschine war umgekippt, und er war aus seinem Sitz geschleudert worden. So etwas konnte passieren, davon hatten seine Kollegen schon öfter erzählt.

Mit Mühe gelang es ihm, sich zu erinnern. Niilo und er hatten im Langlinger Holz, dem Klosterforst von Wienhausen, gearbeitet. Schon seit Tagen. Bei Neuschnee in einer Kiefern-Zweitdurchforstung. Da gab es gar keine starken Bäume, die einem Führerhaus hätten gefährlich werden können. Da waren auch keine Steilhänge oder gefährliche Geländehindernisse, die seinen Harvester hätten umschmeißen können.

Das Nachdenken strengte ihn an. Die Kopfschmerzen wurden stärker. Er schloss die Augen, um sich besser konzentrieren zu können.

Es war am Montag gewesen, gleich morgens. Sie waren im Wald. Niilo und er. Niilo war schon mit dem Forwarder zum Holzrücken losgefahren, er hatte noch getankt und die Sägekette gewechselt.

Niilo?

Bei den Gedanken an Niilo lief ihm ein eisiger Schauer über den Rücken. Warum nur?

Er war gerade ins Führerhaus geklettert, um die Maschine zu starten, als plötzlich ... da kam ...

Ja, zum Teufel, was kam da?

Seine Erinnerung versiegte an dieser Stelle. Er schien eine Gedächtnislücke, einen Filmriss zu haben.

In Mika regten sich plötzlich die Lebensgeister. Mit aller Kraft bäumte er sich auf. So gut es irgend ging.

Aber es ging nicht weit. Verflucht!

Er lag eingeschnürt in seinem Schlafsack - und der war wiederum mit einem Seil oder Spanngurt irgendwo festgebunden. An ein Bettgestell, eine Liege oder so etwas.

Langsam dämmerte es ihm: Er befand sich weder in einem Krankenhaus noch in einer Arztpraxis. Verletzt und unversorgt steckte er in seinem eigenen Schlafsack. Verschnürt wie ein Paket. Gleich einer Mumie in einer dunklen kalten Gruft. Das sah nicht gut aus...

In ihm stieg Wut auf. Er war gefesselt, aber nicht geknebelt.

»Apua!«, rief er in seiner Muttersprache. *»Apua!«*

Gespannt starrte er auf das matt schimmernde Lichtrechteck über sich und lauschte.

Nichts passierte.

Nach kurzer Besinnung wiederholte er auf Deutsch: »Hilfe! Hilfe! - Hört mich jemand?«

Wieder tat sich nichts.

Dann regte sich plötzlich etwas.

Über sich hörte er ein Rumpeln, dort wo sich die Luke oder das Fenster befand. Rufe drangen an sein Ohr, kurze abgehackte Worte, unverständliche Worte aus weiter Ferne.

Es rumpelte noch einmal, lauter dieses Mal. Auf einer Seite des Rechtecks wurden die Lichtstreifen breiter.

Gleißendes Licht traf sein Gesicht und blendete ihn. Reflexartig drehte er den Kopf zur Seite und schloss die Augen.

Als er wenige Sekunden später in den Raum blinzelte, sah Mika eine Gestalt, die auf einer Leiter zu ihm herabstieg.

Das Wetter am Dienstagmorgen zeigte sich weiter winterlich. Der Himmel über Celle war klar, es herrschten Windstille und frostig kalte Temperaturen. Eine riesige rosafarbene Dunstbank am Horizont im Südosten der Stadt verhinderte, dass die Sonne zum Vorschein kam. Vorerst jedenfalls.

Henning Grube fuhr auf der 77er Straße in Richtung Innenstadt, als er kurz vor dem Langensalzaplatz plötzlich abbremste. Kurzentschlossen bog er mit hohem Tempo auf den Parkplatz vom Celler Badeland ein. Der plattgefahrene und gefrorene Schnee knirschte unter den Reifen seines Wagens, während er die Auffahrt nahm. Erst auf dem offenen Parkdeck im ersten Stockwerk stoppte er das Fahrzeug.

Der Förster schaltete den Motor aus und ließ die Stirn auf das Lenkrad sinken. Die Lockenmähne rutschte nach vorn und verdunkelte sein Gesichtsfeld. Die müden Augen hielt er weit geöffnet.

Bevor er zur Tat schritt, musste er noch einmal nachdenken.

Dabei hatte er schon die halbe Nacht gegrübelt und kaum geschlafen. Seine Gedanken hatten sich im Kreis gedreht.

Sollte er, sollte er nicht? War es so schlau, der Polizei alles zu erzählen? Sollte er von seinem Verdacht berichten? Sollte er sagen, warum seiner Meinung nach Niilo getötet und Mika entführt worden waren?

Das würde Folgen haben. Er müsste sich selbst anzeigen. Und viele seiner Wunschträume, die er in den letzten Tagen geträumt hatte, ad acta legen.

Auch den Traum, den viele Förster hegten: den vom schmucken Schwedenhaus, umgeben von ein paar Hektar Wald. Dem eigenen Haus und dem eigenen Wald, versteht sich. Am besten am Rande eines Sees gelegen, mit einem Steg, an dem ein Segelboot dümpelte ... Und im Carport stünde ein *Land Rover Defender 110 CSW*, sein Lieblingsauto.

Und was würde Annika sagen? Erst am letzten Wochenende hatten sie den gemeinsamen Traumurlaub in Thailand geplant. Im kalten Februar - sie hasste den deutschen Winter wie nichts anderes - sollte es für drei Wochen in die Tropen gehen. In den Süden Thailands, zu den paradiesischen Inseln um Ko Phi Phi in der Andamanensee. Seine Liebste war schier ausgeflippt vor Freude.

Den Urlaub abzublasen ... das würde sie umhauen.

Andererseits - jetzt ging es um Leben und Tod. Das hatte er nicht vorausgesehen.

Klar, hinterher ist man immer schlauer. Niilo war tot. Ihm konnte niemand mehr helfen. Er hätte seinen Tod verhindern können ... wenn er sich damals anders entschieden hätte. Doch jetzt war es zu spät.

Aber Mika ... der lebte wahrscheinlich noch. Sehr wahrscheinlich sogar. Die Gangster brauchten ihn lebend. Davon - vermutete er - gingen die jedenfalls aus. Wenn sie auch Mika zum Schweigen bringen würden, liefen sie Gefahr ...

Ein heftiges Klopfen an der Windschutzscheibe riss Henning Grube aus seinen Gedanken.

Der Mann trug eine Maske.

Eine schwarze Motorradsturmmaske, die lediglich die Augenpartie freiließ. Dazu einen verschlissenen Armee-Overall in Nato-Oliv, einen von der Bundeswehr. Auf dem Oberarm waren die Reste einer kleinen Deutschlandfahne zu erkennen.

Außerdem hatte er Handschuhe angezogen. Dunkle Fingerhandschuhe aus Leder.

Mika wollte aufbegehren, sich beschweren, lautstark protestieren: ›Was soll das hier? Wo bin ich? Was ist passiert?‹

Doch er blieb stumm.

Je näher der Fremde kam, desto mehr schwand der Mut des Finnen. Was schüchterte ihn so ein?

Die Maske? Oder die Handschuhe? Beides verhieß nichts Gutes.

Nein, etwas anderes lähmte ihn, versetzte ihn in eine Art Schockstarre. Etwas tief in seinem Inneren, was er nicht einzuordnen vermochte.

»Biste also endlich aufgewacht.« Der Mann, der sich neben ihn gestellt hatte, schaute durch den Sehschlitz auf ihn herab. »Wir dachten schon, du wärst hin.«

Als Mika Rahola die heisere Stimme hörte, lief ein Schauer über seinen Rücken. Plötzlich verspürte er eine unerklärliche Angst in sich aufsteigen. Todesangst.

Gleich würde der Fremde zuschlagen, schoss es ihm durch den Kopf. Oder schlimmer ...

Hatte er seine Verletzungen dem Kerl mit dem Overall zu verdanken?

»Willst du endlich auspacken?« Die heisere Stimme kam näher. Der Fremde beugte sich ein Stück zu ihm hinab, seine Oberschenkel berührten den Schlafsack. »Oder spielst du weiter den Ahnungslosen?«

Mika riss Mund und Augen weit auf, brachte jedoch kein Wort heraus. Etwas, das er nicht beschreiben konnte, lähmte die Stimmbänder. Seine übrigen Sinne jedoch waren hellwach. Er roch eine Bierfahne und die Ausdünstungen eines starken Zigarettenrauchers. Er hörte das wütende Schnaufen des Fremden.

»Rede!« Der Mann holte mit der Rechten aus. »Sonst ... «

Mika schloss den Mund und blieb stumm. Sein ängstlicher Blick wanderte hilfesuchend umher. Er konnte nicht viel erkennen. Die einzige Lichtquelle - der Helligkeit nach eine 40er Glühbirne - befand sich jenseits der Luke in luftiger Höhe. Hier unten im Verlies schien es kein elektrisches Licht zu geben.

Ein menschlicher Schatten fiel auf ihn. »Wer nicht hören will, muss fühlen«, murmelte der Fremde, während er den Arm senkte.

Er schlug nicht zu, wie Mika es erwartet hatte. Der Kerl brauchte gar nicht viel zu tun, um ihm Schmerz zuzufügen. Grauenvollen Schmerz. Mit der flachen Hand drückte er Mikas Stirn nach unten. Fest und ruckartig, als wüsste er von der frischen Wunde am Hinterkopf und der bretthartem Unterlage.

Mikas Kopf schien zu explodieren. Er schrie auf, bevor er das Bewusstsein erneut verlor.

ERSCHROCKEN HOB HENNING GRUBE den Kopf. Sich die wirren Locken aus der Stirn streichend, schaute er sich um.

Direkt neben der Fahrertür stand ein Mann in Uniform. Ein Polizist. Durch Handzeichen gab der Beamte ihm zu verstehen, dass er das Seitenfenster herunter lassen sollte.

»Allgemeine Verkehrskontrolle«, sagte der Polizist lakonisch, nachdem Grube das Fenster geöffnet hatte. »Führerschein und Fahrzeugpapiere bitte.« Hinter ihm war ein weiterer Polizeibeamter aufgetaucht, der deutlich sichtbar am Holster seiner Dienstwaffe nestelte.

Wortlos händigte der Förster das Gewünschte aus. Während er das Ergebnis der Kontrolle abwartete, entdeckte er im Rückspiegel den Streifenwagen. Der stand quer zu seinem Auto, mitten auf der Fahrspur des Parkdecks. Tief in Gedanken versunken hatte er die Polizei gar nicht kommen gehört.

»Herr Grube, so weit ist alles in Ordnung. Aber ... haben Sie heute schon Alkohol getrunken?«, fragte der Beamte mit strenger Stimme, während er die Papiere zurückgab.

»Nein. - Wie kommen Sie denn da drauf?«

Der Polizist beugte sich ein Stück vor. So, als ob er ins Autoinnere schnuppern wollte. »Wir haben Sie doch gerade geweckt, oder? Ihre Müdigkeit wird einen Grund haben. Das könnte Alkohol sein ... oder vielleicht auch was anderes ... «

»Ich habe nicht geschlafen, nur nachgedacht.« Henning Grube reagierte ungehalten. »Das ist ja wohl nicht verboten, oder? Und Alkohol getrunken oder gar Drogen genommen habe ich auch nicht.«

»Na ja, wenn Sie bei diesen Minustemperaturen im Auto einschlafen«, fuhr der Polizist unbeirrt fort, »laufen Sie Gefahr zu erfrieren. Da kann schon eine Stunde ... «

»Soll ich's wiederholen? Ich bin hellwach, stocknüchtern und klar im Kopf. Meinetwegen kann ich auch pusten.«

Der Polizist schüttelte den Kopf. »Nicht nötig. Sie sind ja nicht gefahren, jedenfalls nicht, dass wir das gesehen hätten. Wie lange wollen Sie denn hier noch parken? Wollen Sie ins Schwimmbad?«

Grube verdrehte die Augen. »Nein. Und Parken will ich auch nicht. Habe nur einen kurzen Zwischenstopp eingelegt. Wenn es Sie interessiert: Ich bin auf dem Weg zur Polizei.«

»Zu uns? Interessant.«

»Ja, ich bin auf dem Weg zu Ihrem Hauptquartier. In der Jägerstraße. Das ist doch gleich da vorn.«

Der Polizist grinste plötzlich. »Was wollen Sie denn da? Sich beschweren? Über uns?«

»Kommt drauf an.« Henning Grube erwiderte das Grinsen. Dann wurde er rasch wieder ernst. »Nein, Spaß beiseite. Ich muss ins Fachkommissariat 1. Zur Kommissarin Schnur. Es geht um den toten Finnen, gestern im Langlinger Holz.«

»Ach, die Sache mit dem Harvester?«

»Genau. Ich muss dazu noch eine Aussage machen.«

Der Polizist zog erstaunt die Augenbrauen hoch. »Na wenn das so ist - sollen wir Sie hinbringen?«

Grube winkte ab. »Danke, nicht nötig. Ich fahre lieber selbst. Jetzt, wo Sie mir endlich glauben, dass ich nicht getrunken habe.«

Seine Ohnmacht dauerte nur wenige Sekunden. Die furchtbaren Schmerzen weckten seine Erinnerung an das, was gerade geschehen war und in welch misslicher Lage er sich befand.

Unter Tränen öffnete Mika Rahola die Augen.

Verschwommen, wie durch einen Schleier, erkannte er, dass der Fremde die Leiter erklomm. Erst wollte er brüllen, seinen Schmerz und seine Wut herausschreien. Doch sein Instinkt sagte ihm, dass es besser wäre, still zu bleiben. Der Kerl könnte zurückkommen, um ihn, den hilflosen und gefesselten Schwerverletzten, weiter zu quälen.

Der Mann im Overall hatte die letzten Sprossen erreicht. Gleich würde er herausklettern und die Luke schließen. Dann würde es wieder dunkel im Verlies.

Mika blieben nur wenige Augenblicke. So gut es ging - sein Blickwinkel war durch die Schlafsackkapuze eingeschränkt -, schaute er sich rasch in seinem Gefängnis um.

Er sah rote Steinwände. Sonst nichts. Nackte und grob verfugte Ziegelsteine. Sie schienen schon einige Jahre auf dem Buckel zu haben. Der Mörtel bröckelte bereits, einige Steine waren angeschlagen. Mika wähnte sich im Keller eines älteren Hauses, auch wenn die Wände keine Spur von Feuchtigkeit aufwiesen. Das Gebäude stand anscheinend auf einem trockenen Standort. Ohne genau zu wissen, was hinter seinem Kopfende lag - denn dorthin konnte er nicht gucken - nahm er an, dass das Verlies eine Grundfläche von ungefähr drei mal vier Metern einnahm.

Krachend wurde die Luke zugeworfen, das Licht erlosch.

Er war wieder allein.

Abermals drangen Stimmen an sein Ohr. Von irgendwo da oben. Männerstimmen. Er nahm an, dass es Deutsch war, konnte aber nichts verstehen.

Dann erstarben auch diese Geräusche.

Nach einigen Momenten völliger Dunkelheit hatten sich Mikas Augen wieder an die neue Situation gewöhnt. Dort, wo sich hoch über ihm die Luke befinden musste, entdeckte er erneut die schmalen Lichtstreifen. Ein Viereck als einzige visuelle Orientierung - eine Art Hoffnungsschimmer.

Hoffnung? Auf was?

Mika zermarterte sich sein Hirn. Was - in Herrgotts Namen - war passiert? Was wollten seine Entführer nur von ihm? Wie lange hielten sie ihn schon gefangen? Und was war mit Niilo?

Wenn er an Niilo dachte, drehte sich ihm der Magen um. Warum nur?

Sicher war seine Kopfverletzung Schuld daran, dass er sich nicht mehr an die Ereignisse im Klosterforst erinnern konnte. Anscheinend litt er unter Gedächtnisschwund. Hervorgerufen durch einen Schlag auf den Kopf, eine Gehirnerschütterung oder so etwas.

Vor zwölf Jahren war bei ihm nach einem Verkehrsunfall in Südschweden schon einmal eine Amnesie diagnostiziert worden. Sein Toyota Hilux hatte einen Elchbullen gerammt und sich mehrmals überschlagen. Mit schweren Kopfverletzungen war er ins Krankenhaus eingeliefert worden. Damals hatten ihm von der Zeit vor dem Unfall rund sechs Stunden seines Erinnerungsvermögens gefehlt. Diese Erinnerungslücke war bis heute geblieben.

Zu den entsetzlichen Kopfschmerzen gesellten sich plötzlich Hunger und Durst. Vor allem Durst. Er hatte keine Ahnung, wann er das letzte Mal getrunken oder gegessen hatte. Es musste eine ganze Weile her sein. Das Frühstück am Montagmorgen daheim in Oppershausen - Rosinensemmel mit Butter und Erdbeermarmelade, dazu der obligatorische Pott Kaffee ... das war die letzte Nahrungsaufnahme gewesen, an die er sich erinnern konnte.

Mika lief das Wasser im Mund zusammen, aber nur sprichwörtlich. Sein Mundraum war ausgetrocknet, die Zunge klebte regelrecht am Gaumen. Mit einem lauten Stöhnen öffnete er die Lippen und sog die kühle Luft ein.

Ein Königreich für ein Glas Wasser, dachte er, als er erneut die Augen schloss.

Auf dem Besucherparkplatz der Polizeiinspektion hatte zu dieser frühen Morgenstunde noch niemand den Neuschnee der vergangenen Nacht geräumt. Fahrspuren gab es jedoch zur Genüge.

Henning Grube steuerte sein Fahrzeug in die einzige freie Parklücke. Nachdem er die Parkscheibe eingestellt und auf das Armaturenbrett gelegt hatte, stieg er aus. Ein Schild wies darauf hin, dass maximal drei Stunden Parkzeit erlaubt waren. Das müsste reichen, sagte sich der Förster. Es sei denn, sie behielten ihn gleich hier.

Er sah zu dem schmucklosen, sechsstöckigen Gebäudekomplex empor. Die oberste Etage wurde gerade von der Sonne wachgeküsst, ein herrlicher Wintertag kündigte sich an. An so einem Tag hatte ein Forstmann und Jäger eigentlich Besseres zu tun, als in einem hässlichen Bürohochhaus unliebsame Fragen zu beantworten.

Grube klingelte am Haupteingang, durchquerte zwei Türen mit einer Sicherheitsschleuse und stand vor dem wachhabenden Beamten. Er nannte seinen Namen und fragte nach Kriminalkommissarin Schnur.

»Nehmen Sie bitte nebenan im Warteraum Platz«, erwiderte der Polizist, nachdem er telefoniert hatte. »Die Kollegin holt Sie dort ab.«

Im Warteraum gab es - wie schon auf dem Besucherparkplatz - nur noch einen freien Platz. Grube setzte sich und blickte neugierig in die Runde. Die anderen Wartenden, Männer verschiedener Altersklassen mit dunklen Haaren und Augen, ignorierten ihn. Sie schienen völlig mit sich selbst beschäftigt zu sein, palaverten lautstark in einer fremden Sprache und gestikulierten temperamentvoll mit Händen und Füßen.

Das Smartphone vibrierte in seiner Jacke. Über *WhatsApp* war eine neue Kurznachricht eingetroffen - von Annika:

»Hab gerade erfahren, dass ›*The Beach - der Strand*‹ mit Leonardo DiCarprio auf Ko Phi Phi gedreht worden ist. Und genau da fahren wir hin!!! Ich freu mich ja so ... «

Henning Grube wurde übel, kalter Schweiß trat ihm auf die Stirn. Seine Annika ... die Frau seines Lebens ... er musste sie enttäuschen. Wie sollte er ihr das nur beibringen? Die Traumreise storniert, ein Ermittlungsverfahren gegen ihn eingeleitet, eine drohende deftige Strafe und obendrein ein Disziplinarverfahren vom Arbeitgeber mit unabsehbaren beruflichen Folgen.

Ich bin doch nicht bescheuert!, tadelte er sich selbst und sprang auf. Ich lass das schön bleiben. Sollen die doch zusehen, wie sie ihren Fall lösen ... Wahrscheinlich ist eh nichts mehr zu retten ...

Grube bahnte sich den Weg zum Ausgang. Einige der ausländischen Besucher hatten sich erhoben, ihr Wortwechsel nahm an Lautstärke und Heftigkeit zu.

Im Flur hielt Grube Ausschau nach der Kommissarin Schnur, doch die war zum Glück noch nicht zu sehen. Als er sich dem Ausgang zuwandte, stellte er schnell fest, dass er hier nicht ohne Weiteres rauskam - zumindest nicht ohne den Wachhabenden zu bitten, die beiden Türen zu öffnen. Die Sicherheitsschleuse war so konzipiert, dass man nicht nur beim Betreten des Gebäudes, sondern auch beim Verlassen die Erlaubnis des Beamten brauchte.

Noch während Grube dabei war, sich eine passende Ausrede auszudenken, um das Polizeigebäude zu verlassen, brach der Tumult los. Die dunkeläugigen Männer hatten den Warteraum verlassen und drängten zum Ausgang.

»Wir werden nicht länger warten«, rief einer. »Das ist Diskriminierung!« oder »Typisch, so werden nur Ausländer behandelt!«, schimpften andere.

»Lassen Sie uns raus«, forderte der Wortführer den Wachhabenden auf. »Wir verzichten auf eine Anzeige.«

Im Nu waren aus den angrenzenden Räumen Beamte aufgetaucht, die beruhigend auf die Männer einredeten. Derweil telefonierte der Wachhabende. Erst nachdem er das Gespräch beendet hatte, betätigte er die Türknöpfe. Die Beamten ließen die Männerschar ohne weiteren Kommentar gehen.

Ein scheinbar Unbeteiligter nutzte das Durcheinander, er mischte sich unter die Männer und verließ so unbemerkt das Polizeigebäude.

Als Maike Schnur wenige Sekunden später aus dem Aufzug trat und zum Warteraum ging, hatte Henning Grube bereits sein Auto erreicht. Er verließ den Parkplatz noch vor den anderen Besuchern. Die schienen sich immer noch nicht einig zu sein, standen bei ihren Autos und debattierten.

Als erneut das grelle Licht auf sein Gesicht fiel, erwachte Mika. Die Kopfschmerzen waren immer noch da. Dazu der schreckliche Durst.

Er hatte geschlafen. Wie lange? Er wusste es nicht. Er konnte sich lediglich an einen schrecklichen Alptraum erinnern. Mit Niilo als Hauptperson. Und bis an die Zähne bewaffneten Jägern, die auf Schneemobilen durch die Gegend rasten. Die winterliche Landschaft war weit und baumlos, wie die Tundra in Lappland. Die Sonne blendete ihn. Der Schnee nicht. Der war nicht weiß, sondern rot. Blutrot. Niilo blutete, er wurde gejagt. Doch zu Fuß hatte er gegen die motorisierten Jäger keine Chance. Sie schossen unaufhörlich auf ihn. Schwer getroffen stürzte er, verschwand in einem Nebel aus rotem Schnee – Mika wurde wach.

Sie kamen zu zweit die Leiter herab. Der Kerl mit der Sturmhaube und dem Militär-Overall, den Mika schon kannte, und eine weitere, ebenfalls maskierte Person. Sie war etwas kleiner und trug eine Wollmütze, in die zwei Sehschlitze geschnitten waren.

Aus nächster Nähe leuchteten sie ihm mit einer Taschenlampe ins Gesicht und blendeten ihn.

»Na sieh mal an, dem sind die Lippen aufgeplatzt«, hörte er den Typen mit der Sturmhaube höhnen. »Der muss ja ’nen höllischen Durst haben.«

»Was für’n Glück«, erwiderte der Wollmützenträger, »dass wir ’ne Flasche Wasser dabei haben.«

Der Strahl der Taschenlampe wanderte von Mikas Gesicht zu einer Mineralwasserflasche, die einer der beiden demonstrativ in der Hand schwenkte. Es war eine Halbliterflasche aus Plastik. Wer sie hielt, vermochte Mika nicht zu erkennen. Der Lichtstrahl erfasste erneut sein Gesicht.

»Gib ihm was«, sagte Sturmhaube. In seiner Stimme schwang mehr Hohn als Mitleid. »Bevor sein Maul noch zuklebt.«

Mika hörte das typische Zischen, das entstand, wenn eine Wasserflasche mit Kohlensäure geöffnet wurde. Gespannt und misstrauisch harrte er der Dinge, die da kamen.

Die Flasche und eine behandschuhte Hand tauchten im Lichtkegel auf. Direkt über seinem Gesicht. Langsam wurde die Flasche geschwenkt, um 20, 30 Grad, bis die ersten Tropfen herausrannen. Sie trafen Mika in den Augen.

»Oh, wie dumm, glatt daneben«, rief Wollmütze, während er die Flasche zurück in die Senkrechte drehte. »So’n Mist aber auch, das kann ich eigentlich besser.«

»Vielleicht hilft es, wenn er ›Bitte! Bitte!‹ sagt.«

Sturmhaube war auf die andere Seite der Pritsche getreten und beugte sich tief zu Mika hinab. Mit einer gehörigen Bierfahne hauchte er: »Na, willste endlich reden?«

Mika wandte den Kopf zur Seite. Seine verkrusteten Lippen öffneten sich einen Spalt: »Warum ... warum macht ihr das?«

Sturmhaube stupste ihn mit der Faust an die Schulter. »Na geht doch«, frohlockte er gekünstelt, während er sich aufrichtete. »Und jetzt eine passende Ansage, dann gibt's Wasser satt.«

»Was wollt ihr?« Nach den schlimmen Erfahrungen von vorhin hielt Mika es für schlauer, mit seinen Widersachern zu reden.

»Das haben wir dich gestern schon tausend mal gefragt«, zischte Wollmütze. Er holte mit der offenen Wasserflasche zum Schlag aus, dass es nur so spritzte.

»Der Schlag ... der Schlag auf den Kopf«, stammelte Mika. »Ich weiß nicht ... kann mich an nichts mehr erinnern.«

»Ach so? Deshalb das Schweigen im Walde.« Sturmhaube mimte den Verständnisvollen. »Das ist aber schade. Können wir da vielleicht nachhelfen?«

»Wasser, bitte«, bettelte Mika. Die Kopfschmerzen brachten ihn nahezu um den Verstand.

»Scheiß auf Wasser!« Wollmütze drehte die Flasche nach unten und ließ das Wasser neben der Pritsche auf den Steinfußboden plätschern. Er schnauzte: »Wenn du nicht auspackst, kannst du meinetwegen verrecken.«

Fassungslos musste Mika mit an sehen, wie der letzte Tropfen aus der Flasche zu Boden rann. Dem Zusammenbruch nahe krächzte er ein paar unverständliche Worte auf Finnisch.

Erneut beugte sich Sturmhaube über sein Gesicht. »Du willst uns doch nicht etwa weismachen, dass du 'nen Filmriss hast?«

Mika nickte kaum spürbar.

»Ach nee ... dann schau dir das hier mal an.«

Sturmhaube streifte den rechten Handschuh von den Fingern und kramte in einer Tasche seines Overalls. Er brachte ein Smartphone zum Vorschein und schaltete es ein. Nach ein paar Klicks erschien das Gesuchte auf dem Display. Ein Foto. Er hielt es Mika dicht vors Gesicht.

»Erinnerst du dich jetzt? Guck genau hin.« Das Smartphone berührte fast Mikas Nasenspitze. »Ja genau, du siehst richtig. Was da im Schnee liegt - das ist der Kopf von deinem Kumpel. Den hast du kalt gemacht.«

Mika riss Mund und Augen weit auf. Ihm stockte der Atem.

»Das glaubste nicht? Na warte.« Sturmhaube holte ein weiteres Foto aufs Display. »Rate mal, was da im Greifer klemmt. Da ist der Kopf noch dran ... «

Mika wurde von einem heftigen Schütteln erfasst.

»Und hier.« Wieder ein neues Foto. »Da sitzt du auf deiner Maschine, die Hand am Sägeknopf. Guck mal, im Hintergrund sieht man genau, was du da gerade absägst.« Sturmhaube zoomte mit zwei Fingern in die Vergrößerung. »Na? Keine Idee? Ich sag's dir, Alter. Das ist kein Baum. Das ist dein Kumpel und Landsmann. Dem sägste da gerade die Rübe ab. Direkt oberhalb der Schulterblätter. Sauberer Schnitt. - Is nicht nett, findste nicht auch?«

Mika rutschte tiefer in seinen Schlafsack. Die Augen schlossen sich, seine Gesichtszüge entglitten.

»Jetzt weiß du's«, brüllte Wollmütze. »Ein Mörder bist du. Ein hundsgemeiner brutaler Halsabschneider. Und - alle Welt sucht dich.«

»Du bist total am Arsch, Alter.« Sturmhaube bückte sich zu Mika hinab. »Die Bullen sind schon hinter dir her. Wenn die dich packen ... dann biste dran. - Und damit du's weißt: Nur wir können dir helfen. Also hör auf, den Ahnungslosen zu mimen. Quatsch endlich.«

Die letzten Worte verstand der Finne nicht mehr. Sein Bewusstsein erlosch, seine körperlichen Funktionen versagten. Mika Rahola versank in einer tiefen Ohnmacht.

Henning Grube ahnte, wer da so hartnäckig versuchte, ihn anzurufen. Nach seiner überstürzten Flucht aus der Polizeiinspektion konnte es sich nur um Kriminalkommissarin Schnur handeln, die mit solcher Ausdauer hinter ihm her telefonierte. Die musste ganz schön doof geguckt haben, als sie den Warteraum leer vorgefunden hatte. Er malte sich ihre erstaunten großen

Kulleraugen, die hochgezogenen Brauen mit dem winzigen Piercing und ihre gerunzelte Stirn aus. Ein kurzes Grinsen huschte über sein Gesicht.

Sein Handy klingelte unaufhörlich.

Genervt und verunsichert schielte er zu seinem Mobiltelefon auf dem Beifahrersitz. Einmal muss ich ja doch rangehen, sagte er sich und griff zum Telefon. Eine plausible Ausrede hatte er sich auch schon ausgedacht. Doch als er die Nummer auf dem Display las, stutzte er. Die Vorwahlnummer des Anrufers war nicht 0 51 41 für Celle, sondern 0 51 49 für Wienhausen. Die übrigen Ziffern sagten ihm nichts.

Ohne Freisprecheinrichtung und Auto fahrend - er befand sich bereits auf der B 214 stadtauswärts - nahm er das Gespräch an.

»Dr. Wimmer hier«, hörte er, nachdem er seinen Nachnamen gesagt hatte. »Schön, dass ich Sie erreiche. Ich hoffe, ich störe nicht.«

»Nee, geht schon.« Henning Grube stoppte an einer Ampel in Altencelle. »Was kann ich für Sie tun?«

»Es geht ... « Dr. Wimmer räusperte sich. Seine Stimme wurde leiser, so als wollte er verhindern, dass jemand Unerwünschter ihn belauschte. »Es geht um das Hirschluder aus dem Langlinger Holz, das gestern gefunden wurde. Um *Pani Pronz*.«

»Ja und?«

»Einer meiner Mitjäger hat dazu eine interessante Entdeckung gemacht.« Dr. Wimmer machte eine Pause.

»Die wäre?« Henning Grube runzelte die Stirn. Als wenn diese Grünröcke nach der Tragödie um Niilo und Mika nichts Besseres zu tun hätten, als sich um diesen dämlichen Hirsch zu kümmern, dachte er verärgert.

»Darüber möchte ich am Telefon nicht sprechen.« Jetzt flüsterte der Jagdpächter nahezu. »Denn ... es hat eventuell auch mit dem Tod des finnischen Forstarbeiters zu tun.«

Henning Grube legte den ersten Gang ein und fuhr los. »Warum rufen Sie dann mich an?«, fragte er spürbar genervt. »Warum wenden Sie sich nicht direkt an die Polizei?«

Wieder räusperte sich Dr. Wimmer. »Weil ... weil es Sie betrifft«, sagte er mit Nachdruck.

»Bi ... Bitte?« Der Förster hatte plötzlich einen Kloß im Hals. »Was ... was soll das Ganze?«

Dr. Wimmer wurde förmlich: »Ich möchte Ihnen die Chance geben, sich zu äußern, bevor ich weitere Schritte einleite.«

Henning Grube sträubten sich die Nackenhaare. »Kann mir überhaupt nicht vorstellen, um was es geht«, ließ er heiser verlauten.

»Wie dem auch sei, wir sollten uns treffen.«

»Sie möchten mich persönlich - ich meine unter vier Augen - sprechen?«

»Genau. Und am besten so schnell wie möglich.«

Henning Grube schaute auf die Uhr im Armaturenbrett. »Ich kann in zehn Minuten in Wienhausen sein.«

»Gut. Ich schlage einen neutralen Platz vor ... wie wär's mit dem Kloster-Parkplatz?«

»Meinetwegen.«

»Dann bis gleich.« Nach einem erneuten Räuspern schob Dr. Wimmer noch nach: »Aber beeilen Sie sich. Die Angelegenheit ist höchst delikat.«

Viertes Kapitel

»Kommst du mit raus?«

Ohne anzuklopfen hatte Maike Schnur das Büro betreten. Zwischen Zeige- und Mittelfinger hielt sie eine noch nicht angezündete Zigarette in die Luft.

Robert Mendelski legte eine Akte beiseite und rümpfte die Nase. »Seit wann rauchst du denn wieder?«

»Schon seit vier Wochen. Seit dem 9. November, wenn du's genau wissen willst, Matthews Geburtstag.« Sie schüttelte den Kopf. »Typisch Mann. Hast du das echt noch nicht bemerkt?«

Er grinste breit. »Schließlich sind wir ja nicht verheiratet ... «

»Gott sei Dank.« Sie wandte sich zum Gehen. »Also, kommst du jetzt mit oder nicht?«

»Jaja, meinetwegen.« Er erhob sich von seinem Schreibtisch. »Hol nur kurz meine Jacke.«

Wenig später standen sie zu zweit auf dem winzigen Raucherbalkon und schauten aus dem vierten Stockwerk in die Tiefe.

»Was war denn da vorhin los?«, wollte Mendelski wissen, während Maike sich abmühte, mit ihrem nahezu leeren Feuerzeug die Zigarette in Brand zu setzen.

»Was meinst du?«

»Na, das mit dem Förster, dem Grube.«

Die Zigarette brannte endlich. »Keine Ahnung. Als ich unten ankam, war er schon wieder weg.«

»Und jetzt geht er nicht an sein Handy?«

»Richtig.«

»Komisch. Was wollte der denn nur?« Mendelski drehte sich ein Stück zur Seite, um dem Zigarettenqualm zu entgehen.

»Hab keinen blassen Schimmer.« Maike blies den Rauch hoch in den Winterhimmel. Doch ohne Erfolg. Ihr nichtrauchender Kollege bekam trotzdem was ab. »Vielleicht wollte er 'ne Aussage machen. Uns irgendwas erzählen, das ihm heute Nacht noch eingefallen ist.«

»Aber dann läuft man doch nicht einfach so weg ...«

Maike zog an ihrer Zigarette. »Also, den fand ich gestern schon ziemlich durcheinander.«

»Ist nicht ganz unverständlich, meinste nicht?« Mendelski musste husten. Er hatte wieder einen Schwall Qualm abbekommen. »Er hat ja auch so einiges erlebt, unser Jungförster.«

Maike schmeckte die Zigarette nicht, sie drückte sie aus. Frierend kreuzte die Arme. Anders als Mendelski hatte sie sich keine Jacke übergezogen. »Vielleicht wollte er aber einfach nur horchen, ob's was Neues gibt.«

»Und dafür kommt er extra hierher?« Mendelski schüttelte den Kopf. »Seltsam ... Gibt's denn überhaupt was Neues? Von der Kriminaltechnik?«

»Im Grunde nichts, was du nicht auch schon weißt. Die haben da so ihre Schwierigkeiten, vor allem mit den überschneiten Spuren im Wald. Mit denen aus Oppershausen kann man wohl schon mehr anfangen.«

»Dank dem findigen Förster.«

»Wohl wahr.« Maike griente. »Heiko ist sich ziemlich sicher, dass die Spuren vom Klosterforst mit denen vom Haus der Finnen übereinstimmen. Schuhgrößen, Ausformungen etc. sollen gleich sein.«

»Wie sieht es mit der Obduktion aus?«

»Erste Ergebnisse gibt's heute Mittag.«

»Und die Blutuntersuchungen aus Oppershausen?«

»Sind noch nicht ganz durch. Aber es sieht wohl so aus, als ob es sich nicht nur um Blut von dem Hund handelt. Sondern auch um Menschenblut.«

»Und ... der Harvester?«

»Steht unten auf dem Parkplatz. Den nimmt sich die KT später vor.«

»Für den toten Hirsch hatte auch noch keiner Zeit?«

Maike nickte. »Exakt.«

»Na dann ...« Mendelski schaute konsterniert auf seine Armbanduhr. »So kommen wir nicht weiter. Was war denn mit dem Vertreter vom Finnischen Konsulat? Wollte der nicht um 11.30 Uhr hier sein?«, fragte er.

»Ja, wollte er. Hat aber angerufen. Steht im Stau auf der A 37 bei Kirchhorst und kommt, so schnell es geht.«

Hinter ihnen klopfte jemand.

»Hier steckt ihr«, wunderte sich Heiko Strunz, nachdem er die Balkontür einen Spalt breit geöffnet hatte. »Und ich such euch schon die ganze Zeit.«

»Was gibt's denn?«, wollte Mendelski wissen.

»Das Handy von dem getöteten Finnen ist gefunden worden. Das von Niilo Humppi.«

»Ach nee! Wo denn?«

»Auf der Straße zwischen Wienhausen und Eicklingen.« Heiko Strunz schüttelte sich. »Brrr! Mensch, ist das kalt. Könnt ihr nicht reinkommen? Ich muss euch das doch nicht hier draußen erzählen.«

Mit hastigem Flügelschlag flog der Kolkrabe zurück zum Kloster. Er hielt ein halbes Brötchen im Schnabel, das er auf dem Parkplatz des Penny-Supermarktes am Ortsausgang Richtung Bockelskamp ergattert hatte. Zum Glück hatten die Elstern ihn und seinen Leckerbissen noch nicht bemerkt. Wahrscheinlich plünderten die frechen Langschwänze gerade mal wieder Vogelfutterhäuschen, die es - durchweg großzügig bestückt - bei dieser Schneelage in fast jedem Garten Wienhausens gab.

Der Kolkrabe wählte die dichten Kronen der eng nebeneinander stehenden Stieleichen zwischen Mühlenkanal und Kloster-Parkplatz, um sich über das Brötchen herzumachen. Doch anscheinend hatte er nicht bedacht, dass das Brötchen hart gefroren war. Der erste Schnabelhieb knackte seine Beute in zwei Teile, von dem er im Reflex das eine Stück gerade noch erwischen konnte. Das andere segelte im hohen Bogen nach unten.

Unter den Eichen parkten zwei Autos, ein brauner französischer Kombi älterer Bauart und ein moderner japanischer Geländewagen in Grau-Metallic. Der Kombi war leer, während im SUV zwei Personen saßen. Das steinharte Stück Brötchen knallte mitten auf das Dach des Japaners.

»Was war das?« Dr. Wimmer guckte erstaunt nach oben. Er beugte sich zur Windschutzscheibe vor.

»Ein Ast oder sowas«, erwiderte Henning Grube, der auf dem Beifahrersitz saß. »Vielleicht auch ein Eiszapfen.«

»Es ist doch total windstill.« Mit einem kaum wahrnehmbaren Summen ließ Dr. Wimmer die Seitenscheibe hinab und steckte den Kopf aus dem Fenster. Von oben fegte etwas Schwarzes auf ihn zu.

Der Kolkrabe rauschte im Sturzflug zum Autodach hinab, griff das verlorene Stück Brot, ohne den Wagen auch nur zu berühren, und flatterte wieder davon.

»Donnerwetter!«, entfuhr es Dr. Wimmer, nachdem er sich von dem Schreck erholt und den Kopf wieder im Auto hatte. »Diese Rabenvögel werden immer dreister. Was haben die sich in den letzten Jahren auch vermehrt ... «

Das Thema Rabenvögel interessierte Henning Grube im Moment herzlich wenig. Ungeduldig rieb er seine schweißklebrigen Hände an den Oberschenkeln. »Sie wollten mir doch davon erzählen, was einer Ihrer Jagderlaubnisschein-Inhaber beobachtet hat.«

»Genau.« Dr. Wimmer betätigte den elektrischen Fensterheber. »Also noch einmal von vorn: Am vorletzten Wochenende, genauer gesagt am Freitagabend, war besagter Jagdfreund auf Nachtansitz. Sein Name tut im Moment nichts zur Sache; nennen wir ihn der Einfachheit halber ... Fritz. Ja, Fritz ist gut. Also: Fritz saß in dem Nachbarbestand des Kiefernholzes, das die Finnen gerade durchforsten. Da zwischen den Altbuchen und Eichen gibt es eine kleine Kirrung und eine versteckte Leiter, die Sie wahrscheinlich noch nicht kennen.«

Henning Grube schüttelte den Kopf. Er hörte konzentriert zu.

»Der Mond schien prächtig«, fuhr Dr. Wimmer fort, »und - und Fritz saß auf Sauen. So gegen zehn hörte er, wie sich ein Auto näherte. Der Wagen befuhr den nahen Waldweg, betont langsam und ohne Licht. Zunächst nahm Fritz an, dass da ein Mitjäger käme, der nicht wusste, dass er da sitze. Infrage kam auch ein fremdgehendes Liebespaar auf der Suche nach einem einsamen Plätzchen. Also verschaffte er sich trotz der Finsternis Gewissheit - Fritz besitzt ein lichtstarkes Fernglas. Damit konnte er dieses Auto sehr bald einordnen.«

Dr. Wimmer machte eine Pause. Langsam drehte er den Kopf, um Henning Grube zu fixieren. Jedes Wort des folgenden Satzes betonend, setzte er nach: »Fritz erkannte ... das Auto des hiesigen Försters. Ihren Kombi. Eindeutig.«

Henning Grube wirbelte seinen Lockenschopf herum. »Ja und? Was ist daran schlimm?«, fragte er gereizt.

Dr. Wimmer wiegte sacht den Kopf und fuhr dann mit seinem Bericht fort. »Er beobachtete, wie Ihr Auto genau an der Stelle hielt, wo der kleine Pfad zur Hute-Eiche abzweigt. Jener Hute-Eiche, an der gestern der tote Hirsch gefunden wurde. Und in deren Nähe der finnische Waldarbeiter so grausam zu Tode kam. Fritz sah, wie Sie ausstiegen und die Autotür schlossen. Sie hätten die Heckklappe geöffnet und einen länglichen Gegenstand aus dem Kofferraum genommen. Fritz ist sich ziemlich sicher, dass es sich dabei um ein Gewehr gehandelt hat.«

Dr. Wimmer legte erneut eine Pause ein, um das Erzählte bei seinem Zuhörer wirken zu lassen. Erwartungsvoll schaute er Henning Grube an. Doch der schwieg verbissen.

»Also weiter«, sagte der Jagdpächter. »Sie schlossen dann die Heckklappe und verschwanden auf dem Pfad Richtung Hute-Eiche. Nach einer halben Stunde kamen Sie zurück, legten das Gewehr zurück in den Kofferraum und fuhren davon. Fritz - und auch ich - also, wir fragen uns, was Sie dort mitten in der Nacht zu suchen hatten.«

»Ist das alles?« Henning Grube verschränkte die Arme vor dem Oberkörper.

»Nein, das ist nicht alles«, erwiderte Dr. Wimmer. »Fritz hätte seine nächtliche Beobachtung sicherlich rasch vergessen, wäre nicht gestern dieser schreckliche Mord an dem Finnen passiert. Hinzu kommt noch der mysteriöse Fund des Hirschluders an der Hute-Eiche. Da wurde Fritz plötzlich nachdenklich. Jedenfalls weihte er mich heute Morgen ein und fragte, ob es nicht besser wäre, zur Polizei zu gehen.«

»Soll er doch«, antwortete Henning Grube patzig. »Meinetwegen.« Doch tatsächlich wollte er unbedingt verhindern, dass dieser Fritz die Polizei informierte. Er musste Zeit gewinnen. Zeit, um sich eine plausible Ausrede für seine dämliche und völlig überflüssige Aktion in jener Nacht vor zehn Tagen zurechtzulegen.

»Also gut.« Dr. Wimmer wirkte ungehalten. »Wie Sie wünschen. Ich hatte gedacht, ich lade Sie zum Gespräch, damit Sie etwaige Missverständnisse aus der Welt räumen.«

»Was denn für Missverständnisse?«

»Man könnte doch befürchten, dass Sie etwas mit dem Hirschluder oder gar mit dem Mord zu tun haben.«

»Das ist nicht Ihr Ernst ... «

»Schließlich waren Sie im Wald unterwegs, mit Ihrer Jagdwaffe - und zwar unangemeldet, heimlich und verdächtig kurz - an einer Stelle, wo später ein gewilderter Hirsch aufgefunden wurde ... und ein Waldarbeiter grässlich zu Tode kam.«

Für einen Moment herrschte gespannte Stille im Wagen. Auch von außen - auf dem Kloster-Parkplatz hatten sich in der Zwischenzeit zwei weitere Autos eingefunden - drangen keine nennenswerten Geräusche ins Fahrzeuginnere. Der Schnee schien jeglichen Lärm zu schlucken.

»Also gut«, brach Henning Grube schließlich das Schweigen. »Ich werde Ihnen das jetzt erklären, aus meiner Sicht. Dann können Sie immer noch überlegen, ob Sie zur Polizei gehen wollen oder nicht.«

Dr. Wimmer nickte wortlos.

»An jenem Freitag«, begann Henning Grube, »hatte ich vormittags in den Kiefern ausgezeichnet. Farbe gesprüht, verstehen Sie, an die Bäume, die die Finnen fällen sollten. Dabei war mir aufgefallen, dass in der vorherigen Nacht Sauen unter der Hute-Eiche gebrochen hatten. Eine Rotte mit etlichen Frischlingen, wie an den Fährten zu erkennen war. Da noch reichlich Eicheln herumlagen, dachte ich mir, die kommen in der nächsten Nacht bestimmt noch einmal dorthin. Am Abend - ich weiß, ich war spät dran - habe ich dann versucht, Sie telefonisch zu erreichen. Ich wollte mich für die Jagd anmelden. Aber das hat nicht geklappt.«

»Ich war im Theater«, fügte Dr. Wimmer ein. »Im Schloss-Theater in Celle. Zusammen mit meiner Frau.«

»Sehen Sie.« Henning Grube bekam langsam Oberwasser, erleichtert darüber, dass seine Notlüge funktionierte. »Jedenfalls bin ich dann so los. Ziemlich spontan, ich weiß. Schnee lag damals ja noch keiner, doch der Mond schien. Von der Leiter in der Nachbarabteilung wusste ich tatsächlich nichts. Sorry, wenn ich da den Fritz gestört habe. – Ich fuhr also vorsichtig, langsam und ohne Licht den Waldweg entlang. Dann habe ich das Auto abgestellt und bin auf dem kleinen Pfad zur Hute-Eiche gepirscht. Gegen den Wind natürlich. Sauen waren aber keine da, das Hirschluder übrigens auch noch nicht. Danach bin ich auf dem gleichen Weg wieder zurück.«

Dr. Wimmer guckte skeptisch. »Jagen Sie immer so?«, fragte er. »Eine halbe Stunde pirschen und dann wieder nach Hause?«

»Nein, natürlich nicht.« Henning Grube versuchte zu lächeln – was ihm gründlich misslang. »Eigentlich wollte ich bis Mitternacht auf einem Erdsitz, den ich mir am Vormittag aus ein paar Zweigen gebastelt hatte, ausharren. Doch dann bekam ich eine Nachricht auf mein Handy. Von einem Kumpel. Ich hatte für denselben Abend eine Verabredung in Celle vergessen. Also musste ich die Jagd abbrechen.«

»Und der Hirsch war damals auch noch nicht da, sagten Sie?« forschte Dr. Wimmer.

Henning Grube schüttelte seine Lockenmähne. »Nein nein, ganz sicher nicht.«

»Na gut«, zog Dr. Wimmer ein Resümee. Der Jagdpächter wirkte inzwischen deutlich entspannter. »Dann werde ich Heinz … äh, Fritz von unserem Gespräch berichten. Er wird dann wohl genau so zufrieden sein, wie ich es jetzt bin.«

Erleichert atmete Henning Grube auf. Ein Glück, dass Heinz, alias Fritz, in dem Schummerlicht nicht erkannt hatte, dass er kein Gewehr mit zur Hute-Eiche genommen hatte, sondern einen Spaten.

»Der Fahrer eines Schneeräumers hat es gefunden«, berichtete Heiko Strunz, nachdem sie im kleinen Versammlungsraum des Fachkommissariats 1 Platz genommen hatten. »Bei 'ner Pinkelpause. Es lag am Straßenrand, kaputt, in zig Teilen.«

»Scheiße!«, entfuhr es Maike Schnur.

»Nichts Scheiße!« Strunz grinste. »Das war kein modernes Smartphone, sondern ein robustes, schon etwas älteres Handy. Ein gummiertes Outdoor-Handy, ein Nokia 5140i. Der Mann von der

Straßenmeisterei hat alle Einzelteile zusammengesucht. Sogar die winzige SIM-Karte. Die Teile lagen auf dem Asphalt und nicht im Schnee. Er hat das Ding zusammengesetzt - und es funktionierte.«

»Ja, von Handys verstehen die Finnen was«, kommentierte Mendelski. »Und wie habt ihr die PIN-Nummer herausbekommen?«

»Da hab ich so meine Kontakte ... « Heiko Strunz grinste breit. »Aber frag lieber nicht so genau, wie das geht ... «

»Und weiter?«

»In der Mailbox sind etliche Nachrichten, doch das meiste ist auf Finnisch. Wir müssen auf den Übersetzer warten.«

»Was sagt denn das Anrufprotokoll?«

»Erst mal nichts Auffallendes. Überwiegend Telefonate unter den beiden Finnen, zwischen den beiden Waldarbeitern während der Arbeitszeit. Dann etliche Gespräche mit dem Förster Grube, mit einem Holzkäufer aus Bergen-Sülze und mit diversen Firmen für Harvester-Ersatzteile - und natürlich nach Finnland, wohl mit Familienangehörigen und Freunden. Wir sind da noch dran. Aber es ist reichlich, Niilo Humppi hatte eine Auslands-Flatrate.«

Maike Schnur beugte sich über den Tisch. »Und das letzte Telefonat?«, fragte sie.

»Das war morgens um 10.22 Uhr. Auf Deutsch. Er hat eine Tankstelle in Wathlingen angerufen. Wir haben mit dem Pächter gesprochen. Der Finne hat 2500 Liter Diesel bestellt.«

»Danach nichts mehr?« Maike fingerte an ihrem Augenbrauen-Piercing. »Kein Notruf?«

»Nein. Nichts.«

»Wie sieht's mit Fingerabdrücken aus?«

»Wird gerade gecheckt.«

»Okay.« Mendelski lehnte sich zurück. »Dann müssen wir die Auswertung der Mailbox abwarten. Zurück zum Fundort. Wann wurde das Handy gefunden?«

Strunz blätterte in seinen Aufzeichnungen. »Heute Morgen gegen sieben«, berichtete er. »Auf der rechten, also westlichen Seite der Landstraße, von Wienhausen Richtung Süden, etwa wo der Wald endet. Den Spuren nach wurde es aus einem fahrenden Auto geworfen, ist gegen einen Baum geprallt und dann auf dem Asphalt gelandet.«

»Die fuhren also Richtung Süden«, rief sich Mendelski die Landkreiskarte ins Gedächtnis. Er sprach mehr zu sich selbst als zu den anderen.

»Wer, die?« Maike machte große Augen.

»Na, die zwei Unbekannten und Mika Rahola, nehme ich an. Sie kamen aus Oppershausen und fuhren über Wienhausen gen Süden. Nach Eicklingen, zur B 214, nach Wathlingen, was weiß ich. Jedenfalls haben sie - wahrscheinlich unbeabsichtigt - durch das Entsorgen des Handys eine Spur gelegt.«

»Sehr vage, diese Spur«, gab Strunz zu bedenken. »Die Kerle können inzwischen sonst wo stecken. In Papenhorst, Brökel oder in Braunschweig ... «

»Immerhin haben wir eine Richtung«, zeigte sich Mendelski optimistisch. »Wir sollten den Straßenabschnitt bis Eicklingen nach weiteren Spuren absuchen. Vielleicht haben die unterwegs ja noch mehr aus dem Autofenster geworfen. Das Handy von Mika Rahola zum Beispiel.«

»Werde mich drum kümmern.« Strunz erhob sich. »Sollten wir nicht vorsichtshalber auch Hannover und das LKA benachrichtigen?«

»Sicher doch.« Mendelski zog sein Notizbuch aus der Jackentasche. »Das übernehme ich. Maike, bist du so freundlich ... «

Die Kriminalkommissarin hatte ihr Mobiltelefon in der Hand. Das lautlose Vibrieren in der Hosentasche hatte nur sie gespürt.

»Ach ... Herr Grube«, sagte sie laut. Und ironisch fuhr sie fort. »Das ist aber nett, dass Sie sich melden. Wir wollten Sie gerade zur Fahndung ausschreiben.«

Als Mika Rahola wieder zu sich kam, zeigte er keinerlei Regung. Auch die Augen hielt er geschlossen. Instinkt und Selbsterhaltungstrieb sagten ihm, dass es besser wäre, weiterhin den Bewusstlosen zu mimen.

Er registrierte, dass er nicht allein im Raum war. Im gleichen Augenblick erfasste der Strahl einer Taschenlampe sein Gesicht.

»Der wird uns doch nicht von der Schippe springen«, flüsterte eine Stimme. Mika ordnete sie der Sturmhaube zu. Dem Typen, der ihm die Fotos von Niilos Kopf im Schnee und von ihm selbst im Harvester ... Die Erinnerung an die grausamen Bilder erschütterte sein Bewusstsein erneut, seinen Körper durchfuhr ein heftiges, unkontrollierbares Zucken, aber er blieb bei Bewusstsein.

»Mann, der ist total am Zittern.« Sturmhaube klang eine Spur besorgt. »Wir müssen ihm was zu trinken geben, tot nützt er uns nix.«

»Ich glaub', der spielt uns nur was vor«, entgegnete Wollmütze. »So schlimm kann das Loch im Kopf doch gar nicht sein.«

»So'n Gezitter? Das spiel du mal. Nee, dem geht's echt dreckig. Wir müssen was machen.«

Mika spürte, wie jemand am Fußende des Schlafsacks an der Verschnürung hantierte. »Wir müssen die Wunde am Kopf desinfizieren, und dann verpassen wir ihm Antibiotika. Außerdem ... was zu futtern und zu trinken braucht der auch.«

»Spinnst du? Machen wir hier auf Wohltätigkeitsladen oder was?« Wollmütze wurde lauter. »Wenn's dem besser geht, tanzt der uns gleich wieder auf der Nase rum.«

»Wie denn? - Ach vergiss es.« Mika hörte, wie Sturmhaube das Klebeband aufschnitt. »Der muss bis morgen auf die Beine kommen, oder haste Bock, den Kerl zu schleppen? Los, pack mit an.«

Mit geschlossenen Augen und sich weiterhin ohnmächtig stellend, bekam Mika mit, wie jemand den Reißverschluss des Schlafsacks öffnete. Obwohl sein Kopf vor Schmerzen dröhnte, versuchte er, die Zusammenhänge zu erfassen und das Erlauschte zu verarbeiten. Doch viel kam nicht dabei raus.

Die Ereignisse, die in den letzten Stunden auf ihn eingeprasselt waren, sprengten jeden Rahmen.

Niilo ... Niilo war tot? Und er sollte ihn getötet haben? Unfassbar. Es musste sich um einen Alptraum, ein fürchterliches Missverständnis handeln.

»Mann, der stinkt wie Hulle«, ächzte Sturmhaube. »Der hat sich eingepisst.«

Erst jetzt bemerkte Mika die klamme Nässe in seinem Schritt. Während seiner Ohnmacht musste sich unwillkürlich seine Blase entleert haben.

»So'n Scheiß!«, fluchte Wollmütze. »Kannste dich auf'n Kopf stelln. Also - ich wasch den nich.«

»Zick nich rum. Wir ziehen ihn nachher aus, 'nen Eimer Wasser drüber – fertig.« Ein grober Handgriff drehte Mikas Kopf zur Seite. »Viel wichtiger ist das Loch in seiner Birne. Ich hol besser mal den Verbandkasten. Pass du so lange auf unseren Gast auf. Bin gleich zurück.«

»Was hat der Grube denn erzählt?«, wollte Mendelski wissen, nachdem ihm Maike Schnur in sein Büro gefolgt war.

»Stuss.«

»Hast du's nicht etwas genauer?«

»Na, der hat gelogen, dass sich die Balken bogen.« Maike musste grinsen. Der Reim war nicht beabsichtigt gewesen.

Mendelski seufzte: »Und? Was hat er jetzt gewollt?«

»Angeblich war er nur gekommen, um sich nach dem neuesten Sachstand zu erkundigen, vor allem, ob bei den Blutflecken im Haus der Finnen Menschenblut dabei war. Er macht sich große Sorgen um Mika Rahola.«

»Na, dafür hätte er nicht extra herkommen müssen. Ein Anruf hätte gereicht.«

»Hab ich ihm auch gesagt. Aber er meinte, er wär noch so durcheinander gewesen. Es hätte ihn alles so schrecklich mitgenommen, er hätte die Nacht kein Auge zugekriegt und so weiter... blah, blah, blah.«

»Hast du ihm denn erzählt, was wir gefunden haben?«

Maikes Augen blitzten auf. »Was glaubst du denn! Natürlich nicht«, erwiderte sie zornig.

Ungerührt fragte Mendelski weiter: »Warum hat er sich's dann so plötzlich anders überlegt und ist getürmt?«

»Angeblich hat er 'nen wichtigen dienstlichen Anruf bekommen, in Sandlingen hätte es Schneebruch gegeben, mit Bäumen auf der Straße und so. Da musste er als Förster sofort hin.«

»Ach. Das lässt sich doch sicher überprüfen, oder?«

Maike hielt ihr Notizbuch hoch. »Bin schon dabei.«

»Hat der Wachhabende mitgekriegt, dass er telefoniert hat?«

»Nee, da gab's wohl 'nen kleinen Tumult im Warteraum, mit Kurden, Jesiden, was weiß ich. Dazwischen muss der Grube förmlich untergegangen sein. Und offenbar ist er mit denen auch raus aus dem Gebäude.«

»Hm, das gefällt mir nicht. Wir sollten den Förster weiterhin im Auge behalten. Der weiß mehr, als er sagt. Viel mehr.« Mendelski nahm einen Stapel Fotos in die Hand und blätterte sie durch. Sie zeigten den Tatort im Langlinger Holz und das durchwühlte Haus der Finnen in Oppershausen.

»Kann ich jetzt ... ?«, fragte Maike und wandte sich zur Tür.

»Einen Augenblick noch.« Mendelski ließ die Fotos mit einem lauten Knall auf die Schreibtischplatte fallen. »Sag mal, als wir uns gestern im Haus der Finnen umgesehen haben, da hast du gleich gesagt: Die haben was gesucht.«

Maike bejahte.

Mendelski zog die Augenbrauen hoch. »Also, mittlerweile bin ich mir gar nicht mehr so sicher, ob die Täter was gesucht haben«, sagte er. »Vielleicht. - Vielleicht war es auch nur pure Zerstörung, als Strafe ... ein Racheakt oder sowas.«

»Moment mal.« Maike setzte sich wieder. »Wie kommst du denn da drauf?«

»Ganz einfach: Weil wir mit dem toten Hirsch doch so was Ähnliches wie ein Motiv hätten. Oder? Warum sollten die Täter mit den Finnen denn sonst dorthin gelaufen sein?«

»Dieses halb vergammelte, halb von Wildsauen aufgefressene Viech soll als Mordmotiv herhalten?«

»Du hast ja keine Ahnung, wie manche Jäger ticken«, grummelte Mendelski. »Vielleicht haben die Finnen tatsächlich gewildert.«

»Gab es in Oppershausen denn irgendwas, was dazu passen würde, was auf Wilderei hinweist?«

»Nein, jedenfalls bislang nicht.«

»Jagdwaffen, Munition, Fallen, Schlingen, Knochenreste, Felle, Wildfleisch oder Ähnliches?«

»Nein.« Mendelski rieb sich nachdenklich die Stirn. »Aber ich denke, wir sollten ... «

»Moment!«, unterbrach sie ihn. »Haben wir denn irgendwas in den Autos der Finnen gefunden, was deinen Verdacht erhärten könnte?«

»Auch nicht.«

»Na also.« Maike geriet immer mehr in Fahrt. »Wenn sich einer - aus welchem Grund auch immer - an jemand anderem rächen will, gibt's doch verschiedene Stufen. Von harmlos bis gefährlich. Man haut seinem Kontrahenten eine rein, zersticht ihm die Autoreifen, stellt was Böses ins Internet ... bis zu Mord und Totschlag. Natürlich ist Letzteres die schlimmste Stufe. Kannst du mir folgen?«

Mendelskis Mundwinkel zuckten amüsiert.

»Zurück zu unserem Fall«, fuhr sie fort. »Da wurde jemand ermordet. Erst danach haben sich die Täter sein Haus vorgeknöpft. Beachte die Reihenfolge. Wäre es andersherum, hätte ich mir vielleicht Gedanken über eine Rache-Theorie gemacht. Aber so ... «

»Okay, okay«, lenkte Mendelski mit einem Seufzer ein. »Du hast ja recht. Aber ... wonach haben die deiner Meinung nach denn gesucht?«

»Keinen blassen Schimmer.« Maike hob beide Arme. »Das kann doch vieles gewesen sein. Geld, Gold, Drogen, was weiß ich. Steuerfluchtdisketten aus der Schweiz, Speichersticks mit Industriespionage für ein super hightech Sägewerk in Finnland, Porno-Fotos vom Celler Landrat ... irgendetwas, das sich zu Geld machen lässt.«

Mendelski konnte sich ein Schmunzeln nicht verkneifen. »Wir sollten am besten noch mal rausfahren«, schlug er vor.

»Hab nichts dagegen.« Sie erhob sich.

In diesem Moment klopfte es an der Tür. Ellen Vogelsang steckte den Kopf herein.

»Der Vertreter vom finnischen Konsulat ist endlich da«, sagte sie.

Mendelski zuckte mit den Achseln. »Musst dich noch einen Moment gedulden«, wandte er sich an Maike. Und Ellen Vogelsang rief er nach: »Bin schon unterwegs.«

Das war verdammt knapp, dachte Henning Grube, als er sein Auto vom Kloster-Parkplatz lenkte. Er blickte in den Rückspiegel. Dr. Wimmer machte keinerlei Anstalten loszufahren. Der telefonierte wahrscheinlich erst mal. Mit Fritz. Hoffentlich war die Sache damit aus der Welt.

»Ich Idiot!«, presste er zwischen den Lippen hervor, während seine Hände das Lenkrad kneteten. Er bog in die Celler Straße ein und gab ordentlich Gas. So ein Mist. Völlig unnötig war das in jener Nacht gewesen. Unnötig und höchst riskant, wie sich ja jetzt im Nachhinein herausgestellt hatte. Nur, weil er so gierig war, den Hals nicht vollkriegen konnte. Weil er kontrollieren wollte, ob er nicht noch etwas übersehen hatte. Gut, dass dieser Fritz in der Dunkelheit den Spaten für ein Gewehr gehalten hatte. Wie hätte er erklären sollen, dass es da was zu graben gab ...

Er steuerte den Wagen durch das Zentrum von Wienhausen in Richtung Osten. Erst als er am Ortsschild vorbei fuhr, fragte sich der Förster, wohin er eigentlich wollte. Seine Nerven lagen blank, er war ziemlich durch den Wind. Kein Wunder, denn die vergangenen vierundzwanzig Stunden waren alles andere als entspannend gewesen.

Letzte Nacht hatte er sich mit Gewissensbissen herumgeschlagen und kaum ein Auge zugetan. Am frühen Morgen, als sein Entschluss feststand, zur Polizei zu fahren und reinen Tisch zu machen, war die SMS von Annika gekommen - und im letzten Moment hatte er gekniffen. Und kaum, dass er heil aus der Polizeiwache heraus war, folgte die Auseinandersetzung mit Dr. Wimmer. Oh Mann ...

Seit gestern Vormittag, als der Mord passiert war, ging es Schlag auf Schlag. Nichts als Lügen und Ausreden. Wie würde die Sache nur enden?

Sein trockener Mund erinnerte ihn daran, dass er seit dem Kaffee heute in der Früh nichts mehr getrunken hatte. Die letzte Mahlzeit hatte er gestern zu sich genommen. Hatte er heute Morgen zum Kaffee wenigstens ein paar Kekse geknabbert? Er wusste es nicht mehr.

Mit rechts griff er nach der Thermoskanne, die in der Konsole zwischen den Sitzen klemmte, und schüttelte sie. Sie war noch nicht ganz leer. Hastig schraubte er den Verschluss ab und setzte die Kanne an den Mund. Kalter Früchtetee, ein Rest von gestern oder vorgestern, rann aus den Mundwinkeln und tropfte auf sein Hemd, während er gierig schluckte. Die süßsaure Flüssigkeit tat ihm gut. Sie weckte seine Lebensgeister und verhalf ihm zu einem halbwegs klaren Kopf.

Bevor er den kleinen Ort Offensen erreichte, verließ er die Landstraße und bog nach rechts in die Feldmark ab. Er brauchte Einsamkeit und Ruhe, um die nächsten Schritte zu planen. Und wo fand ein Förster Einsamkeit und Ruhe? Natürlich im Wald.

Ohne nachzudenken fuhr Henning Grube ins Langlinger Holz, in den Klosterforst. Genau dorthin, wo nur noch Spuren im Schnee und rotweißes Flatterband der Polizei von der Gräueltat des gestrigen Tages zeugten.

Kaltes Wasser ergoss sich über seinen Unterleib und seine Beine. Mika hatte die ganze Zeit stillgehalten und den Bewusstlosen gemimt. Hatte sich ohne Gegenwehr die vollgepissten Hosen ausziehen und sich aufrichten lassen. Wollmütze stützte ihn mit kräftigen Armen von hinten. Sturmhaube schöpfte Wasser mit einem Henkelbecher aus einem Eimer, eiskaltes Wasser, und bespritzte ihn damit.

Der Finne öffnete die Augen und schnappte nach Luft. Zwar war er von Saunabesuchen in der Heimat krasse Temperaturunterschiede gewohnt. Doch jetzt, mit seiner Kopfverletzung und den kaum auszuhaltenden Schmerzen, sackte er erneut zusammen.

»Na schau mal an, wie der lebt«, höhnte Wollmütze und packte Mikas Oberkörper noch fester, damit der nicht zur Seite kippte. »Der simuliert doch nur.«

»Meinste?«, entgegnete Sturmhaube. »Und wenn schon ... lieber lebendig und simulieren als tot und ... und ... «

»Na, wie jetzt?«

»Als tot und wirklich tot. Echt tot. So ganz ... «

»Oh Mann, du bist ja was von helle ... «, kommentierte Wollmütze genervt.

»Das reicht jetzt.« Sturmhaube warf den Becher in den Eimer und griff nach einem Handtuch. »Wir trocknen ihn ab und ziehen ihn wieder an.«

Mika hatte die Augen wieder geschlossen. Er ließ seine Widersacher gewähren. Mit hängendem Kopf und baumelnden Armen stand er da. Ungelenke Handgriffe rubbelten seine Beine trocken, seine Schrittregion ließen sie in Ruhe. Danach streiften sie ihm eine Jogginghose über die nackten Beine. Eine Unterhose blieb weg.

Weil er nicht mehr in seinem Schlafsack eingeschnürt war, konnte Mika Arme und Beine frei bewegen. Sie schienen einigermaßen intakt. Doch an einen Befreiungsversuch war in seiner jetzigen Situation nicht zu denken. Gegen die beiden kräftigen Männer hatte er in seinem angeschlagenen Zustand nicht den Hauch einer Chance. Erst recht nicht hier unten in dem engen Verlies, in dem der einzige Ausgang über die Leiter nach oben zu führen schien. Er musste abwarten, sich in Geduld üben, seine wenigen ihm verbliebenden Kräfte sammeln - und auf eine günstige Gelegenheit hoffen.

Plötzlich spürte Mika, wie ihm leichte Backpfeifen verabreicht wurden. Zwei links, zwei rechts.

»Los, Maul auf!«, forderte Wollmütze.

Mika wich mit dem Kopf zurück. Er öffnete die Augen zu Sehschlitzen. Seinen Mund ließ er geschlossen. Vor ihm stand Sturmhaube, die rechte Hand erhoben. Zwischen Zeigefinger und Daumen hielt er eine Tablette.

»Mach keine Zicken«, fauchte Wollmütze, dessen Arme ihn wie Schraubzwingen festhielten. »Du kriegst 'ne Medizin.«

Mika überlegte fieberhaft. Warum sollte er sich wehren? Wenn die beiden ihm schaden wollten, gäbe es andere Mittel als Pillen. Einfachere. Und brutalere.

»Was ist das?«, murmelte er.

Die Hand von Sturmhaube mit der Tablette näherte sich Mikas Mund bis auf wenige Zentimeter. »Valium. Schmerzmittel. Antibiotika kriegste auch noch. Damit das Loch in deinem Schädel keine Scherereien macht.«

»Okay.« Mika schob seinen Kopf ein Stück vor. »Aber mit Wasser«, hauchte er.

»Kriegste.« Sturmhaube schob ihm die Tablette zwischen die blutverkrusteten Lippen, beugte sich dann zum Eimer hinab und schöpfte mit der Henkeltasse Wasser. Dann hielt er Mika das Trinkgefäß vor die Nase.

»Hier. Verdient haste's nicht.«

Mika spülte die Tablette hinunter und trank gierig den Becher leer. Danach bekam er zwei weitere Tabletten und noch mehr Wasser. Insgesamt vier Becher.

»Jetzt reicht's«, sagte Sturmhaube. »Was zu essen kriegste später. Jetzt verarzten wir erst mal deine Murmel.« Er hielt Wundspray und Tupfer hoch. »Dreh den Kopf zur Seite.«

Mika tat wie ihm befohlen.

»Glaub bloß nicht, dass wir das aus Nächstenliebe machen«, stellte Wollmütze klar. Sein Griff blieb unnachgiebig. »Aber wir brauchen deine Birne noch. Und zwar intakt. Damit du dich endlich erinnerst ... «

Woran nur, fragte sich Mika verzweifelt. An Niilo? An Niilo, der tot sein soll ... ?

Ein stechender Schmerz schien seinen Kopf zu sprengen.

Sturmhaube bearbeitete die Wunde mit dem Desinfektionsmittel. Ziemlich grob und unprofessionell. »Eigentlich müsste das genäht werden«, murmelte der Hobbysanitäter. »Aber egal, wir flicken dich mit Pflaster zusammen.«

»Pflaster? Da müssen aber vorher die Haare ab«, meinte Wollmütze. »Gib mal die Schere.«

»Nee. Halt du fest, ich mach das schon.« Er legte Spray und Tupfer beiseite und wühlte im Verbandkasten, der am Boden stand. »Da is keine. Ich hol eine von oben.«

Als Mika zehn Minuten später das Ratschen der Schere hörte, begann der Medizincocktail, den sie ihm verabreicht hatten, bereits zu wirken. Die Schmerzen ließen spürbar nach - allerdings auch Konzentration und Reaktionsvermögen. Seine Gedanken wurden schwammig, er rutschte in einen Halbschlaf. Wie in Trance vor sich hindämmernd, bekam er kaum mit, wie sein Hinterkopf geschoren und die Wunde mit mehreren Pflastern stümperhaft zugeklebt wurde.

Nachdem ihn die beiden Ganoven zurück auf die Pritsche gelegt hatten, fiel er in einen tiefen traumlosen Schlaf.

Fünftes Kapitel

Neuerlicher Schneefall kündigte sich an. Im Nordosten hatte sich eine gewaltige bleigraue Wolkenwand am Horizont aufgebaut. Für den Nachmittag und die bevorstehende Nacht prophezeite der Wetterfrosch im NDR-Radio – so wörtlich – ›ergiebige Niederschläge mit flauschig-weißen Eiskristallen von der Heide bis in den Harz‹.

Maike Schnur drehte das Autoradio leiser und murrte. »Menno, langsam reicht's doch, oder?«

Robert Mendelski schien von ganz weit her zu kommen. Gedankenverloren saß er auf dem Beifahrersitz und hatte die Winterlandschaft an sich vorbeiziehen lassen. »Was meinst du?«, fragte er nach einer Weile.

»Na, das mit dem Schnee.« Ein Schlagloch auf dem Feldweg, in dem das Eis geborsten war, zwang Maike, scharf zu bremsen. »Ich finde, es is genug.« Sie gab wieder Gas.

Mendelski klammerte sich an den Griff über der Tür. »Mensch Maike ... mal langsam mit den jungen Pferden«, knurrte er. »Denk dran: Unser Schneeunfall ... «

»Nicht schon wieder«, stöhnte Maike auf. Sie guckte grimmig zur Seite. »Und du solltest eigentlich wissen, dass ich letztes Jahr bei Jo in die Off-Road-Schule gegangen bin.«

»Ja, ja, ich hab davon gehört«, erwiderte Mendelski. »Trotzdem ... « Er deutete mit der Rechten nach vorn. »Da vorne müssen wir dann ... «

»Weiß ich«, unterbrach ihn Maike barsch und drosselte das Tempo. »Ich kenne den Weg. Hier sind wir erst gestern lang gefahren. Und außerdem gibt's hier unglaublich viele Spuren, die alle nur in eine Richtung führen. Nämlich zum Tatort.«

»Ist ja schon gut«, murmelte Mendelski kleinlaut. »Ich wollte auch nur ... «

»Bitte?«

»Ach ... nichts.«

Sie verließen die Feldmark und bogen in den Wald ein. Kleine Schneefahnen, die der aufkommende Wind von den Bäumen pustete, rieselten auf die Windschutzscheibe.

»Wie war's denn mit dem Vertreter der finnischen Botschaft?«, wollte Maike wissen. Ihre Stimme klang wieder völlig normal.

»Konsulat«, berichtigte er sie. »Das war ein Vertreter vom Honorarkonsulat in Hannover. Die Botschaft von Finnland ist weit weg. In Berlin.«

»Ach, dann war das gar kein Finne?«

»Nö. Ein Deutscher. Ein Prof. Dr. Soundso.«

»Und was wollte der nun?«

»Nichts Aufregendes. Papierkram, Formalitäten, Leichenfreigabe, Überführung, Information der Angehörigen in Finnland und so weiter.«

»Klingt ja nicht besonders spannend.«

»Hab ich auch nie behauptet.«

Maikes Interesse war erloschen, schweigend fuhr sie weiter. Als sie kurze Zeit später an einer Waldwegekreuzung links abbogen und sich dem Tatort näherten, sahen sie einen Mann, der mitten auf dem Waldweg stand.

»Der Grube!«, riefen beide wie aus einem Mund.

»Was treibt der denn hier?«, meckerte Maike.

In diesem Augenblick setzte erneut Schneefall ein.

Der weisse Mercedes-Lieferwagen mit dem DPD-Schriftzug stoppte auf dem Parkplatz der Gaststätte *Zur Schönen Aussicht*. Bevor er das nächste Paket zustellte, wollte der Fahrer sich rasch einen Kaffee gönnen. Er war erschöpft und brauchte einen Muntermacher, eine Dosis Koffein. Seit sieben Stunden saß er nun schon hinterm Steuer - er hatte seine Tour morgens um acht gestartet - und ein Ende war nicht abzusehen. *Amazon, Zalando* und die vielen anderen Online-Versandhäuser verschafften den Paketkurieren in der Vorweihnachtszeit reichlich Überstunden.

Pawel Sobiech brauchte die Gaststätte nicht aufzusuchen, um Kaffee zu trinken. Er griff nach seiner Thermoskanne. Ein Liter schwarzer Kaffee - das war seine Tagesration. Er goss den Becher voll, trank zwei Schlucke und stellte den Rest in die Halterung in der Mittelkonsole. Dann fuhr er weiter.

Während er an den Häusern der Wathlinger Kali-Kolonie vorbeirauschte, wurde der Schneefall stärker. Pawel Sobiech schaltete den Scheibenwischer eine Stufe höher.

»*Cholera jasna!*«, schimpfte er laut auf Polnisch. Und in bestem Umgangsdeutsch setzte er nach: »Scheißwetter, verfluchtes!«

Dem untersetzten Mittvierziger mit dem Lech-Walesa-Schnauzbart blieb es unverständlich, warum die Deutschen den Schnee so liebten. Vor allem in der Advents- und Weihnachtszeit, wenn er als Paketzusteller oft bis spät in die Nacht auf den Straßen unterwegs war, hatten die *Niemcy* ein Faible für das klassische Winterwetter. Dort, wo er herkam, empfand man den Schnee als eine Pest. Seine Heimat, ein kleines Dorf in den Waldkarpaten, lag ganz in der Nähe von Sanok im äußersten Südosten Polens. Hier bestimmte der Schnee das Wetter von Oktober bis April. Ein verdammt langes halbes Jahr. Oft lag er meterhoch. Dazu die eisigen Temperaturen. Für ihn und seine Familie war das Leben dort hart gewesen.

Doch das hatte er hinter sich gelassen.

Seit über zehn Jahren lebte und arbeitete Pawel Sobiech nun schon in Deutschland. Sein Onkel Adam hatte ihn in den Westen gelotst, nach Berlin, wo er als Lagerarbeiter und Gabelstapelfahrer auf dem Großmarkt beschäftigt gewesen war. Doch die Liebe zu Bogdana, einer Jugendbekanntschaft aus der fernen Heimat, hatte ihn vor sechs Jahren nach Celle verschlagen. Seitdem fuhr er Pakete aus.

Inzwischen hatte er das Ende der Kolonie erreicht. Der Sprinter bog rechts in den Steigerring ein. »Sie haben Ihr Ziel erreicht«, sagte die freundliche Frauenstimme im Navigationsgerät. Pawel Sobiech nahm den Fuß vom Gas.

»Hausnummer 17«, murmelte der Pole, während er das Display seines MDE-Scanners studierte. »Das kann nicht stimmen.«

Im Steigerring gab es nur wenige Häuser, nie und nimmer 17 Stück. Die Industriebrache mit wenigen intakten Gebäuden musste früher zum Kali-Werk gehört haben. Jetzt lugten dürre Grashalme und kahles Buschwerk aus dem Schnee.

Pawel Sobiech fuhr bis zum Fuß der riesigen Abraumhalde, welche die ansonsten flache Landschaft weithin sichtbar überragte. Das Schüttgut enthielt noch jede Menge Restsalz, was den Berg weitgehend schneefrei hielt. Die weiße Pracht schmolz in wenigen Minuten dahin, nachdem sie sich auf den steilen, graubraunen Hängen der Halde niedergelassen hatte.

Für wenige Augenblicke wanderten Pawel Sobiechs Gedanken in seine schnee- und bergreiche Heimat. Er grinste. Da hatten die Wathlinger zwar einen ordentlichen Berg, den sie liebevoll *Kalimandscharo* oder *Monte Kali* nannten, doch der taugte weder als Skipiste noch als Rodelberg.

Der Lieferwagen wendete und fuhr die Strecke zurück, die er gekommen war. Kurz darauf entdeckte Pawel Sobiech auf der rechten Seite eine unscheinbare Stichstraße, eine Sackgasse, die er vorhin übersehen hatte, die aber anscheinend zum Steigerring gehörte. Dort bog er ein. Wenig später tauchte hinter einem Schutthaufen das Dach eines einzeln stehenden Hauses auf.

Hier war ich doch schon mal, ging es dem Polen durch den Kopf, als er vor der Einfahrt eines weitläufigen, offenbar verwahrlosten Grundstücks parkte. Ja, genau. Ein verbogenes rostiges Drahttor hing halb geöffnet in den Angeln. Frische Fußspuren im Schnee deuteten darauf hin, dass vor kurzem jemand das Grundstück verlassen hatte.

Klar, jetzt fiel es ihm wieder ein. Im letzten Sommer, Ende August, an einem sehr heißen Tag, hatte er hier schon einmal ein Paket zugestellt. Als damals niemand auf sein Klingeln an der Haustür reagierte, wollte er schon kehrtmachen, als er Geräusche aus dem Garten hörte. Lachen und Gekicher, männlichen und weiblichen Ursprungs. Als er zögernd um die Hausecke lugte, sah er das Paar, das sich keine zehn Schritte von ihm entfernt auf einer Hollywood-Schaukel räkelte.

Der Mann, ein langhaariger Blondschopf, dessen braungebrannter muskulöser Körper über und über mit Tattoos übersät war, trug lediglich eine knappe Badehose und eine Baseballkappe. Beides in Weiß. Seine Pilotensonnenbrille war ihm auf die Nasenspitze gerutscht. Die Frau neben ihm, ein rothaariger Lockenkopf mit schneeweißer Haut, war mit einem winzigen Bikini bekleidet. Beide hielten bunte Cocktailgläser in den Händen.

Um nicht entdeckt zu werden, zog sich Pawel Sobiech zurück. Er war sich jedoch nicht sicher, ob der Blonde ihn an der Hausecke gesehen hatte. Leise schlich er zu seinem Wagen zurück, verstaute das Paket im Laderaum und hatte sich gerade hinter das Lenkrad geklemmt, als der Blonde plötzlich neben dem Wagen stand.

Mit versteinerter Miene - trotz Sonnenbrille und Kappe gut erkennbar - klopfte das Muskelpaket gegen die Seitenscheibe. Heftig und fordernd. Mit einem Baseballschläger.

Als Pawel Sobiech an jenem heißen Augustnachmittag die Seitenscheibe seines Lieferwagens herunterkurbelte, befürchtete er das Schlimmste: einen Fausthieb durch das offene Seitenfenster, einen Stoß mit dem Schlagstock in die Fahrertür oder gar das Zerschlagen der Windschutzscheibe. Aber nichts dergleichen geschah. Eine dünne, merkwürdig piepsige Stimme, die so gar nicht zu dem blonden Hünen passen wollte, sagte:

»Her mit dem Paket.«

Mit vor Angstschweiß feuchten Händen übergab Pawel Sobiech das Paket. In seiner Aufregung vergaß er jedoch, sich den Empfang quittieren zu lassen. Der Blonde war längst wieder verschwunden, wortlos und unheimlich cool, als der DPD-Mann sein Versäumnis bemerkte. Er verspürte jedoch wenig Lust, das Grundstück ein zweites Mal zu betreten, um dem Blondschopf zu folgen - nur wegen einer Unterschrift. Zum ersten Mal in seiner Tätigkeit als Paketzusteller hatte er die elektronische Signatur auf dem mobilen Datenerfassungsgerät gefälscht und war davongefahren.

Und nun stand Pawel Sobiech wieder vor dem rostigen windschiefen Drahttor, wieder mit einem Paket unterm Arm.

»Was für eine Überraschung.«

Maike Schnur hatte sich die Kapuze ihres Anoraks über den Kopf gezogen und schloss den Reißverschluss hoch bis unter das Kinn. Ihr Gesicht verzog sie zu einem süffisanten Lächeln, als sie rief: »Wir dachten, Sie kümmern sich um den Schneebruch in Sandlingen.«

Henning Grube stand ihnen auf dem Waldweg direkt gegenüber. Er rückte die grüne Schirmmütze zurecht, die seiner Lockenmähne kaum Herr wurde. Unzählige Schneeflocken verfingen sich in seinen Haaren. Der Schneefall wurde stärker.

»Das ist schon erledigt«, erwiderte er, während er den Augenkontakt mit der Kripobeamtin mied. Stattdessen schaute er zu Mendelski hinüber. »War nicht so schlimm, wie es erst klang. Die Bauern haben die Straße ruckzuck geräumt.«

»Und Sie? Sind ruckzuck zum Tatort«, forschte der Kommissar. Sein Blick streifte neugierig durch den Kiefernwald, der gestern Schauplatz eines grausigen Verbrechens gewesen war. Trotz des Schneegestöbers trug Mendelski keine Kopfbedeckung. Immerhin hatte er den Kragen seines Mantels hochgeschlagen. Ein gefütterter schwarzen Trenchcoat, den er den ersten Winter trug. »Was hat Sie denn hierher in den Wald getrieben?«

»Ja, was wohl?« Des Försters Stimme klang gereizt. Er blies sich eine Locke aus der Stirn.

»Wollen Sie uns das nicht verraten?«, hakte Mendelski geduldig nach.

Henning Grube schnaufte: »Jedenfalls nicht mein Job. Mir setzt die Sache unheimlich zu. Niilos brutaler Tod, Mikas Verschwinden. Ich kann an nichts anderes mehr denken. Überrascht Sie das?« Erst jetzt sah Hennig Grube Maike ins Gesicht. »Deshalb bin ich heute Morgen auch Hals über Kopf zu Ihnen nach Celle gefahren.«

»Und haben mich versetzt.« Maike Schnur malte mit ihrer Schuhspitze Kreise in den Schnee. »Okay. Schwamm drüber. Sie wollten also wissen, wie der Stand der Dinge ist?«

»Richtig.«

»Oder ... wollten Sie uns etwas anvertrauen? Etwas Neues, etwas, was Ihnen letzte Nacht noch eingefallen ist?«

»Nein.« Das kam eine Spur zu schnell, wie Mendelski und Maike einhellig befanden. Sie schauten sich unschlüssig an. Henning Grube setzte ungeduldig nach: »Nun verraten Sie mir doch, ob beim Blut im Finnenhaus in Oppershausen Menschenblut dabei war.«

»Das dürfen wir nicht.« Maikes Stimme klang milde und bestimmt zugleich. Sie klopfte sich den Schnee von der Schuhspitze. »Auch wenn Sie sich Sorgen um Ihren Mitarbeiter Mika Rahola machen. Wir können das verstehen, aber aus ermittlungstechnischen Gründen dürfen wir keine Auskünfte an Dritte geben.«

»Sind Sie schon länger hier?«, wechselte Mendelski bewusst das Thema. Inzwischen hatte sich auf seinem Haupt eine ansehnliche Schneeschicht gebildet. Er machte jedoch keinerlei Anstalten, seine Haare von der weißen Haube zu befreien.

»Was heißt länger?« Henning Grube zuckte unschlüssig mit den Schultern. »Zehn Minuten vielleicht.«

»Und? Haben Sie noch was entdeckt? Etwas, was uns weiterhelfen könnte.«

Der Förster schüttelte den Kopf. »Nein. Hab auch gar nicht richtig gesucht. Bin eigentlich nur hier, um das Unfassbare zu begreifen. Um mich zu vergewissern, dass das alles nicht ein schrecklicher Alptraum war.« Gedankenverloren schaute er zu der Stelle zwischen den Kiefern, die mit dem rotweißen Absperrband der Polizei umgeben war. Das Flatterband und die Holzrückemaschine der Finnen waren die einzigen Überbleibsel der gestrigen Gräueltat. Der Forwarder stand, mit einem Polizeisiegel versehen, mittlerweile völlig zugeschneit am Wegesrand.

Abrupt wandte sich Grube wieder an das Kripo-Duo: »Und Sie? Was wollen Sie heute noch hier?«

»Ach, nichts Besonderes.« Endlich strich sich Mendelski den Schnee aus den Haaren. »Das ist so eine Marotte von uns. Wir machen das immer so, Frau Schnur und ich. Bei einem ungelösten Mordfall fahren wir am Tag nach der Tat noch einmal zum Tatort. Eindrücke sammeln. Manchmal entdecken wir dann noch etwas, was tags zuvor im Eifer des Gefechts übersehen wurde.«

»Aber der Schnee macht Ihnen einen Strich durch die Rechnung ... oder?«

»Sicher. Am besten wäre jetzt Tauwetter. Aber das soll laut Wetterbericht ja erst nächstes Wochenende kommen.« Mendelski klopfte sich nun auch den Schnee von den Schultern. »Wer weiß, was da noch alles an Spuren und Hinweisen im oder unter dem Schnee wartet. Ihnen als zuständigem Forstbeamten wäre ich sehr dankbar, wenn Sie dafür sorgen würden, dass hier alles so bleibt, wie es ist.«

Henning Grube nickte. »Geht klar. Sie reden aber nur von der abgesperrten Fläche, nicht wahr?«

»Ja, das reicht zunächst. Wenn wir es jedoch im Laufe der Ermittlungen für nötig halten, das Areal zu vergrößern, dann melden wir uns.«

»Okay. Und die Absperrung bleibt bis zur Schneeschmelze?«

»Längstens. Heutzutage gibt es genügend technische Hilfsmittel, um auch im Verborgenen zu suchen. Das bisschen Schnee wird unsere Spurentruppe sicher nicht aufhalten.«

»Bisschen Schnee?« Maike Schnur hob den Kopf und blinzelte in den Himmel. Eine besonders große Schneeflocke verfing sich in ihren Wimpern. »Da ist das letzte Wort noch nicht gesprochen.«

Henning Grube deutete zum Rückezug hinüber. »Und was passiert damit? Den Harvester haben Sie ja nach Celle gebracht«, sagte er. »Zur eingehenden Untersuchung, nehme ich an. Aber den Forwarder haben Sie hier ... ?«

Ein durch den Schnee gedämpftes Motorengeräusch hatte den Förster unterbrochen. Er trat einen Schritt zur Seite, um - an den beiden Kriminalbeamten vorbei - den Waldweg einsehen zu können. Im dichten Schneeschauer rollte ein Geländewagen direkt auf sie zu. Ein nagelneuer Japaner in Grau-Metallic.

»Der hat mir gerade noch gefehlt«, entfuhr es Henning Grube.

Den Spuren im Schnee nach zu urteilen, musste es sich um eine Frau gehandelt haben, die kürzlich das Grundstück verlassen hatte. Ein Mann wird wohl kaum High Heels in Größe 37 oder 38 tragen, dachte Pawel Sobiech, während er die Trittsiegel auf dem Boden musterte.

Sie schneiten rasch zu. Das Tageslicht schwand zusehends. Die tiefhängenden Schneewolken ließen die Dämmerung an diesem Nachmittag besonders früh einsetzen.

Pawel Sobiech fragte sich, ob es die rassige Rothaarige aus dem Sommer gewesen sein mochte, die hier durch den Schnee gestöckelt war. ›*Cholera!*‹ War das ein Weibsbild gewesen.

Pawel Sobiech hielt das nicht besonders schwere, aber ungewöhnlich große und sperrige Paket mit beiden Händen fest. Mit gemischten Gefühlen betrat er die Einfahrt, um die Sendung auszuliefern. Dem blonden Freund der Rothaarigen ein zweites Mal zu begegnen, stand nicht gerade auf seiner vorweihnachtlichen Wunschliste.

Den zwei Handbreit hohen Schnee in der Einfahrt hatte niemand geräumt. Pawel Sobiech trat mit seinen Winterstiefeln automatisch in die frischen Fußspuren der Frau. Das war eine alte Gewohnheit. Daheim in den Karpaten hatte er von Kindesbeinen an gelernt, sich im Schnee so kräftesparend wie möglich zu bewegen.

Es schneite unentwegt. Große fette Schneeflocken segelten vom Himmel. Zum Glück hatte Pawel Sobiech seine polnische Pelzmütze aus Lammfell übergestülpt, die er vor zwei Jahren von seiner Bogdana zu Weihnachten geschenkt bekommen hatte. Eine private Kopfbedeckung durfte er während der Arbeit eigentlich nicht tragen, sein Chef sah so etwas gar nicht gern. Schließlich stellte das Unternehmen zur Uniform passende Dienstmützen bereit. Aber die waren bei solchem Wetter für die Katz.

Er musste ein paar Meter laufen. Die Haustür des verwinkelten Backsteinbaus aus den Fünfziger Jahren zeigte nicht zur Straße, sondern befand sich zwischen zwei Holzfenstern mit Kipprollläden an der Seitenfront. Deren graublaue Farbe war zu großen Teilen abgeblättert. Vergilbte, nachlässig zugezogene Vorhänge ließen einen matten Lichtschein aus einem der beiden Fenster nach draußen dringen.

Dahinter wird die Küche sein, vermutete Pawel Sobiech, während er sich dem beleuchteten Fenster näherte. Als langjähriger Paketzusteller kannte er die verschiedenen Haustypen in Deutschland mittlerweile recht gut. So konnte er häufig die Fenster dem jeweiligen Zimmer - insbesondere die im Erdgeschoss - richtig zuordnen. Küche, Wohn-, Esszimmer, Gäste-WC, der Hauswirtschafts- oder Heizungsraum, eventuell noch ein Arbeitszimmer, all das fand man meist zu ebener Erde. Die Schlaf- und Kinderzimmer sowie das Bad lagen in der Regel im ersten Stock.

Als langjähriger Paketzusteller hatte er außerdem gelernt, sich auf fremden Grundstücken möglichst diskret und taktvoll zu verhalten.

Es war tabu, in ein Fenster zu schauen oder unaufgefordert ein Gebäude zu betreten. Man marschierte schnurstracks zur Haustür, klingelte, und wenn niemand öffnete, ging man halt wieder.

Pawel Sobiech marschierte also zielstrebig zur Haustür. Ohne den Kopf zu drehen, passierte er gerade das beleuchtete Fenster, als ihm das unhandliche Paket aus den klammen Fingern glitt und in den Schnee plumpste. Unmittelbar vor dem Fenster.

Schnell bückte er sich und hob das Paket auf. Er schaute sich um - als wollte er überprüfen, ob jemand seine Ungeschicklichkeit beobachtet hatte. Dabei fiel sein Blick auf das beleuchtete Fenster.

Was er zwischen den halb geöffneten Gardinen im Hausinneren sah, ließ ihn zusammenzucken.

Mitten im Raum - es schien tatsächlich die Küche zu sein - standen zwei Männer an einem Tisch und stülpten sich etwas über die Köpfe. Eine schwarze Sturmhaube der eine, eine Wollmütze mit Sehschlitzen der andere.

Instinktiv ging Pawel Sobiech in die Hocke.

O mój Boze!, schoss es ihm durch den Kopf. Motorradfahrer sind das nicht. Das sind Gangster! Die wollen zu einem Überfall.

Auch wenn er ihre Gesichter und ihre Haartracht nur für den Bruchteil einer Sekunde hatte sehen könne, war sich Pawel Sobiech ziemlich sicher, dass keiner von den beiden der blonde Hüne aus dem Sommer war.

Unvermittelt wurden von innen die Gardinen vorgezogen. Ein Rumpeln war zu hören, als ob jemand einen Stuhl umgeworfen hätte.

Verdammt, haben die mich gesehen, fragte sich Pawel Sobiech. Kommen die jetzt raus und ... und greifen mich an? Mit einem Baseballschläger vielleicht?

Immer noch am Boden hockend und sich hinter dem Paket versteckend, starrte er zur Haustür. Nichts geschah.

Was mache ich bloß? Soll ich nicht lieber verschwinden, wie im letzten Sommer, als ich die Rothaarige und den Blondschopf auf der Hollywoodschaukel überrascht habe?

Ach Quatsch, wahrscheinlich gucke ich zu viele Krimis im Fernsehen. Das wird alles ganz harmlos sein. Die beiden haben nur Spaß gemacht und lachen sich gerade kaputt. Vielleicht ist da auch ein Kindergeburtstag im Gange, ein verspätetes Halloween-Fest - oder eine wilde Sado-Maso-Party.

Mit weichen Knien erhob sich Pawel Sobiech.

In diesem Augenblick wurde die Haustür aufgerissen. Der Schatten eines Mannes tauchte im Türrahmen auf. In den Händen hielt er - einen Baseballschläger.

»Gibt's was Neues vom Hirsch?«, fragte Dr. Wimmer nach einer kurzen Begrüßung. Er hielt sich nicht lange mit Vorreden auf und kam gleich auf den Punkt. »Haben Sie das Geschoss schon gefunden?«

Mendelski registrierte, dass Maike und Henning Grube zeitgleich ansetzten, sich über die Taktlosigkeit des Jagdpächters zu echauffieren. Rasch übernahm er das Gespräch:

»Es scheint Sie nicht sonderlich zu berühren, was für eine menschliche Tragödie sich hier gestern abgespielt hat.«

»Entschuldigung!« Dr. Wimmer machte eine abwehrende Handbewegung. »So war das nicht gemeint ... «

»Wie war es denn sonst gemeint?«, fragte Maike Schnur spitz.

»Ich ... ich bin ja schließlich hier für den Jagdbetrieb verantwortlich ... «

»Jagdbetrieb hin, Jagdbetrieb her«, regte sich Maike auf. »Hier geht es um Menschenleben. Mord und Entführung, und Sie ... «

»Entführung?« Dr. Wimmer zog ein erstauntes Gesicht. »Das ist mir neu. Wer wurde denn entführt? Ich dachte, der eine Finne hat den anderen ... «

»Nun mal langsam«, unterbrach ihn Mendelski, während er Maike mit einem finsteren Blick bedachte. »Herr Grube wollte von uns auch schon den neuesten Stand der Ermittlungen erfahren. Aber wir dürfen Ihnen dazu nichts sagen. Es sei denn, wir betrachten es für die Aufklärung des Falls für unabdingbar.«

»Wann wäre es denn unabdingbar?«, fragte Henning Grube, der Dr. Wimmer die ganze Zeit mit Argusaugen beobachtete. Er hoffte doch stark, dass der Jagdpächter nichts von der Beobachtung seines Jagdkumpans Fritz erzählen würde.

»Na, ganz einfach«, erwiderte Mendelski. »Wenn es unserer Arbeit nützt. Nur dann.« Und an Dr. Wimmer gewandt: »Sie haben auch keine Neuigkeiten für uns, oder?«

Gespannt schaute Henning Grube den Jagdpächter an.

»Nein«, antwortete Dr. Wimmer, ohne lange zu überlegen. Doch dann fiel sein Blick auf den jungen Förster. »Oder ... doch.«

Henning Grube ballte die Fäuste in den Jackentaschen. Der wird doch nicht ...

»Ich war heute bei der Äbtissin in Wienhausen. Als Vertreterin des Waldbesitzers hat sie nichts dagegen, wenn mir als zuständigem Jagdpächter das Hirschgeweih ausgehändigt wird. Im Kloster hätten sie eh keine Verwendung dafür.«

»Was für eine immens wichtige Neuigkeit«, stöhnte Maike auf. Henning Grube dagegen hatte Mühe, seine Erleichterung zu verbergen.

»Solange der Hirsch ein wichtiges Beweisstück in einem Mordfall ist, geht der nirgendwo hin«, entgegnete Mendelski. Auch er war plötzlich auf Krawall gebürstet. »Das gilt auch für das Geweih. Klar? Zur Not landet die Trophäe bei uns in der Asservatenkammer. Und zwar für immer und ewig.« Man sah dem Leiter der Mordkommission förmlich an, dass ihm diese Auskunft eine gewisse Schadenfreude bereitete.

»Jawohl«, frohlockte Maike. »Bei uns in Celle, in der Jägerstraße. Jäger ... und so ein Geweih ... das passt doch prima ...«

»Das wäre eine Schande«, schnaufte Dr. Wimmer erbost. »Sie haben ja keine Ahnung, welchen Stellenwert solch ein Rekordgeweih in Jägerkreisen hat.«

Mendelski schüttelte stur den Kopf. Er verspürte nicht die leiseste Lust, sich vor Dr. Wimmer als Grünrock und langjähriger Jagdscheininhaber zu outen. Er wandte sich zum Gehen.

»War's das?«, fragte er, während er auf dem Waldweg Richtung Tatort stapfte. »Sorry, aber wir haben zu tun.« Und an den Förster gerichtet: »Herr Grube, sind Sie so nett, uns zu begleiten.« Der Angesprochene und Maike folgten ihm.

»Passen Sie mir bloß auf die Trophäe auf«, rief ihnen Dr. Wimmer nach. Vor Aufregung hatte er jetzt einen hochroten Kopf.

»Sonst mache ich Sie für etwaige Schäden haftbar. Und damit Sie's wissen: Das kann verdammt teuer werden.«

»Der hat doch nicht alle Latten am Zaun«, raunte Maike ihrem Chef zu, ohne Rücksicht darauf zu nehmen, dass Henning Grube es hören konnte. »Wird höchste Zeit, dass wir sein Alibi für gestern Vormittag überprüfen.«

»Alles in Butter«, rief der Mann ins Haus. »Is nur 'n Paketfuzzi.« Gleichzeitig bückte er sich, um den Baseballschläger zurück an seinen angestammten Platz neben der Haustür zu stellen.

Noch immer verunsichert trat Pawel Sobiech einen Schritt näher. Trotz seiner Angst bemerkte er, dass sein Gegenüber die Sturmhaube hochgeschoben und zu einer Mütze umfunktioniert hatte.

»Guten Abend«, sagte er kaum wahrnehmbar. »Ein Paket für Dieter Jaschke.«

»Egal«, erwiderte der Mann kurz angebunden. Er war etwa 35 bis 40 Jahre alt, hatte gelbe Zähne und eine platt geklopfte Boxernase. Ungeduldig streckte er die Arme aus. »Gib her.«

Pawel Sobiech reichte ihm das Paket. Während er sein mobiles Datenerfassungsgerät bediente, spürte er den bohrenden Blick des Typs mit der Boxernase. Vor lauter Nervosität vertippte er sich ein paar Mal. Hinzu kamen die fetten Schneeflocken, die auf dem Display landeten und die Dateneingabe erschwerten. Der Kerl hätte mich bei diesem Sauwetter ruhig rein lassen können, fluchte der Paketzusteller innerlich.

Die Boxernase stellte das Paket im Hauseingang ab. »Na, wird's heute noch?«, dröhnte er. »Ich hol mir gleich Frostbeulen.«

»Hier, bitte.« Pawel Sobiech drehte den MDE-Scanner und überreichte den Stift zum Quittieren. Die Boxernase krickelte ein paar unleserliche Schleifen in das Unterschriftenfeld. Nachdem er den Stift zurückgegeben hatte, packte er urplötzlich das Handgelenk des Polen und bog es zur Seite.

»Hast du durch's Fenster gelinst?«, fuhr er den verdutzten Paketzusteller grimmig an.

»Nein ... nein ... ganz gewiss nicht«, stammelte Pawel Sobiech. Er krümmte sich vor Schmerzen. »Warum sollte ich ... ?«

Genauso schnell, wie er zugegriffen hatte, ließ die Boxernase wieder los. Er stieß Pawel Sobiech mit der Faust gegen die Brust. Sachte, fast freundlich.

»Dann is ja gut«, sagte er mit einem breiten Grinsen. »Ich dachte schon, wir beide kriegen noch Ärger.«

»Aber ... warum denn?«

»Egal. Verpiss dich.«

Das ließ sich Pawel Sobiech nicht zweimal sagen. Wortlos machte er kehrt und stapfte hastig durch den Schnee zurück zur Straße. Erst als er wieder hinterm Lenkrad des Sprinters saß, atmete er tief durch. Dann startete er den Motor, schaltete das Abblendlicht ein und gab Gas.

Der Lieferwagen rumpelte durch den Schnee zurück zur Landstraße und bog links ab. In welche Richtung es nun ging, war dem Fahrer eigentlich egal. Die vorgegebene Route für das nächste Paket missachtend, raste er die verschneite Straße entlang. Nur weg hier. Weg von diesem ungastlichen Ort und diesen dubiosen Gestalten.

Sein Handgelenk schmerzte immer noch.

Von wegen Kindergeburtstag. Nichts mit Halloween-Fest oder Sado-Maso-Party!

Die Masken hatten die für etwas ganz anderes gemacht. Das war so klar wie polnische Kloßbrühe.

Das waren waschechte Gangster, die ein Ding drehen wollten.

Als er *Zur Schönen Aussicht* erreichte, fuhr er erneut auf den Parkplatz. Bevor Pawel Sobiech sein Handy hervorkramte, schaute er noch einmal in den Rückspiegel. Es schien ihm niemand gefolgt zu sein.

Der Paketzusteller tippte 110.

»Es schneit alles zu.« Maike Schnur stöhnte genervt auf. »Ich glaub, das können wir heute vergessen. Außerdem wird es eh gleich dunkel.«

Sie standen unter der Hute-Eiche und starrten in die Mulde, in der das Hirschluder gelegen hatte. Auf dem Kopf von Robert Mendelski hatte sich schon wieder eine stattliche Schneehaube gebildet. Es schien ihn nicht zu stören.

»Sagen Sie mal, Herr Grube«, wandte er sich an sein Gegenüber. »Sie sind doch auch Jäger. Und nach meinem Eindruck sehen Sie das Waidwerken weniger durch die emotionale, sondern eher durch die rationale Brille.«

»Absolut.« Henning Grube nickte. »Wie die meisten Förster meiner Generation. Wald und Wild müssen harmonieren – mit dem Lebensraum angepassten Wildbeständen.«

»Das heißt, Sie befürworten erhöhte Abschüsse?«

»Da, wo es notwendig ist: Ja.«

»Und wo ist es notwendig?«

»Es gibt Reviere mit eindeutig zu viel Schalenwild. Das erkennt man am starken Verbiss. Oder an Schälschäden. Da hat man's als Förster verdammt schwer, seine Bäume zu schützen.«

Mendelski wiegte den Kopf. Dabei rutschte Schnee von den Haaren auf seine Schultern. »Die Jagdpächter«, sagte er, »sind aber nicht immer auf Ihrer Seite, oder?«

»Das ist oft so«, entgegnete Henning Grube. »Denen geht's doch in erster Linie ums Wild. Davon muss immer genug da sein. Sie begründen das mit den horrenden Pachtpreisen.«

»Welche Wildart ist denn des Försters ärgster Feind?«

»Ärgster Feind? Das kann man so nicht sagen. Auch wir Förster jagen gern – einfach um des Jagens Willen. Wir tun das aber waidgerecht, manche Kollegen auch mit Passion. Da geht's nicht nur um Forstschutz.«

»Na, kommen Sie schon. Welche Wildart macht Ihnen am meisten zu schaffen?«

»Sie lassen nicht locker, wie? – Na, Rehe und das Rotwild verursachen im Wald den meisten Schaden.«

»Nicht die Wildschweine?«, wunderte sich Maike Schnur.

»Nee, die nicht.« Henning Grube zeigte Anzeichen eines Schmunzelns. »Die fressen ja so gut wie keine jungen Baumtriebe. Sie fegen und schlagen auch nicht in den Anpflanzungen. Vom Schälen ganz zu schweigen. Im Gegenteil: Die buddeln Schädlinge aus dem Waldboden. Nein, nein, die Sauen nicht ...«

»Aber in den Feldern. Im Mais und Getreide, da wühlen sie schon ...« hakte Mendelski nach.

»Da ja. Und auch auf den Wiesen. Manchmal kommt da enormer Wildschaden zusammen.«

»Zurück zum Rotwild, genauer gesagt zu den Hirschen.«

»Wusst ich's doch.« Henning Grube machte einen Schritt zur Seite, rutschte aus und wäre um ein Haar in die Mulde geschliddert. »Hab mich schon die ganze Zeit gefragt, worauf Sie mit Ihrer Fragerei eigentlich hinaus wollen. Es geht Ihnen also darum.« Beim letzten Satz hatte er mit dem Kopf auf die Mulde vor ihnen gedeutet. »Um den verluderten *Pani Pronz.*«

Mendelski zuckte mit den Schultern. »Ist doch naheliegend, oder?«

»Sie meinen also, dass der tote Hirsch etwas mit dem Mord und der Entführung von Mika Rahola zu tun hat?«

»Davon ist mit einiger Wahrscheinlichkeit auszugehen.«

»Und Sie glauben, dass ich damit ... also mit dem Hirsch was zu tun habe? Sonst hätten Sie bei Ihrer Fragerei ja wohl nicht so weit ausgeholt. Von wegen ärgster Feind und so ... «

Wieder zuckte Mendelski mit den Schultern. Wortlos.

»Um schließlich einen Zusammenhang zwischen dem Verbrechen und mir zu konstruieren«, ereiferte sich Henning Grube. »Stimmt's?«

Nun war es Mendelski, der beinahe in die Mulde gerutscht wäre. Beim Versuch, seinen Kreislauf durch Trippelschritte anzuregen und dadurch seine kalten Füße ein wenig aufzuwärmen, war er im Schnee ausgeglitten. »Nun beruhigen Sie sich mal«, schnaufte er. »Wir ermitteln eben in alle Richtungen.«

»So umständlich? Dann fragen Sie mich lieber direkt.«

»Okay.« Mendelski guckte den Förster streng an. »Herr Grube, haben Sie auf den Hirsch geschossen?«

Henning Grube lachte kurz auf. »Nein. Ganz sicher nicht.«

»Um das auszuschließen, benötigen wir Ihre Jagdwaffe.«

»Die können Sie haben. Wenn's denn nicht zu lange dauert. Schließlich ist Jagdzeit.«

»Sie besitzen nur eine Büchse?«

»Exakt. Als Förster in der untersten Gehaltsstufe ist für Zweitwaffen kein Geld übrig.«

»Besitzen ... besaßen die Finnen Waffen?«

»Soviel ich weiß, nein.«

»Mit der Jagd hatten die beiden also nichts zu tun?«

»Nein.«

»Auch nicht als Jagdhelfer, als Treiber bei den Drückjagden zum Beispiel?«

»Nein. Gar nicht.«

»Was könnte denn – Ihrer Meinung nach – das Bindeglied zwischen den Finnen und dem toten Hirsch sein?«

Der Förster überlegte: »Keine Ahnung. Die kannten nur den Wald, die Bäume und ihre Arbeit, mehr nicht. Sie hatten mit der Jagd absolut nichts am Hut.«

Maike Schnur trat einen Schritt näher an Mendelski heran. Sie hielt das Smartphone in der Rechten, von dessen Mailbox sie kurz zuvor eine Nachricht bekommen hatte.

»Einsatz«, flüsterte sie ihm ins Ohr. Und noch leiser, damit Henning Grube es nicht verstehen konnte. »In Wathlingen.«

Sechstes Kapitel

»Die scheiß Masken sind schuld«, blaffte Boxernase. Er hatte die Gardinen zugezogen und trat vom Fenster zurück an den Küchentisch. »Ohne die hätte der Paketfuzzi nix zu glotzen gehabt.«

»Passiert ist passiert«, knurrte der Glatzkopf, dessen Stiernacken ein buntes Drachen-Tattoo zierte. In der Hand hielt er eine Wollmütze.

Boxernase ließ nicht locker: »Ich hab immer gesagt: Das Vermummen is überflüssig. Der Finne hat uns gestern doch stundenlang gesehen.«

»Hör auf zu meckern.« Der Glatzkopf erhob sich von seinem Stuhl. »Die Masken sollen ihn einschüchtern. Außerdem halten wir so besser Distanz zu dem Kerl. So was liest man in jedem Entführer-Einmaleins.«

Die Boxernase winkte entnervt ab. »Also Abflug?«, fragte er.

»Ja. Sofort. Sicher ist sicher. Wir wollten morgen sowieso zu Freddy. Da kommt's auf ein paar Stunden früher auch nicht an.«

Gemeinsam hoben sie den Küchentisch an und stellten ihn vor die Tür.

»Wenn uns der miese Scheißer die Bullen auf den Hals hetzt, mach ich ihn kalt«, fauchte Boxernase. »Das hätt ich gleich tun sollen.«

»Mach hin! Keine Zeit zum Lamentieren.« Der Glatzkopf bückte sich und griff das eine Ende des ausgefransten Bastteppichs. »Los, fass mit an«, forderte er seinen Kumpanen auf.

Zu zweit zogen sie den Teppich zur Seite. Auf dem speckigen Fichtendielenfußboden wurde eine Falltür sichtbar, an deren einer Kante ein Metallring eingelassen war.

»Masken auf und dann runter. Hoffentlich is der Finne wach.«

»Wo soll's hingehen?« Mendelski guckte missmutig drein, während er die Autotür hinter sich zuzog. Ihm war es gar nicht recht gewesen, das Gespräch mit Hennig Grube abzubrechen.

»Nach Wathlingen.« Maike Schnur schaltete Motor und Licht an, legte den ersten Gang ein und gab Gas. Die Reifen drehten durch. »Das sage ich dir nun schon zum dritten Mal.«

»Ja, ja. Ich werd halt älter.«

Die Kriminalkommissarin stöhnte genervt auf. Weniger wegen der Ausrede ihres Chefs. Das kannte sie schon. Vielmehr hatte sie Mühe, eine Stelle zum Wenden zu finden. Die Bäume standen eng beieinander und ließen kaum eine Lücke frei. Zudem konnten unter der trügerischen Schneedecke Stucken, Knüppel, Löcher oder andere Ölwannenkiller verborgen sein.

»Und um was es geht, hast du mir auch schon gesagt?«, fragte Mendelski, während er mit dem Gurtschloss kämpfte.

»Nein«, erwiderte sie kurz angebunden. Endlich hatte sie einen Wendeplatz gefunden, wo der Schnee großflächig plattgefahren war. Wie sie sich erinnerte, hatten hier die Autos der Finnen gestanden.

Mendelski wartete geduldig, bis sie das Wendemanöver beendet hatte, und machte dann einen neuen Vorstoß: »Nun sag schon.«

»Heiko meinte, das sei eventuell etwas für uns.« Sie fuhren an Henning Grube vorbei, der sich soeben in sein Auto gesetzt hatte. Mendelski winkte ihm zu.

»Im Zusammenhang mit dem aktuellen Fall, hoffe ich?«, knurrte er. »Sonst ... «

»Was denn sonst«, unterbrach sie ihn barsch. »Wenn Heiko uns schon belästigt ... «

»Jetzt aber Butter bei die Fische.«

Maike Schnur machte eine Atempause. Dann legte sie los: »Ein Paketkurier hat was Verdächtiges beobachtet und sich über 110 gemeldet. In einem abgelegenen Haus in Wathlingen hat er zwei Typen gesehen, die sich maskiert haben. Er vermutete, dass sie sich auf einen Überfall oder so was vorbereiteten.«

»Ja und?«

»Der Paketmensch hat die durchs Fenster gesehen. Die Männer hätten ihn bemerkt, und um ein Haar wäre es zu einer handfesten Auseinandersetzung gekommen. Einer der beiden wäre wohl ziemlich aggressiv geworden, soll er gesagt haben.«

»Und was hatte Heiko damit zu tun?«

»Er war zufällig unten in der Wache, als der Notruf einging. Da hat's auch bei ihm geklingelt – aus zwei Gründen.«

»Mach's nicht so spannend.«

»Na, überleg doch mal: Wathlingen! Kommt gleich hinter Eicklingen – von Wienhausen aus betrachtet. Dort auf der Landstraße wurde das Handy vom toten Finnen gefunden. Von dem Niilo Humppi.«

»Verstehe. Und der zweite Grund?«

»Heiko meint, wenn sich zwei Kerle in ihren eigenen vier Wänden maskieren, kann das auch andere Gründe haben als ein geplanter Überfall.«

»Nämlich?«

»Es könnte eine dritte Person im Haus sein, die die anderen beiden nicht erkennen soll.«

»Eine Geisel. Ein Gefangener.«

Zustimmend hob Maike Schnur den Zeigefinger. Wortlos.

»Waffen?« Mendelski war plötzlich hellwach.

»Mindestens ein Baseballschläger.«

»SEK?«

»Nee. Die Zentrale meinte, drei Streifen sollen erst mal genügen. Die warten auf uns.«

»Dann nichts wie hin.«

Sie hatten die Landstraße erreicht und brausten in Richtung Sandlingen.

Mittlerweile war es stockfinstere Nacht. Und es schneite immer noch.

Mika Rahola wurde erst wach, als er den frischen Wind und die kalte Luft in seinem Gesicht spürte.

Er lag auf dem Rücken. Immer noch. Oder schon wieder.

Vorsichtig öffnete er die Augen zu heimlichen Sehschlitzen. Soweit war er wieder bei Sinnen, dass er um seine prekäre Situation wusste.

Es war dunkel. Eiskalte Tupfer gingen auf seiner Stirn und den Wangen nieder. Schneeflocken? Ja, das mussten Schneeflocken sein.

Also befand er sich nicht mehr in dem Kellerverlies. Er war irgendwo draußen ... im Freien. Und es war Nacht.

»Scheiße, der blöde Sack ist verrutscht«, hörte er einen Mann schimpfen.

»Mach den wieder zu«, kommandierte ein anderer. Die Stimmen kannte er. Wenn er sich nicht arg täuschte, waren das seine beiden Peiniger.

Bevor Mika mitbekam, um was es eigentlich ging, spürte er das Hantieren an seinem Kopf. Unbeholfen stülpten sie irgendetwas über sein Gesicht. Dem derben Stoff nach zu urteilen, handelte es sich um einen Jutebeutel, einen Leinensack oder so etwas. Es roch plötzlich nach Mandarinen. Nach Zitrusfrüchten, die Mika für sein Leben gern aß und die ihn stets an Weihnachten erinnerten. Den frischen Wind, die kalte Luft und die eisigen Schneeflocken spürte er nicht mehr. Und mit der Sicht war es nun auch vorbei.

Schnee knirschte. Hören konnte er also noch. Und zum Glück bekam er auch noch ausreichend Luft.

»Los, heb an!« Das war die Stimme von Sturmhaube, ganz klar. »Hopp, hopp! Nu' mach schon!«

Ein Ruck ging durch den Körper des Finnen. Er lag auf einem harten Untergrund. Und wieder war er eingeschnürt. Wie zu einen Paket. Mit an den Hüften angelegten Armen und ausgestreckten Beinen. Sie hatten ihn also zurück in seinen Mumienschlafsack gestopft und diesen mit Bändern oder Schnüren umwickelt.

Die Kopfschmerzen waren kaum noch zu spüren. Das hatte wohl der Medikamenten-Cocktail von vorhin bewirkt. Neu war das Ziehen unter den Armen. In der Achselgegend brannte es, als ob ihm jemand dort die Haare ausgerissen hätte.

Die Unterlage und sein Körper schwankten bedrohlich.

»Mensch, pass doch auf!« Die Stimme von Wollmütze. »Scheiß Idee mit dem Bügelbrett.«

Sie hatten ihn also auf ein Bügelbrett gepackt. Wohl um ihn besser tragen zu können. Doch wohin - zum Teufel - ging die Reise?

Mika zog es vor, sich weiter bewusstlos zu stellen und auf Fragen zu verzichten.

»Haben's gleich geschafft«, schnaufte Sturmhaube. Das schwere Tragen strengte ihn anscheinend an. »Verfluchter Schnee! Zu blöde, dass wir mit der Karre nicht näher ran konnten.«

»Halt die Klappe!« Wollmütze ächzte ebenfalls unter der schweren Last. »Nachher kriegt der noch alles mit. Wahrscheinlich ist er längst wach.«

Nach ein paar weiteren wackeligen Schritten blieben seine beiden Träger unvermittelt stehen. Mika vernahm unter sich ein ratschendes Geräusch. Es klang wie Metall auf Metall. Das Bügelbrett vibrierte. Ein heftiges Poltern folgte, er war mit den Füßen irgendwo gegen gestoßen, dann lag er still.

Die haben mich in einen Lieferwagen oder Kleinbus geschoben, reimte sich der Finne zusammen.

»Wir müssen ihn irgendwie festbinden«, hörte er Wollmütze sagen. »Sonst fliegt der kreuz und quer durch'n Laderaum. Gib mal den Spanngurt.«

Die beiden fummelten ungeschickt an dem Bügelbrett und den Gurten herum, die Mika auf der harten Unterlage fixierten. Der Finne stellte sich weiterhin bewusstlos.

Eine Tür wurde mit blechernem Knall zugeschlagen.

Als zwei Autotüren klappten und der Motor angelassen wurde, hatte er Gewissheit. Sie brachten ihn fort. Mit einem Dieselfahrzeug, wie er am nagelnden Motorengeräusch erkennen konnte.

Die Fahrt begann. Im ersten und dann im zweiten Gang. Ziemlich rumplig ging es über einen Hof, eine Zufahrt mit Schlaglöchern oder einen Feldweg.

Dann rollte der Wagen ruhiger dahin. Sie schienen eine Asphaltstraße erreicht zu haben. Für kurze Zeit schaltete der Fahrer in den dritten Gang. Dann stoppte er, fuhr aber sofort wieder an. Erster, zweiter, dann wieder der dritte Gang.

Mika versuchte, sich so viele Details wie möglich einzuprägen. Hierbei musste er sich allein auf sein Gehör verlassen. Sehen konnte er nichts. Durch die Maschen des derben Stoffs, der sich über sein Gesicht spannte, drang kein Schimmer.

So sehr er sich auch anstrengte, außer den Motorgeräuschen konnte er nichts hören. Wahrscheinlich lag er im abgeschlossenen

Frachtraum eines Lieferwagens, der keinen Durchgang zur Fahrerkabine hatte.

Das Fahrzeug fuhr nun schon minutenlang im selben Gang. Wegen der gleichbleibenden Motorengeräusche nahm Mika an, dass sie außerhalb einer Ortschaft auf einer Landstraße fuhren.

Zeit zum Nachdenken.

Es schien ein überhasteter Aufbruch gewesen zu sein. Seine Entführer waren in Eile, ohne Zweifel. Nur - was hatte sie dazu bewogen? Zuvor bei ihren Besuchen im Kellerverlies hatte es keinerlei Anzeichen gegeben, dass sie ihn bald an einen anderen Ort bringen würden.

Und wie hatten die ihn bloß die steile Leiter hinauf bekommen? Er wog immerhin reichlich über 80 Kilo. Oder hatte es weitere Helfer gegeben? Ihn durch die Luke hinab zu lassen, war sicher viel einfacher gewesen. Aber hinauf? Bewusstlos hatte er von dem Transport nichts mitbekommen.

Das Brennen unter den Armen fiel ihm ein. Das war neu. Vielleicht hatten sie ihm ein Seil unter den Achseln durchgezogen und ihn so nach oben gehievt. Wie bei der Bergung eines Schiffbrüchigen vom Hubschrauber aus. Ja, das wäre eine plausible Erklärung für seine neuen Blessuren.

Was hatten sie nur vor? Wohin - verflucht - brachten sie ihn?

Bevor sich Mika weitere Gedanken über seine prekäre Lage machen konnte, bemerkte er, dass der Wagen erneut langsamer wurde. Der Fahrer schaltete herunter und wieder herauf. So ging es eine ganze Weile, zehn Minuten bestimmt. Zwischendurch stoppte das Fahrzeug mehrmals, ein paar Sekunden lang.

Wahrscheinlich fuhren sie durch eine größere Ortschaft, rätselte der Finne. Vielleicht sind wir in Celle ...

Da wurde der Wagen in den vierten Gang geschaltet. Mit gleichbleibender Geschwindigkeit ging es weiter, minutenlang. Landstraße oder Schnellstraße, vermutete Mika. Wie soll ich mir das alles nur merken?

Seine Gedanken wurden durch einen Knall unterbrochen.

Einen dumpfen Knall, der das gesamte Fahrzeug erzittern ließ.

Es hatte aufgehört zu schneien. Die Standlichter der drei Streifenwagen, die zwanzig Meter entfernt auf dem Steigerring warteten, reichten nicht bis zu der Grundstückseinfahrt.

»Die Vögel sind ausgeflogen«, flüsterte Maike Schnur. Mit dem Lauf ihrer Pistole deutete sie auf die frische Autoreifenspur in der Einfahrt vor sich. »Sie haben den Braten gerochen.« Sie richtete sich auf. »Guck mal, da ist alles dunkel.«

»Trotzdem.« Robert Mendelski, der hinter Maike gekauert hatte, erhob sich aus der Hocke. »Wir sehen nach. Nur wir beide. Die anderen sollen noch warten.«

In gebückter Haltung und mit gezogenen Dienstwaffen folgten sie der Fahrspur bis zum Haus und standen schon bald an einem der Fenster. Die Gardinen waren zugezogen, trotzdem konnte man sehen, dass drinnen kein Licht brannte.

»Das wird das Küchenfenster sein, durch das der Paketzusteller die zwei Kerle gesehen hat«, raunte Maike.

»Wenn wir Glück haben, sind nur die beiden weg«, erwiderte Mendelski. »Und der Finne ist irgendwo da drinnen versteckt.«

Sie schlichen weiter zur Haustür.

Dort stießen sie auf unzählige frische Fußspuren im Schnee, die auf den Hof hinausführten.

»Nicht reintreten«, mahnte Mendelski seine Kollegin. »Wer weiß, ob wir die noch brauchen.«

»Bin ich ’ne dusselige Praktikantin?«, fauchte Maike zurück. Durch unberührten Schnee näherte sie sich von der Seite der Haustür. Mit langem Arm drückte sie vorsichtig die Türklinke herunter.

»Ist offen«, flüsterte sie. »Was nun?«

Mendelski schien unschlüssig. »Wir folgen den Dienstvorschriften«, sagte er dann.

»Also – Verstärkung?«

»Ja. Mach hin.«

Maike fischte ihr Funkgerät aus der Jacke.

Jemand brüllte in der Ferne. Es klang wie ein Fluchen. Gedämpft, wie in Watte gepackt, drang es zu Mika Rahola durch. Der Fahrer schien mit aller Kraft zu bremsen, der Wagen begann zu schlingern. Der gefesselte Finne rutschte auf dem Bügelbrett hin und her. Die Gurte lockerten sich zusehends.

Das Schlingern wurde heftiger, das Fahrzeug geriet ins Schleudern. Anscheinend schlitterte der Wagen nun quer über den Asphalt, mutmaßte Mika. Der rutschige Schnee, die eisglatte Straße ... Das wird ...

Weiter kam er nicht.

Schreie. Von einem da vorne. Oder auch von beiden.

Wieder krachte es. Heftiger als beim ersten Mal. Anscheinend direkt neben ihm an der Außenwand. Ein langgezogenes metallisches Kreischen ging Mika durch Mark und Bein.

Der Lieferwagen drehte sich wie ein Kreisel um die eigene Achse und rutschte ein paar Meter zur Seite. Es holperte fürchterlich. Dann - der Finne geriet in Panik - hob das Fahrzeug auf der rechten Seite ab.

Langsam wie in Zeitlupe neigte sich der Wagen zur Seite und kippte um.

Der Motor heulte auf, lief wenige Sekunden mit Vollgas und erstarb schließlich mit einem Blubbern.

Dann herrschte Ruhe. Gespenstische Ruhe.

Mika war samt Bügelbrett kreuz und quer durch den Laderaum geflogen. Völlig benommen lag er mit dem Kopf nach unten in einer der Ecken. Als er sich vorsichtig rührte, stellte er fest, dass seine Knochen offenbar heil geblieben waren. Anscheinend hatte ihn der Schlafsack vor den schlimmsten Stößen geschützt. Und - er war nicht mehr auf der provisorischen Trage fixiert. Die Stricke oder Gurte, die ihn festgehalten hatten, waren gerissen oder hatten sich durch das Herumschleudern des Wagens gelöst.

Erst jetzt registrierte Mika, dass man seine Arme und Beine nicht zusätzlich gefesselt hatte. Wie auf der Pritsche im Verlies steckte er lediglich in seinem Schlafsack.

Stimmen drangen zu ihm. Schmerzenslaute. Von vorn aus der Fahrerkabine. Seine Entführer hatten den Crash überlebt, sie waren wahrscheinlich verletzt, jedoch bei Bewusstsein.

Jetzt oder nie, schoss es ihm durch den Kopf. Der Unfall und das dadurch entstandene Chaos waren seine Chance.

Geschickt zog er in der Dunkelheit den Reißverschluss von innen auf und pulte sich aus dem Schlafsack. Seine Gelenke schmerzten, vor allem die Schultergelenke. Aufgeregt tastete er seinen Körper ab. Zum Glück hatten sie ihm seine Kleidung samt Schuhen gelassen.

Auf Knien - blind wie ein Maulwurf - rutschte er zum Heck des Fahrzeugs. Unsicher über das Blech tastend fand er den Türgriff und drückte ihn herunter. Die Tür war nicht abgeschlossen.

Eisige Luft und schummriges Licht schlugen ihm entgegen.

Den Türgriff konnte Mika nicht festhalten. Das kalte Metall glitt ihm aus der Hand. Da der Lieferwagen auf der Seite lag, klappte die Hecktür auf und plumpste durch ihr Eigengewicht fast geräuschlos in den tiefen Schnee des Straßengrabens.

Endlich konnte er etwas erkennen. Der Schnee auf der Straßenböschung und den Bäumen ringsumher reflektierte weißes und gelbes Licht. Das gelbe Licht flackerte hektisch. Auf der Straße musste ein Auto mit eingeschalteten Scheinwerfern und Warnblinkanlage stehen.

Mika streckte kurz den Kopf vor, zog ihn aber sofort wieder zurück.

»Hallo! Können Sie mich hören?«, hatte eine besorgte Männerstimme gerufen. Sie kam oben von der Straße. »Sind Sie verletzt?«.

Jemand vorn im umgestürzten Lieferwagen antwortete. Es war schwer zu verstehen. »Ich krieg ... krieg diese verdammte scheiß Tür ... nicht auf«, klang es dumpf.

Mika war heilfroh. Der Mann auf der Straße hatte ihn also gar nicht gemeint. Im Moment schien sich niemand um ihn zu kümmern. Und das war gut so.

Vorsichtig schielte er um die Ecke des Kastenaufbaus. Er sah, wie der Mann von der Straße die Böschung hinab schlidderte, um zur Fahrerkabine zu gelangen. Offenbar wollte er den beiden Eingesperrten helfen.

Mika überlegte nicht lange. Er machte einen großen Satz ins Freie und kletterte die Grabenböschung hinauf. Jedoch nicht zur Straße hin, sondern in die entgegengesetzte Richtung. Er überquerte einen Fahrradweg.

Schon bald war er im Dunkel des angrenzenden Waldes untergetaucht.

DURCH DAS EINSAM GELEGENE HAUS am Rand der Kali-Kolonie bei Wathlingen hasteten Uniformierte. Überall brannte Licht, sämtliche Türen standen offen. Sechs Polizeibeamte, drei Streifenwagenbesatzungen, durchkämmten jeden Raum, jeden Schrank, jede Schublade in dem verwinkelten Gebäude.

Robert Mendelski und Maike Schnur hielten in der Küche Kriegsrat.

Der Leiter der Soko Klosterforst saß am Küchentisch und schaute zu seinen Füßen hinab. Im groben Profil seiner Winterstiefel hatte er reichlich Schnee mit ins Haus gebracht, der jetzt auf einem ausgefransten Bastteppich taute und hässliche Wasserflecken hinterließ.

»Hoffentlich kriegen wir keinen Ärger«, brummte Mendelski mehr zu sich selbst als zu seiner Kollegin.

»Wieso denn?« Maike Schnur durchstöberte die Papiere auf dem Fensterbrett.

»Na, wir haben eigentlich keinen Durchsuchungsbeschluss.«

»Ach komm. Gefahr im Verzug. Das wird reichen.«

»Hoffentlich.« Der Kommissar zückte seinen Notizblock und seufzte: »Wenn das nur kein Reinfall wird.«

»Wart's ab. Mal sehen, was wir so finden.«

Mendelski schwenkte einen Bleistift. »Wer ist der Eigentümer, sagtest du?«

»Mieter, nicht Eigentümer. Das hat mir der Kollege Hasenjäger vorhin gesteckt.« Maike war an die Korkpinnwand getreten und studierte ein Strafmandat, das dort angepickt hing. »Ein gewisser Jaschke. Dieter Jaschke. Hat schon einigen Dreck am Stecken. Eigentumsdelikte, gefährliche Körperverletzung, Widerstand gegen die Staatsgewalt und so weiter.«

»Na, wenigstens was.«

»Der soll sich zurzeit auf Mallorca rumtreiben, hat Hasenjäger gesagt. Arbeitet dort als Bodyguard in einem Puff.«

»Na, Klasse. Der scheidet schon mal aus. Wer waren dann die beiden Maskenmänner?«

Maike zuckte mit den Schultern. Sie setzte sich zu Mendelski an den Tisch. In diesem Augenblick kam Polizeioberkommissar Hasenjäger in die Küche.

»Darf ich kurz stören?«, fragte der Kollege von der Streife.

»Klar doch«, antwortete Mendelski. »Was gibt's?«

»Wir haben so einiges: Baseballschläger, Butterflymesser, drei Schlagringe, eine Filmdose mit Mephedron-Tabletten ...«

»Mephe ... wie?«, unterbrach ihn Mendelski. »Was ist das denn?«

»Ein Amphetamin«, erklärte Maike. »Läuft auch unter Badesalz. Eine Designerdroge.«

»Na denn ... «

»Wir haben da noch was«, fuhr Hasenjäger fort. Mit spitzen Fingern hielt er eine schwarze Mülltüte hoch. »Die stand im Wirtschaftsraum.«

»Was ist denn drin?« Mendelski rümpfte die Nase. »Gut riechen tut's jedenfalls nicht.«

»Schauen Sie.« Hasenjäger hielt Mendelski und Maike die geöffnete Tüte hin. »Blutverschmierte Tücher, Tupfer, Watte und jede Menge Haare. Blonde Haare. Ganze Büschel. Sieht nach Menschenhaaren aus.«

»Donnerwetter!«, entfuhr es Mendelski. Er griff nach der Tüte und schaute hinein. »Verdammt! Das könnte passen. Der Finne ist blond.« Der Kommissar stupste Maike an. »Los, ruf Heiko an. Er soll anrücken. Sofort. Mit der kompletten Truppe.«

Der Sprint durch den tief verschneiten nächtlichen Wald wurde jäh gestoppt. Mika Rahola war über eine im Schnee verborgene Wurzel, einen Baumstumpf oder einen Ast gestolpert und lang hingeschlagen. Zum Glück hatte er sich nicht verletzt. Rasch rappelte er sich wieder auf.

Nachdem er sich aus der Hocke erhoben und ein paar Mal tief durchgeatmet hatte, überfiel ihn Schwindel. Es traf ihn wie eine Keule. So kräftig und gut trainiert er auch war, die letzten 36 Stunden hatten nicht nur psychisch, sondern auch physisch ihren Tribut gefordert. Er musste sich an den nächsten Baum lehnen, um nicht noch einmal umzufallen.

Angsterfüllt schweifte sein Blick zurück zur Straße.

Er war noch keine hundert Meter von der Unfallstelle entfernt. Anscheinend folgte ihm niemand. Noch nicht.

Eigentlich mochte Mika Schnee. Aber jetzt verfluchte er die weiße Pracht. Die Spur, die er hinterlassen hatte, war trotz der Dunkelheit nicht zu übersehen. Da brauchte man keinen Fährtensucher oder Spürhund, um ihn zu verfolgen, das schaffte auch ein Blinder mit Krückstock. Fieberhaft überlegte er.

Er durfte nicht einfach so planlos weiter in den Wald hinein laufen.

Voller Sorge starrte er zur Straße. Die Lichter der Unfallstelle reichten zwischen den Baumstämmen hindurch bis zu ihm. Zwei kleine Staus hatten sich gebildet, in jede Richtung einer. Bei den meisten Autos waren die Warnblinkanlagen eingeschaltet.

Ein Lichtkegelpaar fiel aus dem Rahmen. Es leuchtete hoch in die schneebedeckten Kronen der umstehenden Straßenbäume. Außer dem Lieferwagen musste noch ein weiteres Auto in den Unfall verwickelt sein, vermutete Mika. Ein Auto, dessen Heck jetzt im Straßengraben lag und dessen Frontscheinwerfer in den Nachthimmel leuchteten. Der Lieferwagen musste den anderen gerammt haben. Oder umgekehrt.

Keine Zeit zum Spekulieren, sagte sich der Finne. Ich muss weiter. Bloß wie - und wohin?

Er schaute an sich hinab. Er trug Holzfällerhemd, Jogginghose und Boots. Bisher hatten Aufregung und Adrenalin ihn vorm Frieren bewahrt. Als seine Hand durchs Haar fuhr, durchzuckte ihn ein kurzer Schmerz. Erst jetzt registrierte er den Strumpfverband, der die hintere Hälfte seines Schädels umspannte.

Klar doch. Die Entführer hatten ihn verarztet. Ohne die Medikamente, die sie ihm verabreicht hatten, wäre er wohl kaum in der Lage, hier rumzulaufen. Nur wie lange würde er durchhalten?

Wenn ich wüsste, wo ich bin, fragte sich Mika. Dann wüsste ich eventuell auch, in welche Richtung ich laufen müsste.

Er löste sich vom Stamm der Kiefer und schaute sich um.

Irgendwie kam ihm der Wald, in dem er sich gerade befand, bekannt vor.

Er machte ein paar Schritte und blieb dann neben einem Traubenkirschenbusch stehen. Rasch kam die Gewissheit. In diesem Bestand hatte er vor gar nicht langer Zeit mit dem Harvester gearbeitet. Mika erkannte die Gassen, durch die er gefahren war, entdeckte die Kronen, die er von gefällten Bäumen abgeschnitten und rechts und links der Fahrgassen abgelegt hatte. Er erinnerte sich: In unmittelbarer Nähe zu der vielbefahrenen Landstraße war es ziemlich heikel gewesen ...

Die Straße da vorne, in deren Straßengraben der umgekippte Lieferwagen lag, war die Landstraße L 311, die Straße zwischen Lachendorf und Oppershausen.

Oppershausen!

Zweifelnd schaute er sich noch einmal um, doch er entdeckte nur weitere ihm bekannte Details. Er war keine zwei Kilometer von seinem Haus entfernt.

Mika konnte es kaum glauben. Er hatte sich sehr viel weiter weg gewähnt. In Celle oder in der Region Hannover.

Nun wusste er, in welche Richtung er zu laufen hatte.

»Sind Sie wirklich okay?«

Der Mann mit der putzigen Pudelmütze und der knallroten Steppjacke war auf dem Hosenboden im Schnee die Straßenböschung hinab gerutscht, um den beiden Männern in dem umgekippten Lieferwagen zu helfen.

»Ja, ja! Geht schon. Sieht schlimmer aus, als es ist.« Der Mann, der sich durch das halb geöffnete Beifahrerfenster zwängte, blutete stark aus der Nase. Einer markanten Boxernase, die scheinbar nicht das erste Mal in Mitleidenschaft gezogen worden war.

»Die scheiß Tür ging nicht auf«, fluchte er. »Und die Fensterkurbel is abgebrochen. So 'n Schrott.«

»Und Ihr Beifahrer?« Der Pudelmützenmann schielte durch die Windschutzscheibe. In der Fahrerkabine war es dunkel. Er sah nur Füße, die gegen das Glas drückten.

»Hat's überlebt.« Die Boxernase hockte inzwischen oben auf dem querliegenden Fahrerhaus, neben dem Außenspiegel. »Der kommt auch alleine raus.« Er streckte seinen Arm ins Wageninnere.

»Der Krankenwagen ist schon unterwegs«, rief der Mann mit der Pudelmütze von unten. Er deutete mit dem Zeigefinger in die Luft. In der Ferne war ein Martinshorn zu hören. »Hören Sie. Ich glaube, da kommt er schon.«

»Brauchen wir nicht«, knurrte Boxernase.

»Es gibt noch mehr Verletzte.« Der Pudelmützenmann deutete hoch zur Straße, von wo Rufe und Schmerzenslaute zu hören waren. »Wo bleibt denn bloß die Polizei?«

»Die hat uns gerade noch gefehlt.« Boxernase sprach mehr zu sich selbst, während er seinen Arm wieder emporzog. Am anderen Ende tauchte ein zweiter Arm auf, blutverschmiert. »Na los, komm schon!«, feuerte Boxernase seinen Kumpan an.

Nur wenig später - der Rettungswagen war gerade eingetroffen - hockte auch der zweite Mann auf dem Fahrerhaus. Die Blinklichter der Warnblinkanlagen spiegelten sich auf seinem polierten kahlen Schädel. Zwischen rechter Schläfe und Augenbraue klaffte eine lange, blutende Platzwunde.

»Hast du schon nachgeguckt?«, fragte er Boxernase, indem er mit dem Kopf in Richtung Laderaum deutete. Dem Mann mit der Pudelmütze schenkte er - wie auch dem Geschehen auf der Straße - keinerlei Beachtung.

»Wie denn?« Boxernase zog das Blut hoch. »Bin doch gerade erst aus der Mistkarre raus.«

»Soll ich Ihnen runter helfen?«, bot der Pudelmützenmann an. »Die Sanis sind scheinbar erst mal bei der Frau mit dem Kind ...«

»Nee danke!« Der Glatzkopf unterbrach ihn unwirsch. »Wir brauchen keine Hilfe.« Nach einem gewagten Sprung vom Fahrerhaus landete er stehend im Schnee und hastete zum Heck des Fahrzeugs.

»Sie sind mit einer Frau zusammengestoßen«, erklärte der Pudelmützenmann. Boxernase turnte immer noch auf der Fahrerkabine herum und traute sich nicht, herunter zu springen. »Eine Frau mit Kleinkind. Denen geht's nicht besonders ... «

In diesem Augenblick tauchte der Glatzkopf wieder auf. »Komm sofort runter«, zischte er seinem Kumpan zu. Den Mann mit der Pudelmütze schob er brüsk beiseite. »Fliegeralarm!«

»Was? Scheiße! Wie das denn?«, entfuhr es Boxernase, während er auf dem Hintern die Fahrerkabine hinab rutschte.

»Durch den Crash, du Idiot! Los, hinterher!«

Glatzkopf und Boxernase kraxelten die Böschung hinauf.

»Meine Herren!«, rief ihnen der Pudelmützenmann nach. Er versuchte ihnen zu folgen. »Sie stehen sicher unter Schock. Warten Sie doch.«

Die beiden Ganoven waren schon auf der Straße angekommen. Ohne sich mit dem Gewusel von Sanitätern, Helfern und Gaffern zu beschäftigen, eilten sie am Straßenrand entlang, weg vom Unfallort. Vorbei an einem Streifenwagen, der gerade eingetroffen war.

Der Mann mit der Pudelmütze hatte sie schon bald aus den Augen verloren.

»Wo bleiben die denn nur?«

Maike Schnur schaute auf die Kuckucksuhr an der Wand neben dem Küchenschrank. Deren Gewichte - zwei eiserne Fichtenzapfen - baumelten am unteren Ende einer langen Kette. Die beiden Zeiger auf dem Ziffernblatt zeigten Punkt zwölf an. Doch der Kuckuck ließ sich nicht blicken. Die Uhr war nicht aufgezogen.

Maike Schnur zog ihr Smartphone heraus. Sie musste einen Latexhandschuh abstreifen, um es zu bedienen. »Gleich halb sieben«, seufzte sie. »Eigentlich hatte ich mich für heute Abend auf dem Celler Weihnachtsmarkt verabredet.«

»Ach nee!« Robert Mendelski, der sich ebenfalls Einweghandschuhe übergestreift hatte und gerade den Mülleimer unter der Spüle kontrollierte, wunderte sich. »Ich denke, Weihnachtsmärkte öden dich an?«

Maike öffnete den Kühlschrank und staunte über dessen Inhalt. Die Hälfte des Kühlschranks war mit Bierdosen vollgepackt. »Kommt drauf an«, sagte sie. »Wenn man genug Glühwein intus hat, geht's schon.« Sie schaute ins Gefrierfach. Dort lag eine halbvolle, vereiste Flasche Aquavit und eine leere Eiswürfelform. »Und natürlich hängt alles davon ab, mit wem man hingeht.«

»Aha.« Zwischen Daumen und Zeigefinger hielt Mendelski den zerknüllten Kassenbon einer bundesweit bekannten Baumarktkette.

»Ich merk es schon, die Gesellschaft deiner Kollegen war dir gestern nicht gut genug.« Er legte den Bon auf den Küchentisch und strich ihn glatt. »Du bist mir ja so eine ...«

»Männo!« Maike schloss den Kühlschrank mit Schwung und beugte sich zu ihrem Chef über den Tisch. »So war das doch gar nicht gemeint«, sprach sie mit nöliger Kinderstimme. »Du kennst mich doch. Ich hab halt so meine Launen ...«

»Wie wahr.« Mendelski schob seine Brille zurecht. Kaum hörbar las er vor: »Fünf Rollen Paketklebeband, zwei Spanngurte, zwei Taschenlampen, vier Sätze Batterien, Heizdecke, Heizlüfter, Verbandkasten, ...«

»Interessant«, fiel ihm Maike ins Wort. Sie hatte genau zugehört. »Einmal das klassische Entführungssortiment bitte. Fehlen nur noch Augenbinde und Handschellen.«

»In bar bezahlt. 112,76 €. Gekauft heute Morgen um 11.07 Uhr in Altencelle.« Mendelski setzte die Brille ab. »Heute Morgen«, sinnierte er mit geschlossenen Augen, »da hatten die Entführer noch keine Ahnung, dass der Paketkurier sie verpfeift und dass sie hier überstürzt raus müssen. Also nehmen wir mal an, sie haben die Sachen für das Versteck vom Finnen gekauft. Doch wahrscheinlich für dieses Haus, oder?«

»Mag stimmen.« Maike konnte seinen Gedankengängen folgen. »Aber gesehen hab ich von den Sachen nichts«, gab sie zu Bedenken. »Hab allerdings auch nicht danach gesucht.«

»Überleg doch mal.« Mendelski rieb sich die müden Augen. »Heizdecke, Heizlüfter, Taschenlampe. Wonach klingt das?«

»Nach kalt und dunkel.«

»Genau. Und wo ist es kalt und dunkel?«

»Draußen. Ein Schuppen, ein Verschlag, ein Erdloch oder sowas in der Art.«

»Mit elektrischem Strom für den Heizer?«

»Ach so. – Aber es gibt doch Verlängerungskabel ...«

»Klar. Aber ... was ist naheliegender?«

»Das ist hier im Haus.« Maike war plötzlich putzmunter. Sie ging zur Tür, die in den Flur führte. »Auf'm Dachboden – oder im Keller.«

Mendelski schnippte zustimmend mit Mittelfinger und Daumen der rechten Hand. »Genau. Den Dachboden haben Hasenjäger und Kollegen bereits gecheckt«, sagte er. »Bleibt der Keller.«

»Hab aber keinen gesehen.« Maike trat in den Hausflur. »Hier gibt's keine Tür, hinter der wir nicht schon gesucht hätten.«

Mendelski folgte ihr in den Flur. »Muss nicht immer eine Tür sein.« Sein Blick richtete sich nach unten. »In alten Häusern gibt es oft so Kellerluken. In den Fußboden eingelassene einfache Klappen zum Hochheben.«

Maike wies auf den Linoleumboden zu ihren Füßen. »Hier ist nichts.«

Sie kontrollierten die angrenzenden Räume: Waschküche, Vorratsraum, Schlafzimmer, Bad. Ein zweites Schlafzimmer. Überall Linoleum ohne Teppiche. Zum Schluss standen sie im größten Raum, im Wohnzimmer. Es war vollständig mit Teppichboden ausgelegt. Mit einem dunkelbraunen, an vielen Stellen durchgewetzten Kunstfaserteppichboden. So sehr sie auch suchten – sie schoben Sofa, die Sessel und den Couchtisch beiseite –, eine Luke oder dergleichen war nicht zu finden. Resigniert kehrten sie in die Küche zurück.

»Vielleicht entdecken Heiko und Co. ja was«, sprach sich Mendelski Mut zu, während er sich zurück an den Tisch setzte. »Der Dachboden scheint riesig. Vermutlich gibt es dort einen verborgenen Verschlag.«

Maike nahm den Kassenbon vom Küchentisch, um ihn erneut zu studieren. »Heizlüfter, Heizdecke ...«, murmelte sie im Stehen, wurde aber vom Klingelton ihres Handys unterbrochen. Beim Versuch, einen Handschuh abzustreifen, um das Smartphone zu bedienen, rutschte ihr der Kassenbon aus den Fingern und segelte zu Boden. Er landete auf dem ausgefransten Bastteppich unterm Küchentisch. Sie achtete nicht weiter auf das Stück Papier und nahm das Gespräch an.

»Ja, Heiko? Was gibt's?«, fragte sie, während sie ans Küchenfenster trat.

Mendelski, der ihr in Gedanken versunken zugeschaut hatte, sah den Kassenbon vor seinen Schuhspitzen liegen. Mit einem Ächzen – die Hose zwickte im Bund – bückte er sich und versuchte, den Zettel zu erreichen. Doch entweder waren seine Arme zu kurz oder der Bauch zu dick. Kurzum: So schaffte er es nicht.

»Ihr seid schon im Steigerring?« Maike guckte zum Fenster hinaus. »Okay. Dann die erste Abbiegemöglichkeit links rein. Das ist eine Stichstraße, eine Sackgasse. Die gehört zum Steigerring. Da gibt's nur noch ein Haus. Da sind wir.«

Mendelski rutschte kurzerhand vom Stuhl und kniete sich auf den Boden, um den Kassenzettel aufzunehmen und zurück auf den Tisch zu legen. Er wollte sich gerade wieder aufrichten, als er innehielt. Erst betastete er den Bastteppich behutsam, dann klopfte er mit den Knöcheln seiner rechten Faust.

»Ach!«, murmelte er. »Das klingt ja hohl.«

»Ja, ihr seid richtig.« Maike telefonierte immer noch. Da sie dabei weiterhin zum Fenster hinausschaute, bekam sie nicht mit, was hinter ihr passierte. »Jetzt kann ich eure Scheinwerfer sehen. ›Sie haben Ihr Ziel erreicht‹. Bis gleich.«

Als sie sich zu Mendelski umdrehte, staunte sie nicht schlecht. Ihr Chef hockte auf allen vieren unter dem Küchentisch. Er hatte das eine Ende des Bastteppichs angehoben.

Sein triumphierendes Grinsen sprach Bände.

Siebtes Kapitel

Keuchend vor Anstrengung erreichte er die Holzscheune.

Die letzten hundert Meter durch tiefen, unberührten Schnee der Wiesen zu waten, hatte ihn geschafft. Zunächst war er auf Wegen gelaufen, auf ihm gut bekannten Waldwegen. Dort war der Schnee plattgefahren. Trotz der Dunkelheit hatte er sich nicht verirrt.

Mika Rahola hatte nur eine Viertelstunde vom Unfallort bis zu seinem Anwesen gebraucht. Doch das zählte nicht viel, seine Entführer waren nicht weit. Mit einem Auto konnten sie in wenigen Minuten hier sein. Wahrscheinlich kannten sie sein Zuhause, zählten eins und eins zusammen und würden schon drauf kommen, dass er hierher fliehen würde.

Haus und Hof lagen im Dunkeln. Es war mucksmäuschenstill. Nur in der Ferne, irgendwo im Dorf, kläfften zwei Hunde um die Wette.

Lilly! Mika spürte einen Stich in der Magengegend. Was war mit dem Hund? Er würde sicher nicht allein in dem verwaisten Haus geblieben sein. Ob die Polizei das Tier beschlagnahmt hatte? War Lilly etwa in einem Tierheim gelandet? Vielleicht hatte sich ja der nette, neue Förster, Henning Grube, der Hündin angenommen. Hoffentlich.

Mika sehnte sich nach der Begrüßungszeremonie mit Lilly. Gerade jetzt, in seiner schier ausweglosen Situation. Lilly hatte sich immer überschwänglich gefreut, war fröhlich bellend an ihm hochgesprungen, wenn er und Niilo nach einem langen Arbeitstag nach Hause gekommen waren. Schon früh hatte die schlaue Hündin gelernt, sie an den Motorgeräuschen ihrer Autos zu erkennen. Wenn dagegen der Postbote mit seinem Fahrzeug auf den Hof fuhr oder ein Fremder sich näherte, hatte sie stets wütend angeschlagen.

Mann, komm zu dir! Was machst du dir Sorgen um das Tier, schalt sich Mika. Beschämt dachte er an Niilo. Sein Landsmann, Freund und Kollege war tot. Unwiederbringlich tot. Und er selbst? Ein Totschläger ... oder gar Mörder. Dazu zwei Gangster im Nacken.

Und die Polizei auf den Fersen. Die suchte ihn sicherlich mit allen verfügbaren Mitteln.

Er musste sich zusammenreißen. Jetzt war keine Zeit zum Lamentieren und Spekulieren. Jetzt galt es, den Plan umzusetzten, den er während seines Fußmarsches gefasst hatte.

Vorsichtig trat er aus dem Schatten der Scheune und lief zur Haustür. Auf dem Hof herrschte gähnende Leere. Zwischen Birnbaum und Fliederbusch, wo sonst Pickup und Sprinter geparkt standen, sah man nichts als unberührten Schnee. Nach den Ereignissen von gestern waren die beiden Autos sicher noch in polizeilichem Gewahrsam.

Dass man die Haustür mit einem Behördensiegel verklebt hatte, bestätigte seine Vermutung, dass die Polizei hinter ihm her war. Offenbar hatten sie in seinem Haus nachgeguckt, ob er sich hier versteckt hielt.

Mika gab sich einen Ruck. Ohne auf die Spuren zu achten, die er im frischen Schnee hinterließ, eilte er zur Rückfront des Hauses, wo es einen Hintereingang gab. Und ein kleines Fenster, das zur Gästetoilette gehörte. Dort löste er eine Ziegelsteinhälfte aus der Fensterbank und fingerte einen Schlüssel hervor. Den Reserveschlüssel, den er schon oft benötigt hatte, da er in Sachen Schlüssel sehr schusselig war.

Auf dem Spalt zwischen Türblatt und Rahmen klebte auch hier ein Polizeisiegel, aber darauf konnte er keine Rücksicht nehmen. Kurzentschlossen öffnete er die Hintertür.

Ohne das Licht einzuschalten, schlich er in den Wirtschaftsraum. Doch noch im Eingang stieß er mit den Füßen an Gegenstände, die dort nichts zu suchen hatten. Harke, Spaten, der Gartenschlauch, ein Eimer. Alles lag durcheinander auf dem Boden verstreut.

Hatte die Polizei dieses Chaos angerichtet?, fragte er sich. Schwer vorstellbar. Waren das Einbrecher gewesen? Oder gar seine Entführer? Aber was, zum Teufel, wollten die mit so einer Aktion bezwecken?

Blindlings griff Mika in Kopfhöhe neben dem Türrahmen in ein kleines Wandregal. Schwein gehabt, sagte er sich. Die Stabtaschenlampe, die Niilo und er dort deponiert hatten, weil der

Bewegungsmelder immer wieder ausgefallen war, befand sich noch an ihrem Platz.

Als er den Lichtstrahl auf den Fußboden des Wirtschaftsraums richtete, sah er das ganze Ausmaß des Vandalismus. Es war, als hätte eine Bombe eingeschlagen. Sämtliche Regale leergefegt, alle Schubladen der Wandschränke herausgerissen und ausgekippt, ihr Inhalt wild durcheinander gewühlt.

»Lilly! Lilly!«, rief Mika. »Bist du da?«

Vielleicht steckte die Hündin ja irgendwo in diesem Durcheinander. Beherzt bahnte er sich einen Weg durch das Chaos. Doch nur seine Schritte unterbrachen die beklemmende Stille. Kein freudiges Begrüßungsgebell, kein Jaulen, kein Kratzen an der Küchentür, hinter der sich der Hundekorb befand.

Im Flur stieß er auf Blutspuren. Sein Herz begann zu rasen. Voll böser Ahnungen folgte er ihnen bis zur Haustür - und schreckte zusammen. Im zitternden Schein der Taschenlampe sah er die riesige Blutlache. Er bückte sich. Im getrockneten Blut klebten Haare. Lange, dünne, rostrote Haare. Ganze Büschel davon.

»Lilly! Minun kiltti koira!«, schrie er außer sich. *»Lilly ...«*

Seine Stimme erstarb in einem herzzerreißenden Schluchzen. Seine Nerven versagten. Die Taschenlampe entglitt seinen Fingern und fiel zu Boden. Er schlug die Hände vors Gesicht und fing bitterlich an zu weinen.

Mika Rahola wusste später nicht einzuschätzen, wie lange er dort regungslos am Boden gehockt und geweint hatte, als ihn plötzlich ein Geräusch zusammenfahren ließ.

Das Motorengeräusch kam von draußen, vom Hof. Im selben Augenblick erfasste das gleißende Fernlicht der Autoscheinwerfer den Bereich der Haustür und des Küchenfensters.

Mika fuhr hoch. Geistesgegenwärtig griff er nach seiner Taschenlampe und schaltete sie aus.

»Frankenstein lässt grüssen«, entfuhr es Maike Schnur, während der Lichtschein ihres Smartphones über die Pritsche glitt. Der schmuddelige Stoffbezug war voller Löcher, Risse und Flecken von unbestimmbarer Herkunft. Auf dem nackten Backsteinfußboden davor beleuchtete das LED-Licht ein seltsames Sammelsurium: Eine rostige Schere, Unmengen zerschnittenes Paketklebeband, leere Plastikflaschen, Mullbindenreste, Watte- und Leukoplastfetzen.

»Das reinste Gruselkabinett.«

»Der Vogel ist ausgeflogen«, kommentierte Robert Mendelski trocken. »Gerade erst. So'n Mist.« Mit seiner Taschenlampe leuchtete er die kahlen Steinwände ab. »Von hier unten gibt's kein Entrinnen. Der einzige Ausgang ist die Luke da oben. Gefängnis der Marke ›Verschärfte Einzelhaft‹.«

»Kein Licht, keine Frischluft, und dann so eine Arschkälte – brrrr!« Maike klapperte mit den Zähnen. »Der arme Finne.«

»Der Graf von Monte Christo hat's 14 Jahre lang in so einem Loch ausgehalten.«

»Was du alles weißt.«

»Pflichtlektüre in meiner Jugend ...« Mendelski winkte ab. »Also: Du bist dir sicher?«

»Klar. Mika Rahola. Wer soll denn sonst hier gewesen sein?« Sie guckte unwirsch. »Oder gibt's noch eine andere Entführung im Bereich der PI Celle?«

»Hast ja recht«, gab er nach.

»Vielleicht ist er ja getürmt.«

»Wohl kaum. Sie haben ihn fortgeschafft. Nachdem der Paketkurier hier aufgetaucht ist, haben sie kalte Füße gekriegt.«

Maike hatte ein paar Stücke zerschnittenes Paketband aufgehoben. »Schau, hier kleben blonde Haare dran. Die dürften zu denen in der Mülltüte passen, die Hasenjäger gefunden hat.«

Mendelski kräuselte die Stirn. »Warum sie ihm wohl die Haare geschnitten haben?«, fragte er.

»Keine Ahnung. Vielleicht wollten sie sein Aussehen verändern.«

Der Kommissar schüttelte den Kopf. »Das macht keinen Sinn. Ich glaube eher, dass sie ihn verarztet haben. Mika Rahola hat wahrscheinlich eine Kopfwunde. Das passt zu den blutigen Mullbinden, zur Watte und dem Verbandkasten, den sie heute Morgen gekauft haben.«

»Dann war das hier sein Krankenlager?« Maike Schnur bückte sich erneut, um unter die Pritsche zu schauen. »Sieht aus, als hätten sie ihn mit dem Paketklebeband auf der Pritsche fixiert. Dem vielen Tape nach zu urteilen, war der Finne eingewickelt wie 'ne Mumie.«

»Hoffentlich nicht. Als Mumie wäre er nicht mehr unter den Lebenden.«

»Mumie?«, hörten sie plötzlich eine Stimme über sich. Es war Jo Kleinschmidt, der seinen Kopf durch die Luke steckte. »Habt ihr etwa eine geheime Grabkammer gefunden?«

Im gleichen Augenblick tauchten auch die Gesichter von Ellen Vogelsang und Heiko Strunz in der Deckenöffnung auf.

»So etwas Ähnliches«, rief Mendelski nach oben. »Zieht euch um und kommt runter.«

Er drückte sich mit dem Rücken an die Wand neben der Haustür. Gleich neben der Garderobe, an der als einziges noch seine blaue Daunenjacke am Haken hing. Alle anderen Jacken, Westen, Schals und Mützen lagen in einem wüsten Durcheinander auf dem Boden verstreut.

Sein Puls raste, sein Atem stockte, während Mika Rahola angestrengt lauschte. Zwei Autotüren klappten, knirschende Schritte im Schnee näherten sich.

»Hier sind Spuren«, hörte er eine männliche Stimme sagen. Direkt hinter der Haustür, keine zwei Meter von ihm entfernt. Sie kam ihm bekannt vor. »Ganz frische ... Von nur einer Person.«

»Nicht so laut«, raunte ein anderer. »Der ist wahrscheinlich noch hier. Aber guck mal, der ist gar nicht rein ins Haus.« Auch diese Stimme wusste Mika einzuordnen: Da draußen standen seine beiden Entführer: Sturmhaube und Wollmütze.

Wie hatten die es nur geschafft, so schnell hier zu sein, fragte er sich. Sie schienen kaum verletzt, hatten sich allem Anschein nach – genau wie er – unerlaubt vom Unfallort entfernt. Klassische Unfallflucht. Wahrscheinlich mit einem geklauten Auto.

»Der ist nach hinten ... «, hörte er die Wollmütze. »Los, nix wie hinterher ... «

Mika reichte es. Höchste Zeit, sich davonzumachen. Aber vorher gab es noch etwas zu erledigen.

Hastig griff er nach der Daunenjacke, klemmte sie sich unter den Arm und huschte in die Küche. Das Scheinwerferlicht des Autos der Entführer draußen auf dem Hof drang durch die zwei Fenster, deren Vorhänge nicht zugezogen waren. Die Taschenlampe brauchte er nicht.

Auch in der Küche herrschte wüstes Chaos. Seine rechte Schuhspitze kickte eine leere Mineralwasserflasche weg. Die hatte bereits am Boden gelegen und machte gottlob wenig Lärm, als sie gegen den Brotkorb kullerte.

Mika schaute sich um und griff in das leere Fach einer Schrankschublade. Die lag ausgekippt und auf den Kopf gedreht auf den Fliesen. Er bückte sich, wühlte in einem Haufen von Kellen, Kochlöffeln und Schabern. Plötzlich hielt er ein Messer in der Hand. Ein langes Brotmesser. Dann noch ein weiteres, ein Messer mit Birkenholzgriff und Lederscheide. Ein finnisches Jagdmesser. Genau das hatte er gesucht.

Ein Geräusch ließ ihn zusammenzucken. Es kam von hinten aus der Waschküche. Wollmütze und Sturmhaube mussten schon im Haus sein.

Mika steckte das Messer unter die Daunenjacke und zog sich in die Speisekammer zurück. Möglichst leise schob er mit den Füßen einige auf dem Boden verteilte Gegenstände beiseite, um die Tür hinter sich schließen zu können. Danach angelte er nach einem Schlüssel, der an einem Nagel im Türrahmen hing, steckte ihn ins Schloss und verriegelte die Speisekammertür von innen.

Er drückte sein Ohr an die Tür. Es war still. Wollmütze und Sturmhaube schienen Raum für Raum abzusuchen. Noch waren sie nicht in der Küche angekommen.

Mit ein bisschen Glück würde es eine Weile dauern, bis sie ihn hier in der Speisekammer suchen würden. Auf jeden Fall hatte er in paar Sekunden Vorsprung. Die galt es zu nutzen.

Er schaltete die Taschenlampe an, zog sein Finnenmesser aus der Lederscheide und bückte sich. Eilig räumte er Suppendosen, Gurken- und Honiggläser aus dem unteren Fach eines Vorratsregals. Dahinter kam eine geflieste Wand zum Vorschein. Die großformatigen Fliesen schienen frisch ausgebessert, waren aber nur notdürftig verfugt.

Mit der Spitze des Messers hebelte er in Sekundenschnelle eine der Fliesen aus der Wand, dann eine zweite. Vorsichtig legte er sie zur Seite. In den dunklen Hohlraum, der sich vor ihm auftat, hätte locker ein Reisekoffer gepasst. Mika griff hinein und brachte ein Päckchen zum Vorschein. Ein in schwarze Plastikfolie eingewickeltes und mit Gummibändern gesichertes Bündel in der Größe eines Telefonbuchwälzers. Er ließ es unter der Jacke verschwinden, nahm Messer und Taschenlampe und richtete sich auf.

Nachdem er flugs die Flaschen vom Fensterbrett geräumt hatte, ließ sich das kleine Fenster in der Ecke der Speisekammer mühelos öffnen.

Eiskalte Luft und Schneegestöber schlugen ihm entgegen. Er schaute zum Auto hinüber, das verwaist auf dem Hof stand - mit eingeschaltetem Scheinwerfern und weit geöffneten Türen.

Ein kurzes Poltern war zu hören. Es kam von nebenan aus der Küche. Als Mika Rahola sich umdrehte, sah er, wie der Griff der Türklinke herunter gedrückt wurde.

Wie von unsichtbarer Hand. Von der anderen Seite der Tür. Von der Küche aus.

»Was is'n hier los?«

Das Gezeter kam von der Haustür und klang rauchig und schrill. Mendelski schaute von seinen Notizen auf. Ob die Stimme männlichen oder weiblichen Ursprungs war, vermochte er auf Anhieb nicht zu sagen.

Hasenjägers Antwort war betont ruhig und leise. Was er sagte, war in der Küche nicht zu verstehen.

»Dürft ihr'n das überhaupt?« Das war wieder die unbekannte Stimme. Dieses Mal klang sie noch eine Spur tiefer. Mendelski tippte auf einen Mann. »Wenn Dieter das erfährt«, hörte er. »Dann könnt ihr euch aber auf was gefasst machen ... «

Mendelski schob den Stuhl zurück und erhob sich vom Küchentisch. Der stand nicht an seinem alten Platz, sondern an der Wand. In der Mitte des Raumes gähnte die offene Kellerluke.

»Da können Sie jetzt nicht rein ... « Hasenjägers Worte waren plötzlich gut zu verstehen. Sie wirkten ärgerlich und laut.

In diesem Augenblick flog die Küchentür auf. Um ein Haar wäre Mendelski mit der Person zusammengestoßen, die da hereingestürmt kam.

Sie standen sich im Türrahmen gegenüber wie zwei Kontrahenten. Der Kommissar hatte sich bei seiner Einschätzung der Stimme getäuscht. Vor ihm stand eine Frau. Eine Frau von undefinierbarem Alter, klein, höchstens 1,65, grell geschminkt, mit roten fisseligen Haaren. Sie trug einen kurzen Mantel mit Leopardenmuster, über der Schulter eine grasgrüne Kunstlederhandtasche. Die Beine steckten in engen pechschwarzen Wollleggings, die Füße in für das Winterwetter völlig unpassenden High Heels.

»Sind Sie hier der Chef?«, raunzte sie. Hasenjäger stand hinter ihr, sah Mendelski an und zuckte bedauernd mit den Schultern. Kalter Zigarettengestank schlug dem Kommissar entgegen. Die Zähne der Frau waren quittengelb und trugen Spuren vom Lippenstift.

»Kriminalhauptkommissar Mendelski von der Kripo Celle«, erwiderte er eine Spur zu laut, während er sich ihr in Weg stellte. »Ja, ich bin hier der Einsatzleiter.«

»Dann zeigen'se mir mal schön den Durchsuchungsbefehl.« Die Frau versuchte, sich an ihm vorbei zu drängen. Doch Mendelski blieb standhaft.

»Wenn schon, dann Durchsuchungsbeschluss, bitte. Sind Sie so nett und weisen sich erst einmal aus?«

Die Frau stöhnte auf. »Evers. Jenny Evers.« Sie kramte in ihrer Handtasche. »So wie die ehemalige Heidekönigin aus Amelinghausen. Nur ohne ›l‹.« Sie hielt ihm ihren Personalausweis hin. »Wohne in Bröckel. Hüte hier nur ein.«

»Für Dieter Jaschke?«

»Genau. – Der is auf Mallorca. Arbeiten.« Die beiden ›ll‹ sprach sie wie im Deutschen. »Aber sagen'se mal: Was suchen Sie denn eigentlich?« Sie streckte ihren Kopf und versuchte, an Mendelski vorbei in die Küche zu linsen.

»Wir suchen zwei Männer. Heute Nachmittag sind sie hier im Haus noch gesehen worden.«

»Tja, beim Dieter gehen viele Leute ein und aus«, erwiderte sie lapidar.

»Wann waren Sie denn das letzte Mal hier?«, startete der Kommissar einen neuen Versuch.

»Tut mir leid.« Sie schüttelte ihr Fisselhaar. »Ich kann Ihnen nicht helfen. Will ich auch nicht. Sonst krieg ich Ärger. Mit Dieter.«

»Das müssen Sie mir erklären.«

»Jetzt tun 'se mal nicht so. Der Dieter is in Ihrem Laden doch kein Unbekannter. Ich werd 'nen Teufel tun und Ihnen was erzählen. Nee, ich halt schön die Klappe.«

Mendelski stemmte beide Arme in die Hüften und baute sich bedrohlich vor ihr auf. »Frau Evers«, sagte er mit Nachdruck. »Jetzt hören Sie mal gut zu. Wir sind von der Kriminalpolizei. Wir ermitteln in mehreren Kapitalverbrechen, es geht unter anderem um ein Tötungsdelikt. Wenn Sie nicht mit uns zusammenarbeiten wollen, werden wir Sie nach Celle zur Vernehmung laden – ob als Zeugin, als Mitwisserin oder gar Verdächtige, das muss ich mir noch überlegen.«

Jenny Evers schien die Standpauke nur wenig zu beeindrucken. Betont lässig strich sie sich ihr dünnes Haar hinters Ohr. »Sie können mir ruhig drohen«, erwiderte sie schnippisch. »Das bringt gar nix. Ich kenn meine Rechte.« Sie kramte in ihrer Handtasche und fischte ein Handy heraus. »Am besten, ich ruf den Dieter an. Der wird schon wissen, was ich machen soll.«

Mendelski beugte sich vor, als er leise verlauten ließ: »Frau Evers, es wäre besser, Sie rufen einen Anwalt an.«

»Kein Anschluss unter dieser Nummer«, äffte Jenny Evers eine Telefonansage nach, während sie ihr Mobiltelefon bediente. »Nee, nee. Erst den Dieter ... «

Robert Mendelski verlor die Geduld und gab Kollege Hasenjäger einen Wink. »Nehmen Sie ihre Personalien auf und bringen Sie sie hinaus.«

Ohne lange zu fackeln, schwang sich Mika Rahola auf das Fensterbrett und kletterte hinaus. Er landete in einem verwilderten Rosenbeet, das im Schnee und im Winterschlaf versunken war. Dornen drangen durch seine Jogginghose in die Beine. Trotz des dichten Bewuchses ging er in die Hocke und schlich im Entengang an der Hauswand entlang. Bloß weg von den beiden Küchenfenstern. Und raus aus dem Lichtkegel der Autoscheinwerfer.

Scheinwerfer?

Abrupt hielt er inne. Mit zusammen gekniffenen Augen blinzelte er zum Auto hinüber, dessen Türen einladend weit offen standen. Erst jetzt erkannte er, dass es sich um einen knallroten Kleinwagen koreanischer oder japanischer Herkunft handelte. In ihrer misslichen Lage hatten sich Wollmütze und Sturmhaube den Wagen anscheinend an der Unfallstelle angeeignet. Ungefragt und kaltschnäuzig. Es wäre nicht verwunderlich, wenn das Auto dem hilfsbereiten Pudelmützenträger gehörte.

Bei ihrer Ankunft auf dem Hof hatten die beiden Gangster nicht nur die Fahrzeugtüren offen und das Scheinwerferlicht brennen lassen. Wahrscheinlich steckte auch - das war Mikas große Hoffnung - der Schlüssel im Zündschloss.

Das Auto war seine Chance.

Um von hinten an den Wagen heranzukommen, schlug er einen weiten Bogen über den Hof. Er schlich gerade am Wrack des Wohnmobils vorbei, als es im Haus einen heftigen Knall gab. Es hörte sich an wie berstendes Holz. Er schaute zum Haus hinüber. Hinter dem Speisekammerfenster flammte das Deckenlicht auf. Wollmütze und Sturmhaube schienen die Speisekammertür eingetreten zu haben.

Flink und geduckt wie eine Wildkatze huschte Mika zum Auto. Im Schutze der geöffneten Fahrertür schob er, ohne sich aufzurichten, seinen Oberkörper über den Fahrersitz ins Wageninnere. Der Blick hinter das Lenkrad brachte die Ernüchterung.

Der Zündschlüssel steckte nicht.

»Verflucht! Der ist hier raus«, hörte er in diesem Moment Sturmhaube brüllen. »Hier sind frische Spuren.«

Instinktiv duckte sich Mika noch tiefer. Als er zwischen offener Fahrertür und vorderem Holm hindurch schielte, sah er einen der Männer im offenen Speisekammerfenster stehen. Der schickte sich an, aus dem Fenster zu klettern.

»Wir brauchen 'ne Taschenlampe«, tönte Sturmhaube. »Schnell. Der kann noch nicht weit sein.«

In Windeseile tastete Mika Mittelkonsole und Beifahrersitz ab, doch der Schlüssel war nicht zu finden. Mit gezogenem Finnenmesser schlich er zum linken Hinterreifen. Zwei gezielte Stiche – und zischend entwich die Luft. Anschließend kroch er zu dem rechten Hinterrad, um auch hier den Reifen zu zerstechen. Das würde die beiden ein Weilchen hinhalten.

»Der ist rüber zum Wohnmobil«, hörte er Wollmütze rufen. »Mach deine Knarre klar.«

Für Mika Rahola wurde es höchste Zeit. Er rannte zum Schuppen, öffnete die Holztür und ertastete im Dunkeln ein Fahrrad. In aller Eile zog er ein Mountainbike zur Schuppentür hinaus, schob es bis zu dem Birnbaum, schwang sich in den Sattel und brauste die Hofeinfahrt hinaus.

»ALSO, DIE HAARE AUS DER PLASTIKTÜTE und die unten aus dem Verlies scheinen von ein und derselben Person zu stammen.«

Heiko Strunz hielt ein Büschel blonder Haare zwischen Daumen und Zeigefinger seiner behandschuhten rechten Hand. »Die wurden mit einer stumpfen Schere abgeschnitten, recht dilettantisch«, fuhr er fort. »Mehr abgerissen als geschnitten. Außerdem weisen sowohl die Haare aus der Tüte als auch die aus dem Kellerloch Blutspuren auf. Die dürften nicht älter als 24 Stunden sein.«

»Passt alles«, antwortete Maike Schnur. »Der Finne wird eine Kopfwunde haben. Vielleicht von gestern, aus dem Haus. Heute haben ihn die Entführer notdürftig verarztet.«

»Klingt plausibel.« Heiko Strunz hielt die Beweismitteltüte mit einer benutzten Mullbinde hoch. »Dem Geruch nach haben sie Desinfektionsmittel benutzt. Außerdem haben wir angebrochene Schachteln mit Antibiotika-Tabletten gefunden.«

»Wie schwer er verletzt ist, lässt sich aber nicht sagen?«, wollte Maike wissen.

»Nein, selbst mit dem Material hier kann man das kaum realistisch einschätzen.« Heiko Strunz klappte den Alu-Koffer zu, der randvoll mit Beweismitteltüten gefüllt war. »Aber ob es sich dabei überhaupt um Mika Rahola, den verschwundenen Finnen, handelt, das werden wir sehr bald wissen. Spätestens morgen Mittag.«

Mendelski streifte die Handschuhe ab und warf sie auf den Küchentisch. »Tja, Spuren vom Opfer gibt's anscheinend zur Genüge«, sagte er. »Aber was haben wir von den Entführern?«

»Reichlich.« Strunz nickte zuversichtlich. »Fingerabdrücke und DNA in Hülle und Fülle. Hier oben im Haus hat sich keiner mehr die Mühe gemacht, Handschuhe zu tragen oder etwas abzuwischen. Wie es aussieht, sind sie ziemlich überstürzt abgehauen.«

»Und die Spuren draußen im Schnee?« Mendelski war ans Küchenfenster getreten und schaute hinaus. Der Hof war von den mobilen Strahlern der Spurensicherung hell ausgeleuchtet. Kleinschmidt und Vogelsang, die am Boden hockten, waren in ihren weißen Schutzanzügen kaum vom Schnee zu unterscheiden.

»Jo und Ellen sind dran. Fuß- und Reifenspuren. Scheinen recht brauchbar. Zwei verschiedene Schuhabdrücke. Wahrscheinlich männliche. Und recht tiefe. Sieht aus, als hätten die beiden den Finnen zum Auto getragen.«

»Wagentyp?«

»Wahrscheinlich ein Lieferwagen. So'n Kleintransporter. Größe Sprinter, Crafter oder sowas. Stand hinter'm Haus im Freien. Wohl seit längerem schon. Auf dem Stellplatz ist nur eine ganz dünne Schicht frischer Schnee.«

Mendelski wandte sich an Maike: »Überprüf bitte mal, ob unter dieser Adresse so ein Fahrzeug angemeldet ist.«

Maike Schnur nickte und wollte gerade zur Tür hinaus, um in Ruhe zu telefonieren, als es klopfte. Kollege Hasenjäger steckte den Kopf herein.

»Dieter Jaschke ist am Telefon«, raunte er Mendelski zu. »Von Mallorca aus. Übers Handy von der Evers. Er will Sie sprechen.«

Ohne Licht und mit halsbrecherischer Geschwindigkeit sauste ein nächtlicher Radfahrer auf dem schneeglatten Fahrradweg an der L311 dahin. Als er den Ortseingang von Wienhausen erreichte, wandte er sich gehetzt um. Erst nachdem er sich vergewissert hatte, dass ihm niemand folgte, bog er in die Mühlenstraße ein.

Mika Rahola fiel ein Stein vom Herzen. Bis hierher hatte er es geschafft. Selbst wenn seine Verfolger ein anderes Auto auftreiben sollten, wäre er ihnen in dieser Sackgasse und auf den Fußwegen und Pfaden rund um das Kloster mit dem Fahrrad klar überlegen. Ohne lange nachzudenken, raste er an den Holzbuden vorbei, die man bereits für den Weihnachtsmarkt am kommenden Wochenende aufgebaut hatte, ließ den zum Trauhaus umgebauten ehemaligen Kornspeicher und die vereiste Wassermühle links liegen, um hinter dem Hotel und dem Kloster-Café rechts abzubiegen. Danach ging es sogleich wieder links ab.

Zwar verfügten seine Mountainbike-Reifen über ein griffiges Geländeprofil. Dennoch musste er bei der Zickzackfahrt durch die engen Kurven höllisch aufpassen, um bei der Schneeglätte nicht wegzurutschen und zu stürzen.

So spät in der Nacht war keine Menschenseele mehr unterwegs. Ein Kolkrabe, der einsam und verlassen hoch oben in der Krone einer Linde hockte und vor sich hin schlummerte, blinzelte müde mit dem rechten Auge, schenkte dem merkwürdigen Radler aber keine Beachtung.

Keuchend von der Anstrengung passierte Mika den hölzernen Glockenturm und das Kirchenschiff, näherte sich rasant dem Haupteingang zum Kloster und folgte dem Verlauf des Wienhäuser Mühlenkanals. Dann fuhr er am Kloster vorbei und bog in den Weg ein, an welchen Klosterpark und Parkplatz grenzten. Im schummrigen Licht der Straßenlaternen radelte er mit unveränderter Geschwindigkeit weiter. So oft er sich auch umdrehte, er konnte keine Verfolger ausmachen.

Erst an der Litfaßsäule, dort, wo die Ausfahrt des Parkplatzes auf die K50 mündete, stoppte er und sprang vom Rad. Die Fahrradständer ignorierend, die neben dem Eingang zum Klosterpark aufgebaut waren, schob er sein Gefährt ein Stück in den Fußweg hinein. Zwischen Büschen und Staketenzaun stellte er es ab. Von hier wollte er zu Fuß weiter, das würde weniger auffallen. Wer radelte schon mitten in der Nacht durch Eis und Schnee? Doch nur so ein verrückter Finne ...

Außerdem hatte er es nicht mehr weit.

Noch einmal blickte er in die Runde, um zu prüfen, ob nicht doch ein Auto oder ein anderer unliebsamer Beobachter in der

Nähe waren. Erst dann zog er sich die Kapuze seiner Daunenjacke über den Kopf und überquerte mit schnellen Schritten die Celler Straße. Nach einigen Metern in Richtung Ortszentrum bog er in eine schmale Hauseinfahrt ein.

Anscheinend unbehelligt hatte er sein Etappenziel erreicht.

»Und?«, fragte Maike Schnur kurz, nachdem Mendelski in die Küche zurückgekehrt war.

Sein Gesicht drückte nicht gerade Enthusiasmus aus.

»Fehlanzeige«, grummelte er. »Der Jaschke macht den großen Zampano. Mann, war der auf 180. Will uns seinen Anwalt auf den Hals hetzen. Wegen der widerrechtlichen Hausdurchsuchung. Faselte was von Einbruch, Hausfriedensbruch, Nötigung etc. - das volle Programm.«

Maike zog einen Flunsch. »Hat sich also nicht geäußert, der Gute, wer die beiden Kerle hier waren?«

»Nicht die Bohne. Hat keine Ahnung, behauptet er. Er wär seit vier Wochen auf Mallorca und will da auch noch ein Weilchen bleiben. Den ganzen Winter. Die Evers hat den Schlüssel und hütet das Haus. Wir sollen sie fragen.«

»Und? Kaufst du ihm das ab? Ich meine, dass der keine Ahnung hat, was hier los ist?«

»Nie und nimmer«, murrte Mendelski. »Der ist hier der Boss im Haus. Weiß ganz genau Bescheid. Die Evers ist doch nur 'n kleines Licht.«

»Können wir den nicht herzitieren?«

»Schwerlich.« Mendelski wiegte zweifelnd den Kopf. »Er ist im Ausland. Und - wenn er sich schon so weit aus dem Fenster lehnt - hat der wahrscheinlich ein wasserdichtes Alibi.«

»Also bleibt uns im Moment nur die Evers.«

»Richtig.«

»Was sollen wir denn mit ihr anfangen?«

»Erst mal nehmen wir sie mit. Zum Verhör. Zur Not stecken wir sie in Untersuchungshaft.«

Maike guckte skeptisch. »Meinst du, dass der Staatsanwalt dabei mitspielt?«, fragte sie.

»Das will ich doch hoffen. Es geht immerhin um ein Tötungsdelikt und Entführung. Das Entführungsopfer ist schwer verletzt, schwebt wahrscheinlich in akuter Lebensgefahr. Wenn das kein Notstand ist.«

Maike grübelte.

»Und das Auto?«, fragte sie. »Hast du den Jaschke nach dem Lieferwagen gefragt?«

»Natürlich. Mehrmals. Aber wie ich schon sagte: Er hat nicht eine Frage ... «

Mendelski wurde unterbrochen, Jo Kleinschmidt stürmte in die Küche.

»Hab zufällig den Funk mitgehört«, sagte er atemlos. »Schwerer Verkehrsunfall auf der L 311 zwischen Wienhausen und Lachendorf. Kleintransporter und Pkw. – Hallo? Habt ihr gehört? – Kleintransporter! Fahrer und Beifahrer des Kleintransporters sind getürmt. Waren nur leicht verletzt. Und es wird noch besser: Sie sind nicht zu Fuß verschwunden, wie das die Alkis machen. – Nee. Die haben 'n Auto geklaut. Von 'nem Unfallhelfer. Und damit sind sie in Richtung Wienhausen geflüchtet. Na, was sagt ihr jetzt?«

Mendelski war aufgesprungen. »Ist die Fahndung raus?«

»Klar. Sofort. Die Kollegen waren ja vor Ort.«

»Und die sind nicht gleich hinterher?«

»Nee. Davon hat erst mal keiner was gemerkt. Die mussten sich ja um die Verletzten kümmern.«

»Eine Spur von dem Finnen?«

»Nicht, dass ich wüsste.«

»Ist der Transporter wenigstens untersucht worden?«

Kleinschmidt zuckte mit den Schultern. »Keine Ahnung. Davon haben die nichts gesagt.«

»Wer ist der Einsatzleiter?«

»Borkowitz. Von der Polizeistation Wienhausen.«

Mendelski gab Maike einen Wink: »Los, wir fahren sofort zur Unfallstelle.« Und an Kleinschmidt gewandt: »Gut gemacht, Jo. Sag Heiko und den anderen Bescheid. Wir melden uns, sobald wir mehr wissen.«

Das Haus lag im Dunkeln.

Für diese Tageszeit war das nicht ungewöhnlich, dachte Mika Rahola. Ohne Armbanduhr, ohne Handy blieb ihm nur, die Uhrzeit zu schätzen. In seiner Küche in Oppershausen hatte er noch einen flüchtigen Blick auf die Wanduhr geworfen. Dort war es kurz nach 23.00 Uhr gewesen. Mitternacht musste nicht mehr weit sein.

Sie ist sicher noch wach, da war er sich ziemlich sicher. Lina Henke würde zwar schon im Bett liegen, aber noch fernsehen - wie immer. Der TV-Apparat, ein uraltes Röhrengerät mit gigantischen Ausmaßen, stand in ihrem Schlafzimmer. Am Fußende ihres Bettes, auf einer Kommode. Das Schlafzimmer lag - von der Straße nicht einsehbar - auf der Hinterseite des Hauses, zum Garten hin.

Bevor Mika den vom Schnee befreiten Fußweg betrat, der zum Haus führte, schaute er sich mehrmals um. Doch es war keine Menschenseele zu sehen. Dass seine Verfolger von diesem Haus wussten, dass sie hier auftauchen würden, war mehr als unwahrscheinlich.

Damals, in ihrem ersten Jahr in Deutschland, hatten Niilo und er für einen Winter bei Lina Henke zur Untermiete gewohnt. Den Sommer über hatten sie in einem Wohnwagen im Wald gehaust, für die kalte Jahreszeit jedoch waren sie froh, ein festes Quartier gefunden zu haben. Im Obergeschoss des Hauses befand sich eine möblierte Drei-Zimmer-Wohnung, die die alleinstehende Frau an sie vermietet hatte. Soweit Mika wusste, stand die Wohnung seit ihrem Auszug leer.

Die Chemie zwischen der 85-jährigen Witwe und den beiden Finnen hatte vom ersten Tag an gestimmt. Und weil sie sich so gut verstanden, hatte Lina Henke ihn und Niilo oft zu sich eingeladen. Meist abends nach der Arbeit. Zu Tee mit Rum - eher Rum mit Tee -, oder zu pechschwarzem Kaffee, der einem die Schuhe auszog, und zu selbstgebackenen Weihnachtsplätzchen, an denen man sich die Zähne ausbiss. So hatten Niilo und er die eigenwilligen Gewohnheiten ihrer Vermieterin peu á peu kennen und schätzen gelernt.

Aus alter Verbundenheit hatten sie Lina Henke auch nach ihrem Auszug weiterhin besucht. Drei-, viermal im Jahr bestimmt.

Einige Male hatten sie Lilly bei ihr gelassen, wenn sie beide unerwartet nach Finnland mussten, um Ersatzteile für die Maschinen zu holen oder um zu einer Familienfeier zu reisen. Dann waren sie froh, jemanden zu haben, der sich um den Hund kümmerte. Seit einem halben Jahr jedoch hatten Niilo und er Lina Henke nicht mehr zu Gesicht bekommen.

An der Haustür verharrte Mika einen Moment. Denn hier endete der gefegte Fußweg. Weitere vom Schnee geräumte Pfade gab es nicht.

Egal, ob er zur Garage oder um das Haus herum laufen würde, die Spuren im Schnee könnten ihn verraten.

Zu dumm, dass er kein Handy mehr besaß. Sonst hätte er sich telefonisch bei ihr angemeldet. So, wie immer, wenn er sie besucht hatte. Trotz ihres Alters und trotz ihrer Schrulligkeit war Lina Henke ziemlich eitel und ließ niemanden herein, bevor sie sich umgezogen oder wenigstens ihr Haar gerichtet hatte.

Mika wusste, dass sie nachts die Klingel abstellte. Nachdem sie vor vielen Jahren einem dreisten Trickbetrüger auf den Leim gegangen war, der sich als Spendensammler für das Rote Kreuz ausgegeben hatte, war sie misstrauischer geworden. Um sich bemerkbar zu machen, musste er durch den Schnee um das Haus herum, zu ihrem Schlafzimmerfenster im Erdgeschoss. Es ging nicht anders. Also machte er einen möglichst großen Sprung in das nächste Blumenbeet und watete durch den knöcheltiefen Schnee, immer an der Hauswand entlang.

Aus der Zeit, als sie hier noch gewohnt hatten, kannte Mika die Angewohnheit der Witwe, nachts fernzusehen. Tagsüber schlief sie meist. Eine Familie, die sich um sie kümmerte, hatte sie nicht. Lina Henke war kinderlos geblieben. Ihre einzige Schwester wohnte in Ingolstadt, im fernen Bayern, und kam nur alle Jubeljahre zu Besuch. Eine Nachbarin versorgte sie mit dem Nötigsten: Lebensmittel, Geld von der Bank, Briefmarken von der Post.

In Wienhausen hatte sie – außer zur unmittelbaren Nachbarschaft – wegen ihrer Kauzigkeit kaum soziale Kontakte. Senioreneinrichtungen und -veranstaltungen, die Kirche oder Arztpraxen mied sie wie die Pest. Geistig war sie rege, aber körperlich litt sie, auch weil sie den Ärzten nicht traute. Knie und Hüfte machten nicht mehr mit, die Arthrose war weit fortgeschritten. In ihrer grenzenlosen Sturheit lehnte sie jede medizinische Behandlung und den Rollator ab, sie bewegte sich dafür so wenig wie möglich. Der TV-Apparat war für sie daher ein Segen.

Mika hatte mit seiner Vermutung richtig gelegen. Als er um die Hausecke bog, sah er den matten Schimmer im Schlafzimmerfenster. Die schweren Damastvorhänge ließen schmale Lichtstreifen durchscheinen.

Das Erdgeschoss lag in Hochparterre. Mika, nicht gerade der Größte, hatte keine Chance, ohne Hilfsmittel das Fenster zu erreichen. Rufen durfte er nicht, denn das würde die Nachbarschaft alarmieren. Er entschied sich für das Naheliegendste - Schneebälle zu werfen.

Schon nach dem ersten Schneeball ging das Licht im Schlafzimmer aus. Hinter den Vorhängen war nur noch ein leichtes Flackern zu sehen. Der Fernseher schien noch zu laufen. Beim zweiten Schneeball erlosch auch dieses Licht. Sie hatte das TV-Gerät ausgeschaltet. Nach dem dritten Wurf - Mika traf jedes Mal genau die Mitte der Scheibe - passierte zunächst gar nichts.

Er wartete ungefähr eine Minute, ohne dass sich am Fenster etwas regte. Im Schlafzimmer blieb es dunkel.

Sie wird doch nicht die Polizei anrufen, schoss es ihm durch den Kopf. Das wäre ein grandioses Eigentor. Nein, verwarf er rasch den Gedanken. Es wäre überhaupt nicht Lina Henkes Art, sogleich nach der Obrigkeit zu rufen, wenn es Schwierigkeiten gab. Schon gar nicht wegen ein paar Schneebällen. Wie lächerlich. Sie hatte sich stets selbst zu helfen gewusst. Auch damals bei dem falschen Rotkreuz-Spendensammler.

Mika bückte sich gerade, um den vierten Schneeball formen, als sich am Fenster etwas tat. Der Vorhang wurde in der Mitte eine Handbreit zur Seite geschoben. Obwohl das Licht im Schlafzimmer ausgeschaltet blieb, konnte er einigermaßen gut erkennen, was geschah. Durch den Schnee im Garten war die Nacht recht hell.

Mit einem leisen Knarren öffnete sich das Fenster ungefähr eine Handbreit.

Etwas schmales, rundes, metallisch Glänzendes schob sich durch den Spalt nach außen. Ein Rohr mit zwei Löchern. Als es einen halben Meter aus dem Fenster ragte, senkte sich das Ende wie in Zeitlupe und richtete sich auf den heimlichen Schneeballwerfer.

Mika Rahola bückte sich instinktiv. Er hatte erkannt, was da keine fünf Meter entfernt auf ihn gerichtet war.

Es waren die Läufe einer Doppelflinte.

Achtes Kapitel

Der Anruf kam gegen halb elf.

Henning Grube lag angezogen auf seinem Sofa und guckte auf *Arte* einen Reisebericht über Thailand. Der Beitrag interessierte ihn aus zwei Gründen. Zum einen, weil er im Februar mit seiner Freundin Annika dorthin reisen wollte, zum anderen sprach ihn als Förster die Reportage an.

Es ging um den Norden Thailands, um Chiang Mai, die Stadt der Goldenen Tempel, und um deren waldreiche und bergige Umgebung. Die wenigen wilden Elefanten, die es dort noch gab, lebten im Dschungel an der Grenze zu Burma. Die vielen Arbeitselefanten, die früher zum Holzrücken eingesetzt wurden, waren durch das Fällverbot, das die Regierung für Tropenhölzer verhängt hatte, von einem Tag zum anderen arbeitslos geworden. Zum Glück konnte man die meisten Elefanten umschulen und danach in der Touristik einsetzten.

Über die aktuellen politischen Unruhen in Bangkok hatte der Fernsehbericht bisher kein Wort verloren.

»Ein Wildunfall? ... Auf der 311?«

Henning Grube hielt sein Handy ans Ohr.

Er war wenig begeistert. Zwischen Oppershausen und Lachendorf sollte es gekracht haben. Es gab zwei Unfallfahrzeuge und zwei verendete Stücke Schwarzwild. Die toten Tiere mussten geborgen und versorgt werden.

Vom thailändischen Urwald zurück in den deutschen Forst, schoss es Grube durch den Kopf. Von den wilden Elefanten zu den wilden Schweinen ...

»Genau genommen bin ich da ja gar nicht zuständig«, beschwerte sich der Förster gähnend. »Der Jagdpächter dort heißt ... Okay, habe verstanden ... Ist um diese Uhrzeit nicht zu erreichen? ... Na wenn's denn unbedingt sein muss ... Ja, 'nen Anhänger habe ich ... Bin schon unterwegs.«

»Lumpenpack!«, keifte eine krächzende Stimme hinter der Gardine. »Verschwindet! Sonst gibt's 'ne Ladung Blei in den Hintern.«

»Nicht schießen!«, raunte Mika Rahola. Er kauerte noch immer am Boden. »Ich bin's, der Mika.«

Für einen Moment blieb es still hinter dem Vorhang.

»Erzähl keine Märchen!«, tönte es dann durch das Schlafzimmerfenster. Der Flintenlauf bewegte sich bei jedem Wort bedrohlich auf und ab. »Was soll der Schabernack?«

»Sehen Sie doch.« Mika erhob sich aus der Hocke. Dabei schob er seine Kapuze in den Nacken.

Die Gardine wurde einen Spalt breit zur Seite geschoben, eine Nasenspitze erschien im Dämmerlicht. Zögerlich senkte sich der Flintenlauf, die Mündung zeigte jedoch weiterhin nach draußen.

Mika trat zwei Schritte näher. »Entschuldigung, Frau Henke. Aber ich - ich brauche Hilfe.«

Der Flintenlauf wurde zurückgezogen, die Gardine öffnete sich einen halben Meter weit. Im Nachthemd und unfrisiert, tauchte Lina Henke im Fensterrahmen auf. Lange graue Haare umwehten die zierlichen Schultern der 85-Jährigen.

»Mika, Sie?«, krähte sie. »Mein Gott, Sie sind's tatsächlich.«

»Darf ich reinkommen?«, fragte der Finne. Besorgt schaute er zum Nachbarhaus hinüber, wo ein Hund angefangen hatte zu bellen. »Hier ist's zu gefährlich. Drinnen kann ich Ihnen alles erklären.«

»Teufel auch!« Lina Henke beugte sich ein Stück vor. »Kommen Sie am besten hinten zur Terrassentür«, flüsterte sie. »Da mach ich Ihnen auf. Aber es wird ein bisschen dauern. Sie wissen ja, meine Knie ... «

»Von den beiden Unfallflüchtigen und dem entwendeten Kia immer noch keine Spur«, berichtete Polizeioberkommissar Borkowitz, ein breitschultriger Hüne mit einem auf Streichholzkopflänge gestutzten pechschwarzen Vollbart. Obwohl sie voluminöse Winterkleidung und hohe Schneeboots trug, wirkte Maike Schnur neben ihm wie eine zarte Schulpraktikantin. »Trotz Großfahndung, Straßensperren, Hubschrauber ... die ganze Palette. Wir haben alle erdenklichen Kräfte zusammengezogen.«

»Vielleicht sind sie ja noch in der Nähe und haben sich nur versteckt«, erwiderte Robert Mendelski. Er trat einen Schritt zur Seite, um den Abschleppwagen durchzulassen. Die Landstraße zwischen Wienhausen und Lachendorf war immer noch voll gesperrt. Notarzt- und Rettungswagen waren zwar mit der verletzten Frau an Bord längst abgefahren, doch Polizeibeamte, die Kollegen von der Unfallforschung und die Feuerwehrleute hatten immer noch reichlich zu tun, um die taghell ausgeleuchtete Unfallstelle aufzuräumen.

»Haben Sie die Waldwege hier in der Umgebung abgeklappert?«, wollte Mendelski wissen.

»Ja, haben wir«, sagte Borkowitz. »Nichts. Bei dem Schnee kann man Autospuren ziemlich gut identifizieren.«

»Und wie groß war ihr Vorsprung, sagten Sie?«

»Höchstens fünf Minuten. Mehr nicht. Der Eigentümer des Kia hat uns informiert.«

»Ist der noch hier?«

»Ja, drüben bei der Feuerwehr. Dort war er jedenfalls gerade noch. Die haben da heißen Tee.«

Mendelski schaute zu seiner Kollegin hinüber. »Maike, wärst du so nett?«

Die Kriminalkommissarin schob ihre Strickmütze aus der Stirn. »Was jetzt? Tee holen oder den Mann vernehmen?«

»Am besten ... beides.«

»Und in welcher Reihenfolge bitteschön?«

»Erst der Tee.« Mendelski rieb sich die klammen Finger. Er hatte seine Handschuhe im Auto vergessen. »Mensch, ist das kalt.«

»Geh'n wir doch zusammen rüber«, schlug Borkowitz vor. »Ich könnte auch was Heißes vertragen.«

»Gute Idee.« Gemeinsam stapften sie los.

»Schildern Sie bitte kurz den Unfallhergang«, bat Mendelski. Er war unvermittelt stehen geblieben, um das Stück Schwarzwild zu mustern, das äußerlich unversehrt, jedoch mausetot am Straßenrand lag. Seiner fachkundigen Schätzung nach handelte es sich um einen Überläuferkeiler von gut 40 Kilogramm Gewicht.

»Also, die Wildschweine haben den Unfall verursacht«, schilderte Borkowitz. »Es war wohl eine ganze Rotte, die da die L 311 überqueren wollte. Der Lieferwagen, aus Richtung Wienhausen kommend, hat bei erhöhter, anscheinend nicht den Straßenverhältnissen angepasster Geschwindigkeit mindestens zwei Schweine erwischt. Durch den Aufprall oder durchs Bremsen - oder wegen beidem - geriet der Wagen dann ins Schlingern und anschließend auf die Gegenfahrbahn.« Der Polizeibeamte deutete auf die Unfallstelle. »Dort kam ihnen der Passat mit der Frau und dem Kind in die Quere. Es gab eine Kollision, aber zum Glück keinen Frontalzusammenstoß. Lieferwagen und Pkw schrammten aneinander entlang und landeten danach im Straßengraben, der Lieferwagen kippte um. Andere Verkehrsteilnehmer waren sehr schnell zur Stelle. Die haben einen Notruf abgesetzt und sich um die Verletzten gekümmert.«

Inzwischen waren sie bei dem Feuerwehrfahrzeug angelangt. Sie ließen sich dampfende Teebecher geben.

»Sind Frau und Kind denn schwer verletzt?«, wollte Maike Schnur wissen.

»Gottlob nein.« Borkowitz schüttelte den Kopf. »Erst sah es danach aus, da sie in ihrem Fahrzeug eingeklemmt waren. Die Frau hatte einen Schock, das Kind saß auf der Rückbank im Kindersitz und weinte. Wie ich den Notarzt verstanden habe, geht er bei der Frau von einer Gehirnerschütterung aus, dazu kämen ein paar Prellungen. Das Kind blieb wohl unverletzt.«

Mendelski nippte vorsichtig an seinem heißen Tee. »Okay, dann zu den beiden Männern aus dem Lieferwagen. Wo ist denn nun Ihr Zeuge?«

»Einen Moment.« Borkowitz sah sich um. »Wo ist denn der Besitzer vom Kia geblieben?«, fragte er den Einsatzleiter der Freiwilligen Feuerwehr, der im Kommandofahrzeug saß. »Der Mann mit der Pudelmütze und der roten Jacke.«

»Der hat sich gerade verabschiedet«, sagte der Feuerwehrmann. »Vor ein paar Minuten. Hat sich von einem Bekannten abholen lassen. Ihm war kalt geworden.«

»Ach nee, wirklich ... ?«, raunzte Borkowitz. Er kochte nicht nur innerlich.

»Haben Sie seine Daten?«, fragte Mendelski dazwischen.

»Natürlich.« Borkowitz klopfte sich auf die Brusttasche, wo sein Notizblock steckte.

»Und seine Aussage?«

»Auch die. Er war als Erster beim Lieferwagen. Die beiden Männer waren ohne Hilfe durch das Seitenfenster aus dem Unfallwagen herausgekrochen. Beide hatten Kopfverletzungen, bluteten an Stirn und Nase. Schienen sonst aber okay. Waren ziemlich unhöflich. Haben jede Hilfe abgelehnt und sich 'nen Scheißdreck - Entschuldigung - um ihr Fahrzeug gekümmert, geschweige denn um die Frau und das Kind. In dem ganzen Durcheinander haben sie dann den Kia geklaut. Der war nicht abgeschlossen, der Zündschlüssel steckte. Damit sind sie einfach abgehauen. Der Fahrzeugbesitzer hat's nach wenigen Minuten bemerkt und uns informiert.«

»War Alkohol im Spiel?«

»Der Zeuge glaubt, dass nein.«

»Konnte er die Männer beschreiben?«

»Ja, sogar ziemlich genau. Hab alles notiert.« Borkowitz klopfte erneut auf seine Brusttasche. »Aus dem Gedächtnis: Beide Mitte 30, Anfang 40. Mittelgroß, kräftige Statur, einer mit Glatze, einer mit Boxernase. Sie trugen keine Handschuhe, also müssten Fingerabdrücke en masse da sein. Und Blutspuren. Das müsste reichen.«

»Na, wenigstens was.« Mendelski hielt seinen Teebecher einem Feuerwehrmann hin, damit dieser nachschenken konnte.

»Haben Sie schon den Halter vom Lieferwagen?«, fragte Maike Schnur.

»Den haben wir. Aber das hab ich nicht mehr im Kopf.« Borkowitz zog nun doch seinen Notizblock hervor. »Jaschke«, las er vor. »Dieter Jaschke, geboren 14.07.1974, in Celle, gemeldet in Wathlingen.«

Maike hob die Rechte und versuchte, trotz ihrer Handschuhe mit den Fingern zu schnipsen. Es war vergebene Liebesmüh. »Na also«, rief sie euphorisch. »Sie sind es.«

»Wer ist was?«, wunderte sich Borkowitz.

Maike wies auf ihren Chef: »Das kann Ihnen der Leiter der Soko Klosterforst erklären.«

»Ich warne Sie«, sagte Lina Henke, nachdem Mika Rahola durch den schmalen Spalt der Terrassentür geschlüpft war. »Schauen Sie mich bloß nicht an. Ich bin nicht auf Männerbesuch vorbereitet. Meine Frisur ... «

»Danke!«, murmelte er mit einem verstörten Lächeln. »Vielen, vielen Dank!«

Sorgfältig verschloss sie die Tür hinter ihm. In der Stube brannte kein Licht. Lina Henke, die sich einen Bademantel übergeworfen hatte, deutete zum erleuchteten Flur.

»Erst mal in die Küche«, sagte sie. »Sieht aus, als könnten Sie was Heißes gebrauchen.«

In der Küche ließ Lina Henke das Rollo herab, bevor sie das Licht einschaltete. Erst jetzt musterte sie ihren nächtlichen Gast eingehend.

»Meine Güte«, rief sie bestürzt. »Wie sehen Sie denn aus? Überall Schrammen und blaue Flecken. Und der Kopf. Als ob Sie sich mit einem Bären angelegt hätten.« Missbilligend schüttelte sie ihr graues Haupt. »Für einen Damenbesuch hätten Sie sich ruhig ein wenig herrichten können. – Aber jetzt setzten Sie sich doch. Sonst fallen Sie mir noch um.«

»Sorry«, sagte er. Sichtlich erschöpft ließ er sich auf den Küchenstuhl fallen. »Aber ich habe Schlimmes hinter mir.«

»Hab davon gehört.« Sie war an die Spüle getreten und füllte den Wasserkessel. »Von diesem brutalen Mord ... von dem Verbrechen an Niilo. Gott sei ihm gnädig.«

Mika senkte den Kopf. »Ja, der arme Niilo«, murmelte er kaum hörbar. »Ich kann es immer noch nicht fassen.«

Lina Henke machte einen Schritt zur Seite und stellte den Wasserkessel auf die Herdplatte. Dabei schien sie eine falsche Bewegung gemacht zu haben. In ihrem rechten Knie knackte es, ihr schmerzverzerrtes Gesicht sprach Bände. Sie stützte sich auf die Anrichte.

»Alles okay?«, fragte er besorgt.

»Ja, ja, geht schon.«

Mit zusammengebissenen Zähnen schleppte sie sich zum nächsten Stuhl und sackte darauf nieder. »Wie schön, wenn der Schmerz nachlässt.« Sie deutete zum Küchenschrank. »Den Rest müssen Sie sich selber holen. Meine alten Knochen spielen nicht mehr mit. Hinter der linken Klappe sind Teekanne, Becher und die Teedose. Löffel und das Teesieb sind in der Schublade darunter. Ich trinke auch einen mit.«

»Danke, dass Sie mir vertrauen«, sagte Mika und erhob sich. Während er sich am Küchenschrank zu schaffen machte, begann er zu erzählen. »Ich stecke in sehr großen Problemen. Sie sind meine letzte Rettung.«

»Da bin ich aber gespannt.«

Er drehte sich abrupt um. »Sie sind hinter mir her«, rief er mit angstvollem Blick. »Alle. Die Gangster. Und ... und auch die Polizei.«

Lina Henke winkte ab. »Mal schön langsam, das kriegen wir schon. Ich hab schon ganz andere Sachen durchgemacht.«

»Ja? Aber ... die meinen es bitterernst. Besonders die Gangster. Die gehen über Leichen.« Sein Blick fiel auf das verhängte Fenster. »Ich habe ein schlechtes Gewissen. Dass ich Sie jetzt da reinziehe.«

»Na, na, Bange machen gilt nicht«, erwiderte sie mit aufmunterndem Tonfall. »Sie und ich, wir beide sind doch ziemlich gute Freunde, oder? Schon seit Jahren. Und wenn Freunde ein Problem haben, sollte man gefälligst die Arschbacken zusammenkneifen ... und helfen.«

Über Mika Raholas müdes Gesicht huschte ein Lächeln. Er mochte die derbe und direkte Art von Lina Henke. Für ihn war sie eine außergewöhnliche Frau. Eine eigenwillige, selbstbewusste Frau, die sich nicht verbiegen ließ. Nachdem er zwei große Henkelbecher auf den Tisch gestellt hatte, wandte er sich wieder dem Küchenschrank zu.

»Nehmen Sie den schwarzen Tee«, sagte sie. »Und nicht den braunen Saft vergessen. Die Flasche steht auch da oben. – Ja, genau die. Heute Nacht gibt's Tee mit Pfütze. Das lässt einen prima schlummern.«

»Ich besser nicht«, murmelte er, während er den kochenden Wassertopf vom Herd nahm. Ihm war klar, dass an Schlaf in den nächsten Stunden kaum zu denken war.

Wenig später hockten sie über dampfenden Henkelbechern. Mika Rahola hatte wohlweislich auf die Pfütze, den Rum, verzichtet, er musste einen klaren Kopf behalten. Stattdessen hatte er zwei Löffel Honig in den Tee gerührt. Eine Packung Weihnachtskekse stand auch auf dem Tisch. Schwarze Lebkuchenherzen, seine Lieblingskekse.

»Wie heißt noch mal ›Prost!‹ auf Finnisch?«, wollte Lina Henke wissen, während sie ihren Becher hochhielt. »Das war doch so'n lustiges Wort. ›Kipp es!‹ oder so ähnlich.«

»Kippis!« Mika hob ebenfalls seinen Teebecher.

Nach dem ersten Schluck verzog sie ihr Gesicht, als ob sie an einer sauren Zitrone gelutscht hätte. »Da muss mehr rein«, krähte sie und genehmigte sich einen Extraschuss Rum. Derweil verschlang er stumm und gierig sämtliche Kekse.

»So, lieber Mika.« Um die kalten Finger zu wärmen, umklammerte sie ihren Teebecher mit beiden Händen. »Was ist denn nun wirklich passiert? Die Nachbarn reden schrecklich wirres Zeug über Sie und Niilo und darüber, was da gestern im Wald passiert ist. Wollen Sie es mir nicht erzählen?«

»Ja«, erwiderte er, ohne lange zu überlegen. »Nur, das ist gar nicht so einfach.« Er senkte den Blick, um sich zu konzentrieren. »Ich habe nämlich einige Gedächtnislücken. Besonders von gestern fehlen mir ein paar Stunden. Und zwar genau die entscheidenden vom Vormittag ...«

»Macht nichts, versuchen Sie's trotzdem«, forderte sie ihn auf. »Erzählen Sie einfach das, woran Sie sich noch erinnern können.«

»Okay. Mach ich.« Mika suchte ihren Blick. »Und dann ... dann muss ich Sie um einen Gefallen bitten.«

Lina Henkes kleinen Augen funkelten. »Na, denn mal los«, krächzte sie. »Bin gespannt wie'n Flitzebogen.«

»Stopp! Nichts da. Aufhören!«, brüllte Mendelski über die Straße. Ein rundherum blinkendes Abschleppfahrzeug setzte gerade zurück, um den Lieferwagen auf den Haken zu nehmen. »Welcher Depp hat das denn angeordnet?«

Borkowitz antwortete nicht. Er zuckte kurz mit den Schultern und hastete über die Straße, um die Arbeiten zu stoppen. Robert Mendelski und Maike Schnur folgten ihm.

»Wir müssen noch weitere Spuren sichern«, erklärte Borkowitz dem Fahrer des Abschleppunternehmens. »Warten Sie bitte.«

»Außerdem kommt das Fahrzeug zu uns nach Celle«, grantelte Mendelski. »In die Jägerstraße.« Er stieg zu dem umgekippten Lieferwagen hinunter. Von den Unfallhelfern war der Schnee rund um das Fahrerhaus platt getreten.

»Soll ich Heiko anrufen?«, rief Maike hinter ihm her.

»Hast du das noch nicht?« Seine Stimme klang immer noch ungehalten.

»Nee, hab ich noch nicht«, äffte Maike ihn nach. Allmählich passte sich ihre Laune der seinen an.

»Na, dann aber los«, meckerte er weiter. »Hopp, hopp!«

»Hopp, hopp? - Geht's noch?« Sie machte auf dem Absatz kehrt, um nicht ausfallend zu werden. Mit dem Rücken zu ihm und einer gehörigen Portion Wut im Bauch zog sie ihr Handy aus der Tasche.

Mendelski stand schnaubend neben dem demolierten Lieferwagen. Es ging auf Mitternacht zu, sie waren den ganzen Tag auf den Beinen gewesen. Zweimal hatten sie die Entführer und ihr Opfer fast eingeholt. Doch jedes Mal waren sie zu spät gekommen. Kein Wunder, dass jetzt die Nerven blank lagen und der Ton an Schärfe zunahm.

Er atmete tief durch und riss sich zusammen. Nach einem flüchtigen Blick durch die Windschutzscheibe ins Wageninnere begab er sich zum Heck des Fahrzeugs. Auch hier fand er reichlich Spuren im Schnee.

Als er um das Wagenende bog, sah Mendelski, dass die rechte Hälfte der Hintertür aufgeklappt im Schnee lag. Die vielen Spuren im Schnee belegten, dass er nicht der Erste war, der in den Laderaum geguckt hatte. Er fummelte sein Smartphone aus der Innentasche seines Trenchcoats und schaltete die Taschenlampe an.

Der Laderaum war nahezu leer. In der einen Ecke lag ein zusammengeklapptes Bügelbrett, daneben ein Spanngurt und Nylonschnüre.

Als er den Lichtstrahl nach unten richtete, bemerkte er, dass er auf einem Stück Stoff stand. Auf flauschigem, dunkelblauen Kunststoffgewebe in der Größe einer Tischdecke. Der Reißverschluss gab ihm Gewissheit: Es handelte sich um einen Schlafsack.

Mendelski ging in die Hocke. Im gleichen Moment vernahm er Maikes Stimme hinter sich: »Heiko ist unterwegs«, sagte sie betont sachlich.

Seine Gedanken waren woanders. »Er war hier drin«, murmelte er.

»Im Schlafsack?«

»Ja. Jedenfalls nehme ich das an.«

»Und wozu das Bügelbrett?«

»Darauf war er wahrscheinlich gefesselt.« Mendelski nahm eines der Schnüre in die Hand. Das Nylonband war an einem Ende ausgefranst. »Das passt zu den Spuren, die wir in Wathlingen gefunden haben. Sie haben ihn auf dem Bügelbrett festgebunden und so aus dem Haus getragen.«

»Warum denn solche Mühe?«, wunderte sich Maike. »Konnte er nicht laufen?«

»Keine Ahnung. Vielleicht ist er doch schwerer verletzt, als wir bisher angenommen haben.«

»Oder sie haben ihn betäubt ... und er war gar nicht bei Bewusstsein.«

»Kann auch sein.« Mendelski erhob sich aus der Hocke. »Und dann der Unfall«, fuhr er fort. »Er wird samt Bügelbrett durch den Laderaum geschleudert sein.«

Maike schüttelte sich: »Ist irgendwo Blut?«

Mendelski leuchtete die Wände und den Bereich der Tür ab. »Sieht nicht danach aus. So auf den ersten Blick ... «

»Und dann?«

»Na irgendwie ist er hier raus.«

»Allein? Oder haben ihn die beiden Typen hier rausgeholt?«

»Wenn ich das nur wüsste.« Mendelski wandte sich zum Ausgang. »Wir müssen unbedingt diesen Zeugen mit der Pudelmütze sprechen. Vielleicht hat der ja doch mehr gesehen, als wir bislang erfahren haben. Oder es gibt noch andere Zeugen. Wenn die zu dritt weg sind, müsste das doch jemandem aufgefallen sein.«

»Das glaube ich auch«, stimmte Maike ihm zu. »Zumal der Finne bestimmt nicht freiwillig mitgegangen wäre.«

Sie stiegen aus dem Laderaum und leuchteten sich mit dem LED-Licht ihrer Smartphones den Weg.

»Die sind hier überall herum getrampelt«, schimpfte Mendelski, während er hektisch die Gegend um das umgestürzte Fahrzeug ableuchtete. »Dabei hätte uns der Schnee eine große Hilfe ... Moment mal!«

Der Lichtstrahl seines Handys hatte etwas fixiert. »Was ist das denn? Da führt doch eine einzelne Spur in den Wald.«

»Ja, eindeutig«, kommentierte Maike. Zu zweit leuchteten sie mit ihren Smartphones in den benachbarten Kiefernbestand. »Da ist einer gelaufen. Vom Fahrzeug weg, über den Fahrradweg und in den Wald hinein.«

Mendelski wandte sich um. »Herr Borkowitz«, rief er den Einsatzleiter, der oben auf der Straße stand. »Können Sie bitte mal kommen? Und bringen Sie eine vernünftige Taschenlampe mit.«

»Jesus, Maria!«, stöhnte Lina Henke, nachdem Mika Rahola verstummt war. In knappen Sätzen hatte er seine Erlebnisse der letzten 36 Stunden geschildert. Sie wischte sich eine Träne aus dem Augenwinkel. »So ein Drama«, seufzte sie auf. »Niilo enthauptet, Lilly erschossen, Sie entführt und gefoltert. Ein wahres Martyrium ... «

Wortlos starrte er auf die Tischplatte vor sich.

»Was macht Ihre Wunde?« Sie deutete auf den Kopfverband. »Ich hab die ganze Zeit gedacht, das wär 'ne Mütze oder so was.«

»Geht schon«, erwiderte er.

»Soll ich mal nachschauen?«

»Danke. Is schon okay. Die Gangster haben mich heute Mittag frisch verbunden.«

Lina Henke verstand die Welt nicht mehr: »Wie? Was wollen die Kerle denn nun von Ihnen? Erst schlagen die Sie krankenhausreif, entführen Sie, sperren Sie in so'n Loch und quälen Sie. Und dann machen sie Ihnen 'nen schönen Verband.«

Mika Rahola zuckte müde mit den Achseln. »Ich hab keine Ahnung. Gar keine.«

»Die Zeit bis zu Ihrer Gedächtnislücke, also gestern Morgen im Wald. War da wirklich alles ganz normal?«

»Ja. – Ganz bestimmt.« In seiner Antwort schwang Ungeduld mit. »Niilo und ich waren im Wald, wollten gerade anfangen zu arbeiten. Es war alles wie immer.«

»Sie hatten keinen Besuch?«

Mika Rahola zuckte mit den Schultern.

»Und der neue Förster?«

»War noch nicht da. Der kommt gewöhnlich erst gegen Mittag. Dem wollte ich ... « Er stockte.

Lina Henke rutsche auf ihrem Stuhl ein Stück vor. »Ja?«, fragte sie. »Was wollten Sie?«

Mika Rahola rieb sich die Stirn. Man sah ihm an, dass er sich das Hirn zermarterte. Dann sagte er plötzlich: »Dem wollte ich was erzählen.«

»Was denn?«

»Dass ich was gefunden hatte. Am Abend zuvor.«

»Am Sonntag?«

»Ja. Niilo und ich sind ja oft am Wochenende im Wald. Bei den Maschinen. Machen Service – Wartungsarbeiten und so was.«

»Und was hatten Sie da gefunden?«

Mika schaute mit großen Augen an ihr vorbei, in die Ferne. »Ich bin durch den Kiefernbestand gelaufen«, erzählte er leise und stockend. »Um zu gucken, wie viele Gassen ich noch zu bearbeiten hätte. Da stand ich plötzlich vor diesem uralten Baum. Einer riesigen Eiche. Davor war eine Mulde, ein großes Loch. Und darin lag ein totes Tier.«

»Ein totes Tier?«

»Ja, ein Hirsch. Ein sehr mächtiger Hirsch. Mit einem Geweih, wie ich es noch nie gesehen habe. Auch in Finnland nicht.«

»Und ... ?« Lina Henke schien ein wenig enttäuscht. Insgeheim hatte sie mit etwas Spannenderem gerechnet als mit einem Tierkadaver.

»Es sah so aus, als ob der Hirsch schon ein paar Tage tot war. Er war halb aufgefressen. Von Füchsen, Wildschweinen, Krähen oder so.«

»Und davon wollten Sie dem Förster am Montagvormittag erzählen?«

»Ja, genau. Ich wollte ihn deswegen nicht am Sonntag stören. Der Hirsch lag ja schon ein paar Tage da. Auf eine Nacht mehr oder weniger kam es jetzt nicht mehr an.«

»Sehe ich auch so.« Lina Henke winkte enttäuscht ab. »Glaube kaum, dass der Hirsch was mit den Gangstern zu tun hat.« Sie goss den letzten Schluck Rum in ihren Teebecher. »Sie sollten vielleicht doch besser zur Polizei ...?«

»Nein!«, fuhr er dazwischen. Leise aber bestimmt. »Freiwillig gehe ich nicht zur Polizei. Die sperren mich doch ein.« Die schiere Angst stand plötzlich in seinen Augen. »Die glauben mir nicht. Und das Schlimmste ist dieses Foto. Von mir. Ich im Harvester, Niilo vorn in der Zange ...« Er schlug die Hände vors Gesicht. »Und ich hab den Hebel in der Hand ...«

»Ach, Quatsch mit Soße!« Sie wurde ärgerlich. Energisch griff sie seinen Arm. »Sie haben Niilo doch nicht umgebracht. Das wird sich alles aufklären.«

Mika war unvermittelt aufgesprungen. »Irgendwann vielleicht«, rief er. »Wenn überhaupt. Nein, nein! Bis dahin sperren die mich ein, und im Gefängnis, da ... da drehe ich durch. Sie wissen, meine Vorfahren stammen aus Lappland. Wir Samen sind Nomaden. Wir halten es in vier Wänden nicht lange aus. Da werden wir verrückt.«

Lina Henke hatte sich ebenfalls erhoben. Langsam und mühevoll. Trotz ihrer Schmerzen in den Knien verzog sie keine Miene. Schwankend und etwas ratlos schaute sie ihrem Gast ins Gesicht.

»Ich muss los«, murmelte Mika Rahola. Er zog den Reißverschluss seiner Daunenjacke hoch.

Lina Henke stützte sich mit beiden Händen am Küchentisch ab, als sie ihn fragte: »Sie wollten mich doch noch um einen Gefallen bitten?«

Die Unfallstelle war schon von weitem zu sehen. Kein Wunder, denn die Landstraße, beidseitig von Wald umgeben, war trotz stockfinsterer Nacht taghell erleuchtet.

Wenig später stoppte Henning Grube an einer Polizeisperre. Es war schon die zweite. In Wienhausen hatte eine Streifenwagenbesatzung die Straße gesperrt und den Verkehr nach Lachendorf über Altencelle oder über Langlingen und Ahnsbeck umgeleitet. Die wachhabenden Beamten ließen ihn durchfahren, nachdem er sich als Förster ausgewiesen und sein Anliegen erklärt hatte.

Grube steuerte seinen Kombi bis zum ersten Feuerwehrfahrzeug und fuhr dann rechts ran. Der einachsige Anhänger für das Wildbret erschwerte das Manövrieren. Damit auf der Straße zu rangieren oder zu wenden, war nicht ganz einfach. Deshalb wollte er erst einmal zu Fuß die Lage peilen.

Messer, Stablampe und Wildbergehaken hatte er bei sich, als er ausstieg. Der Forstdienstjacke mit dem Hoheitsabzeichen war es zu verdanken, dass er schon bald vom erstbesten Feuerwehrmann angesprochen wurde.

»Hallo, Sie kommen sicher wegen der Wildschweine?«

»Richtig geraten. Wo liegen die denn?«

»Eins gleich da vorn am verunglückten Lieferwagen. Direkt am Straßenrand. Das andere vielleicht zehn Meter weiter auf der anderen Straßenseite.«

Der Feuerwehrmann wirkte freundlich und hilfsbereit. »Ich bin allein hier«, nutzte Henning Grube die Gunst der Stunde. »Können Sie mir helfen, die Tiere auf den Anhänger zu laden?«

»Klar doch. Ich kann auch noch Hilfe holen. Wir Lachendorfer haben im Moment sowieso nichts zu tun.«

Nachdem der nette Feuerwehrmann sich als Michael vorgestellt und zwei weitere Kameraden herbeigerufen hatte, standen sie zu viert vor dem ersten toten Schwein, dem 40-kg-Überläufer.

»Den schaffen wir zu zweit«, sagte einer der beiden neu Hinzugekommenen. »Wo steht denn Ihr Anhänger?«

»Da hinten, ganz am Ende«, wies ihm Grube den Weg. »Supernett von Ihnen. Dann können Michael und ich inzwischen das andere Stück bergen.«

Auf dem Weg zu dem zweiten toten Tier guckte sich der Förster interessiert um. Der umgekippte Lieferwagen im Straßengraben wurde gerade von zwei Polizeibeamten mit rotweißem Absperrband weitläufig eingekreist.

»Warum machen die das denn?«, wunderte er sich. »Gab's da etwa Tote?«

»Nee, nur Leichtverletzte«, erwiderte Michael. »Aber wir wundern uns auch ’n bisschen. Die von der Kripo aus Celle sind hier aufgetaucht und haben sämtliche Bergungsarbeiten gestoppt.«

»Nee, wirklich?« Grubes Interesse erhöhte sich schlagartig.

»Ja, wohl wegen der Fahrerflucht. Die beiden Typen aus dem Lieferwagen sind getürmt. Die sollen ein Auto geklaut haben, ausgerechnet von einem hilfsbereiten Zivilisten, und sind einfach damit weg.«

Henning Grube befiel eine seltsame Unruhe. »Wo sind denn die Kripoleute?«, fragte er, während er sich umschaute. »Bei der Einsatzleitung oder ...?«

»Nee«, unterbrach ihn Michael. »Die sind da irgendwo im Wald. Zusammen mit dem Polizeieinsatzleiter. Die verfolgen anscheinend eine Spur im Schnee.«

»Wieso das denn? Ich dachte, die sind mit ’nem Auto getürmt.«

»Ja. Hab auch keine Ahnung, was das soll.« Michael war stehen geblieben. »Übrigens, da unten liegt das Schwein.«

Sie kletterten in den Straßengraben hinab und zogen das Wildschwein an den Vorderläufen hinauf auf den Asphalt. Der schmächtige 20-kg-Frischling schweißte aus dem Gebrech.

»Das war doch sicher ’ne ganze Rotte?«, wollte Henning Grube wissen.

»Meint mein Kamerad auch, einer aus meiner Truppe«, antwortete Michael. »Der is auch Jäger. Er hat angeblich jede Menge Wildschweinfährten an beiden Straßenränder gefunden.«

»Dann muss ich für morgen früh eine Kontrollsuche organisieren. Mit ’nem Schweißhundführer. Wer weiß, wie viele Stücke noch was abgekriegt haben.«

Zu zweit zogen sie den Frischling durch den Schnee am Straßenrand. Als sie gerade den Lieferwagen passierten, waren plötzlich Stimmen aus dem Wald zu hören. Erstaunt blieben sie stehen.

»Die kommen zurück«, raunte Michael. »Bin gespannt, ob’se was gefunden haben.«

Henning Grube starrte wie versteinert auf die vierköpfige Gruppe, die aus dem Schatten der Bäume trat. Vorne weg Kriminalhauptkommissar Mendelski und seine smarte Kollegin Schnur. Die beiden kamen direkt auf ihn zugestürmt.

»Herr Grube«, ächzte Mendelski, dem trotz der Minusgrade die Schweißperlen auf der Stirn standen. »Das ist ja prima, dass wir Sie hier treffen.«

Förster und Feuerwehrmann ließen das tote Wildschwein zu Boden gleiten.

»Ja, bitte?« Henning Grube wurde vor Aufregung übel. Sein Blick suchte den von Maike Schnur.

»Es geht um Mika Rahola«, fuhr Mendelski keuchend vor Anstrengung fort. »Wo würden Sie von hier aus hinlaufen, an seiner Stelle?«

Der Förster verstand nur Bahnhof. »Äh, wie ...?«, war alles, was von ihm zu hören war.

»Sorry, aber wir haben es eilig.« Mendelski wischte sich mit seinem Stofftaschentuch den Schweiß von der Stirn. »Sehr eilig sogar. Nur kurz zur Erklärung: Wir nehmen an, dass Mika Rahola in dem verunfallten Lieferwagen transportiert wurde. Es sieht so aus, als ob er seinen Entführern entwischen konnte. Jedenfalls haben wir im Schnee seine Spur durch diesen Wald bis zu einem Forstweg verfolgen können. Dort verliert sich die Spur. Haben Sie eine Idee, wohin er ...?«

»Zu sich nach Hause«, antwortete Grube wie aus der Pistole geschossen. »Nach Oppershausen. Das sind keine zwei Kilometer von dem Weg, den Sie beschrieben haben. Er kennt den Waldweg aus dem Effeff.«

»Wir Idioten!«, schimpfte Mendelski mit sich - und Maike. »Dass wir da nicht selbst drauf gekommen sind.«

»Woher soll ich denn wissen, wo wir hier sind«, reagierte Maike sauer und zog ein Gesicht, das Bände sprach.

»Nichts wie hin.« Ohne sich zu verabschieden, rannten Mendelski und Maike los, in Richtung Auto.

»Brauchen Sie Verstärkung?«, rief Borkowitz ihnen nach. Doch er bekam keine Antwort.

»Schnell, das Schwein!«, rief Henning Grube. »Zum Anhänger. Ich muss da hinterher.«

Michael, der brave Feuerwehrmann aus Lachendorf, wusste nicht, wie ihm geschah.

»Meinen Mazda wollen Sie?«

»Ja. Aber ... nur geborgt.«

»So, so. Sie brauchen ein Fluchtfahrzeug.«

Mika Rahola nickte vorsichtig. »Kann man so sagen.«

»Ob da gerade meine alte Schaukel das Richtige ist?« Lina Henke seufzte auf. »Und überhaupt. - Aber Sie sind ja alt genug.«

»Vertrauen Sie mir. Sie kriegen Ihr Auto bald wieder.«

»Wer bringt ihn denn zurück? Sie selber?«

»Kann ich noch nicht sagen.« Er druckste herum. »Ich selbst oder ein guter Freund.«

»Aber seien Sie bloß vorsichtig.« Lina Henke schleppte sich zum Küchenschrank und zog eine Schublade auf. »Ist schon genug Schreckliches passiert.«

»Ich bin ein guter Autofahrer.«

»Das meine ich nicht.« Sie kramte in der Schublade. »Na, wo ist denn das gute Stück?«, murmelte sie.

»Auch sonst ... ich werde vorsichtig sein. Versprochen.«

Lina Henke drehte sich um, in der Hand hielt sie ein braunes Schlüsseletui.

»Der Wagen ist nicht mehr der Jüngste. So wie ich.« Sie schmunzelte kurz. »Wenn der man überhaupt noch läuft. Bin lange nicht mehr gefahren.«

»Wird schon ... «

»Im September war's das letzte Mal, glaube ich. War zur Beerdigung in Hohne. Wir haben Kreugers Mariechen unter die Erde gebracht. Hatte bestimmt drei Liköre und zwei Sekt intus. Wenn die Polizei mich damals angehalten hätte, wäre ich bestimmt den Lappen losgeworden.«

Sie gab ihm das Lederetui. »Der Garagenschlüssel ist auch dabei«, erklärte sie. »Machen Sie hinterher das Tor wieder zu und schließen bitte ab. Man weiß ja nie ... «

Mika Rahola nickte. »Ich kann Ihnen auch Geld hier lassen.« Er zog den Reißverschluss der Jacke herunter. In der Innentasche steckte das Bündel aus der Speisekammer in Oppershausen. »Quasi als Pfand.«

»So weit kommt's noch.« Sie wirkte pikiert. »Sie brauchen Ihr Geld dringender. Zum Tanken zum Beispiel. Ich glaube, der Wagen ist ziemlich leer gefahren.«

»Okay. – Die Papiere?«

»Sind im Auto. Hinter der Sonnenblende. Oder im Handschuhfach. Weiß der Teufel.«

Mika trat zur Tür. »Es könnte ein paar Tage dauern«, sagte er zögernd. »Ich weiß noch nicht ... «

»Stopp!« Sie legte den Zeigefinger auf ihre Lippen. »Ich will gar nicht mehr wissen. Wie lange? Wohin? Das geht mich gar nichts an.« Verschwörerisch zwinkerte sie ihm zu.

Er lächelte dankbar: »Ihr Mazda kommt heil zurück. Das verspreche ich.«

»Jetzt machen Sie sich mal nicht so viel Gedanken um das rostige Stück Blech. Hauptsache, die Sache hat ein gutes Ende. Bei diesem Winterwetter fahre ich sowieso nicht. Außerdem ist es vielleicht mal ein guter Anlass, den Führerschein zurückzugeben. In meinem Alter. Und bei den maroden Knien. Ich überleg mir das mal.«

Sie traten auf den Flur.

»Falls Sie Scherereien mit der Polizei bekommen«, wandte er sich um, »sagen Sie einfach, ich hätte den Wagen geklaut.«

»Mach ich glatt.« Lina Henke kicherte wie ein junges Mädchen bei einem Schulausflug. »Am besten, Sie fesseln und knebeln mich noch, damit es echt aussieht.«

Auch er lächelte kurz. »Besser nicht.«

Sie waren an der Haustür angelangt. »Kann ich sonst noch was für Sie tun?«, wollte sie wissen. »Wie sieht's mit Verpflegung aus?«

»Hole ich mir an der Tankstelle.«

»Meine Flinte?«

»Nein, um Gottes Willen.« Jetzt musste er sogar lachen. Er wurde jedoch rasch wieder ernst. »Lieber nicht. Ich wusste gar nicht, dass Sie so was haben.«

»Noch von meinem Mann. Is 'ne ›schwarze‹ Flinte, nirgendwo eingetragen. Eine Beute aus dem Zweiten Weltkrieg, aus Polen, glaube ich. Mit dem Schießprügel habe ich dem falschen Rote-Kreuz-Sammler damals mächtig Angst eingejagt.«

Lina Henke drehte den Schlüssel im Schloss, zweimal, und schob einen Riegel zurück. Vorsichtig öffnete sie die Haustür einen winzigen Spalt breit. »Gucken Sie nach, ob die Luft rein ist«, flüsterte sie.

Nachdem Mika sich vergewissert hatte, dass draußen alles ruhig war, drehte er sich noch einmal zu ihr um. Kurzentschlossen nahm er sie in die Arme und drückte den zarten Körper behutsam an sich.

»Kiitos!«, sagte er. »Danke! Danke für alles.« Er schob sich seine Kapuze in die Stirn und schlüpfte hinaus.

Sorgfältig schloss sie die Haustür hinter ihm. Mit dem Rücken an die Wand gelehnt wartete sie, bis gedämpftes Motorengeräusch aus der Garage zu ihr drang. Erst als das Auto von der Einfahrt auf die Celler Straße eingebogen war und es wieder still wurde, atmete sie erleichtert durch.

Lina Henke schlurfte in die Küche zurück. Aus den Tiefen des Küchenschranks holte sie eine neue Flasche Rum, öffnete sie und goss sich zweifingerbreit in ihre Tasse. Ohne Tee.

»Kippis!«, sagte sie im Stehen und hob das Glas. »Viel Glück, Mika Rahola!«

SIE KAMEN DIREKT NEBEN DEM KIA zum Stehen.

Noch beim Aussteigen zogen Mendelski und Schnur die Dienstwaffen und gingen hinter ihrem Fahrzeug in Deckung. Der Kia stand mit weit geöffneten Türen auf dem Hof, sämtliche Lichter waren erloschen.

»Das dürfte das Fluchtauto sein«, raunte Mendelski. Insgeheim ärgerte er sich, dass sie sich in der Hektik weder Kennzeichen noch genaue Beschreibung des gestohlenen Autos hatten geben lassen.

»Schau dir mal die Reifen an.« Maike hielt in der Linken eine Stabtaschenlampe, mit der sie in Richtung Kia leuchtete. »Zwei sind platt.«

»Merkwürdig.« Mendelski verließ seine Deckung und huschte in gebückter Haltung zum Heck des Wagens. »Zerstochen«, rief er. »Eindeutig. Mensch, was war hier bloß los?«

Lautes Motorengeräusch ließ sie aufschrecken. Es kam von der Straße.

Sekunden später rollten zwei weitere Autos auf den Hof. Vorneweg als Lotse Henning Grube mit seinem Kombi und dem laut polternden Wildanhänger. Dahinter hielt ein Streifenwagen - ohne Blaulicht und Martinshorn.

Borkowitz hat mitgedacht, dachte Mendelski, und uns Unterstützung geschickt. Die kommen gerade recht. Nur auf den Förster könnten wir im Moment verzichten.

»Lassen Sie die Scheinwerfer an«, rief er und erhob sich aus der Hocke. »Und richten Sie sie aufs Haus. - Ja, genau so. Noch etwas mehr auf die Haustür.«

»Da ist ein offenes Fenster«, stellte Maike fest, die sich neben Mendelski postiert hatte. »Guck mal, das kleine da links neben der Haustür.«

Der Kommissar pfiff leise durch die Zähne. »Vielleicht sind die noch drinnen. Wir müssen auf alles gefasst sein.«

Hinter ihnen klappten Autotüren. Im verharschten Schnee waren eilige Schritte zu hören. Die zwei Polizisten und Henning Grube tauchten auf.

»Wir gehen vorn rein«, erklärte Mendelski den Kollegen mit gesenkter Stimme. »Sie gehen um das Haus herum, zur Hintertür, und sichern dort. Aber Vorsicht, die Kerle können bewaffnet sein.«

»Wie viele sind das?«, wollte der eine wissen.

»Die zwei Autodiebe und der Finne. Also maximal drei.«

»Alles klar.«

»Am besten geben Sie mir eins Ihrer Funkgeräte, damit wir in Kontakt bleiben.«

Nachdem die beiden Männer ein Funkgerät zurückgelassen hatten, verschwanden sie im Dunkeln.

Mendelski wandte sich an den Förster: »Und Sie, Herr Grube, setzen sich jetzt wieder in Ihr Auto und warten da.«

»Aber ich kann doch ... «

»Nix aber! Ins Auto bitteschön. Bis ich Sie rufe, verstanden!«

»Einen Moment noch«, mischte sich da Maike ein. »Eine Frage hab ich noch.«

Mendelski guckte grimmig, nickte aber.

»Sie kennen sich doch im Haus der Finnen so leidlich aus, oder?«, wandte sie sich an den Förster.

»Ja klar.«

Sie deutete zur Hausfront. »Welcher Raum ist das da hinter dem offenen Fenster?«

»Äh ... Hinter dem kleinen da? – Das ist gleich neben der Küche. Das müsste die Vorratskammer sein.«

»Vorratskammer? – Okay. Danke, jetzt können Sie gehen.«

Das Funkgerät meldete sich: »Die Hintertür steht offen«, hörten sie eine kaum wahrnehmbare Stimme. »Das Polizeisiegel ist erbrochen. Von den Verdächtigen keine Spur.«

»Bleiben Sie dort«, antwortete Mendelski. »Und warten auf weitere Anweisungen.«

Wenig später standen Maike und er rechts und links des geöffneten Fensters. Deckung an der Hauswand suchend hielten sie ihre Waffen schussbereit.

»Das Siegel an der Haustür ist unversehrt«, flüsterte Maike Schnur.

»Dafür sind hier am Fenster jede Menge Spuren.« Mendelski prüfte den Schnee unterhalb des Fensters. »Allerdings führen die nicht hinein, sondern alle heraus.«

»Dann sind sie hinten rein. Und hier ausgeflogen.«

»Trotzdem!« Mendelski stellte sich in Positur.

»Hier spricht die Polizei!«, brüllte er ins offene Fenster. »Das Haus ist umstellt. Kommen Sie mit erhobenen Händen raus.«

Sie lauschten einige Augenblicke.

Nichts geschah.

Mendelski startete einen zweiten Versuch: »Herr Rahola! Sind Sie im Haus? Hier ist die Polizei. Wir wollen Ihnen helfen.«

Wieder kam keine Antwort.

»Wir gehen jetzt rein«, sprach Mendelski ins Funkgerät. »Sie warten hinten.«

»Durchs Fenster?« Maike guckte ungläubig. »Du, mit deiner Hüfte?«

»Red nicht«, erwiderte er nur. »Mach lieber 'ne Räuberleiter.«

Sie brauchten ein paar Anläufe, dann hatten sie es geschafft. Vor Anstrengung und Anspannung prustend standen sie kurz darauf in der Vorratskammer.

»Was ist das denn?« Maike Schnur deutete auf das ausgeräumte Regal. »Das war letzte Nacht noch nicht.«

»Gucken wir gleich«, entgegnete Mendelski. Er gab sich keine Mühe mehr, leise zu sprechen, denn er glaubte nicht daran, noch jemanden im Haus anzutreffen. »Erst müssen wir sicher gehen, dass niemand mehr da ist. Wir müssen überall nachsehen, Raum für Raum.«

»Dann mal los!« Maike betrat die Küche.

»Einer von Ihnen kann uns helfen«, sprach Mendelski ins Funkgerät, während er Maike in die Küche folgte. »Wir kontrollieren jetzt das Haus. Der andere sichert weiter.«

Sie untersuchten sämtliche Zimmer. Dabei schalteten sie überall das Licht ein. Schon bald war das Haus hell erleuchtet, doch von den entflohenen Entführen und ihrem Opfer keine Spur. Ziemlich geknickt kehrten sie in die Vorratskammer zurück.

»Mal wieder zu spät gekommen«, motzte Mendelski. Er gähnte. Seine Energie für heute schien endgültig aufgebraucht. Kein Wunder, war es doch schon weit nach Mitternacht. »Dann wollen wir wenigstens noch nachschauen, was es mit dem Regal auf sich hat.«

Ächzend ging er in die Knie. »Na, schau mal einer an.«

Maike bückte sich neben ihm und leuchtete in das leere Regalfach. Der Lichtstrahl traf das Loch in der Fliesenwand und den Hohlraum dahinter. »Ein Versteck«, murmelte sie.

»Nicht ein Versteck, sondern *das* Versteck«, korrigierte Mendelski. Bevor er den Arm ausstreckte, um das Innere des Hohlraums abzutasten, zog er Plastikhandschuhe über. »Das Objekt der Begierde. Danach haben die Entführer wahrscheinlich schon letzte Nacht gesucht. Genau darum dreht sich alles.«

»Und?«

»Leer«, stellte er ohne große Überraschung in der Stimme fest. »War eigentlich klar.«

»Ach nee!« Sie bedachte ihren Chef mit einem vernichtenden Blick. »Das sehe ich selber. Was meinst du, war da wohl drin?«

»Keine Ahnung.« Seine Hüfte schmerzte, also setzte er sich auf den Hosenboden. »Drogen, Bargeld, Dokumente - was weiß ich.«

»Und wer hat es ausgeräumt?« Sie tauschte Stabtaschenlampe gegen Smartphone, um ein paar Fotos zu schießen. »Die beiden Gangster? Oder Mika Rahola?«

Mendelski gähnte schon wieder. »Wohl eher der Finne«, fuhr er fort. »Letzte Nacht hat er das Versteck nicht preisgegeben. Dafür bekam er mächtig Hiebe. Es muss was sehr Wertvolles oder Wichtiges in dem Loch gesteckt haben. Heute - nach seiner überraschenden Flucht - war Rahola wahrscheinlich vor seinen Verfolgern hier. Er hat das Versteck geplündert und ist auf und davon.«

»Du meinst, die sind sich hier gar nicht mehr begegnet? Aber der Kia ist doch der Beweis dafür, dass die beiden Unfallflüchtigen auch hier waren.«

»Denk doch an die zerstochenen Reifen.« Er stützte sich auf seinen rechten Arm, um aufzustehen. »Offenbar war der Finne cleverer als sie und hat sie kurzerhand Schachmatt gesetzt.«

Maike half ihrem Chef auf die Beine. »Ich weiß nicht«, gab sie zu bedenken. »Wir sollten auf jeden Fall noch die Nebengebäude absuchen.«

»Das machen doch die von der Streife längst ... «

Ein wilder Lockenkopf tauchte im offenen Vorratskammerfenster auf.

»Kommen Sie schnell!«, rief Henning Grube atemlos. »Ich hab was Interessantes entdeckt.«

Neuntes Kapitel

Die Ostsee dampfte.

Das Meerwasser, deutlich wärmer als die von Osten aus den Weiten Sibiriens heranströmende arktische Kaltluft, verdunstete und ließ dünne Wasserdampffahnen entstehen, die wie zäher Nebel die Schaumkronen umhüllten.

Trotz der beißenden Kälte stand Mika Rahola an Deck. Die Kapuze seiner Daunenjacke tief ins Gesicht gezogen, trotzte er dem eisigen Wind. Er hatte sich als Einziger im Morgengrauen hinausgetraut. Alle übrigen Fahrgäste der *Scandlines*-Fähre, die zwischen Puttgarden und Rødby verkehrte, hielten sich im Inneren des Schiffs auf.

Zu so einer unchristlichen Zeit an diesem Mittwochmorgen Anfang Dezember nutzten nur wenige Passagiere die Fährverbindung in den Norden. Vor allem Lkw-Fahrer und Berufspendler verteilten sich auf die verschiedenen Decks. Der Weihnachtsreiseverkehr hatte noch nicht eingesetzt, die Mehrzahl der Touristen würde sich erst am Samstag vor dem vierten Advent auf den Weg machen.

Mika musste wach bleiben. Mit gut durchbluteten Wangen und eiskalter Nasenspitze stand er an der Reling und ließ sich den frischen Wind um die Ohren blasen. Würde er sich jetzt in die überheizten *FoodXpress*- oder *Good-to-Go*-Schnellrestaurants setzen, wäre er in Nullkommanichts eingeschlafen. Angeschlagen, wie er war, würde er im Tiefschlaf die Ankunft in Rødby verpassen. Vom Schiffspersonal oder gar von Zollbeamten geweckt zu werden, war zu riskant. Auf seiner Flucht vor Gangstern und Polizei musste er so unauffällig wie möglich bleiben.

Die Überfahrt dauerte zum Glück nicht lange. Die Dreiviertelstunde würde er schon durchstehen. Nach der Ankunft in Dänemark wollte er den nächsten Parkplatz ansteuern und sich bei laufendem Motor und vollem Tank ein Schläfchen gönnen.

Die Tour mit dem alten Mazda von Lina Henke durch Dänemark und halb Schweden bis nach Stockholm würde sicher kein

Spaziergang werden. Wie der dänische Wetterbericht im Autoradio angekündigt hatte, sollte im Laufe des Tages über Südschweden ein Schneesturm hereinbrechen.

Schon die nächtliche Fahrt von Wienhausen bis hinauf nach Fehmarn hatte ihn geschlaucht. Dabei war die nachts nur wenig befahrene Autobahn zum Glück schnee- und eisfrei gewesen. Dennoch hatte es ihn enorme Anstrengung gekostet, wach zu bleiben. Ein halbes Dutzend Coffee-to-go, drei Dosen Coca Cola und unzähligen Schokoriegel hatten ein Einnicken am Lenkrad verhindert.

Ein anderes Schiff kreuzte den Kurs der Fähre. Ein vollbeladener Stückgutfrachter, der tief im Wasser lag. Ein Russe, wie die Fahne am Heck erkennen ließ. Kam wahrscheinlich aus St. Petersburg und war auf dem Weg nach Westen, um Kiel anzulaufen oder um den Nord-Ostsee-Kanal zu passieren, vermutete der Finne.

Vor vielen Jahren waren Niilo und er auch mal zur See gefahren. Als Zwanzigjährige hatten sie auf einem Holzfrachter des finnischen Forstkonzerns *Stora Enso* angeheuert. Die Fahrt nach Schottland war für beide die erste Auslandsreise gewesen.

Seine Augen begannen zu tränen. Ob das der scharfe Seewind hervorrief oder die Erinnerungen an seinen guten Freund - Mika wusste es nicht.

»Die Bullen!«, murmelte er.

Wollmütze stand am Fenster. Die linke Hand schützte die Augen vor der blendenden, nahezu waagerecht stehenden Sonne. In der rechten hielt er den Saum der Gardine und eine glimmende Zigarette.

Er trat einen Schritt zurück, um von draußen nicht gesehen zu werden.

»Frank, Freddy!«, rief er aufgebracht in Richtung offene Flurtür. »Die halten. Ey, die Bullen ... hier, bei uns. Kommt schnell! Scheiße! So eine Scheiße!«

»Kann gar nicht sein.« Sturmhaube - alias Frank - und Freddy, ein beleibter Mittvierziger mit strähnigen, wasserstoffblonden, schulterlangen Haaren, hasteten in die kleine Stube.

»Guckt doch! Die stehen direkt vor der Einfahrt.«

Die drei Männer starrten zum Fenster hinaus. Über die schneebedeckte Ligusterhecke, die das kleine Wochenendgrundstück umgab, ragten das Blaulicht und das silberne Dach eines Streifenwagens hervor. Der stand mitten auf dem Weg, die beiden Polizisten im Auto schienen sich zu beratschlagen.

»Wie haben die uns nur gefunden?«, knurrte Wollmütze ungläubig.

Frank, an dessen rechter Schläfe ein auffällig großes Pflaster klebte, packte Freddy am Arm. »Was jetzt? Gibt's hier 'nen Hinterausgang?«

»Klar doch«, erwiderte Freddy. »Bin ich von gestern? – Aber haltet mal den Ball flach. Die kommen nicht wegen euch.«

Wollmütze ließ sich nicht beruhigen. Wie ein Tiger im Käfig rannte er hin und her. Dabei verlor er die Asche von seiner Zigarette. »Woher willste das wissen?«, rief er aufgebracht.

»Ey, komm mal runter.« Freddy zog die Fenstervorhänge weiter zu. »Mein Nachbar, der alte Rebeschke, holt die wegen jedem Scheiß«, erklärte er. »Der findet immer irgendeinen Furz, um dann die Bullen zu rufen. Die aus Großburgwedel. Und die kennen das schon.«

»Vielleicht hat dein Nachbar ja gesehen, wie wir heut Nacht hier aufgetaucht sind. Und Verdacht geschöpft, so verdreckt und blutig, wie wir aussahen.«

»Red kein Blech«, entgegnete Freddy. »Der Rebeschke pichelt ganz gerne einen, schon tagsüber. Dafür pennt er dann nachts wie 'n Stein. Also, der hat garantiert nichts mitgekriegt von euch Helden. Nee, die Bullen kommen wegen der vielen Falschparker. Die nerven den alten Rebeschke ungeheuer.«

»Falschparker?« Frank guckte ungläubig. »Hier in dieser lausigen Siedlung am Arsch der Welt? Willste mich ...?«

»Halt schön die Luft an.« Freddy reagierte angesäuert. »Ihr Kleinstadt-Komiker verpisst euch extra hierher, weil ich so schön versteckt wohne, oder? In einer idyllischen Waldsiedlung, weit ab vom Schuss. Jetzt maul hier nicht so rum.«

»Vielleicht haste ja Recht«, knurrte Wollmütze vom Fenster her. »Die sitzen da immer noch in ihrer Karre ...«

»Is wegen dem Würmsee«, erklärte Freddy. »Der liegt da gleich um die Ecke, 'nen Katzenschiss entfernt. Wenn der Tümpel zufriert, is hier immer der Bär los. Schlittschuhläufer, Eishockeyspieler, jede Menge Volk. Verstopfen die ganzen Straßen.«

»Die würd ich aber ... zum Teufel jagen.«

»Das macht doch schon der Rebeschke«, grinste Freddy.

Frank traute dem Braten nicht. »Und da kommen die Leute mitten in der Woche und am helllichten Tag hierher, um Schlittschuh zu laufen? Ich fass es nich' ... Haben die nix Besseres zu tun?«

»Anscheinend nicht. Burgwedel is'n komisches Pflaster ... «

»Entwarnung!«, unterbrach sie Wollmütze von seinem Posten am Fenster. »Freddy hat recht. Die Bullen fahren weiter.«

»Na siehste«, trumpfte der Hausherr auf. »Die verteilen jetzt Knöllchen. Los, zurück in die Küche. Kriegsrat.«

»Halb elf?«

Henning Grube rieb sich die verschlafenen Augen. Der zweite Blick auf die Digitalanzeige des Radioweckers, der auf einem Hocker neben dem Bett stand, bestätigte seine Vermutung. »Scheiße, das gibt's doch gar nicht.«

Schwarzblaugestreifte Rollos verdunkelten das Schlafzimmer komplett. Ohne Licht zu machen, stolperte er über seine Kleider, die er letzte Nacht - oder besser: heute früh morgens - achtlos von sich geschmissen hatte, zu einem der Fenster. Hastig ließ er das Rollo zur Hälfte hochfahren.

Die Sonne schien von einem wolkenlosen Himmel, der Neuschnee der letzten Nacht brachte das Tageslicht zum Gleißen. Henning Grube kniff die Augen zusammen, drehte sich um und wankte ins Schlafzimmer zurück.

Ungeduldig suchte er sein Handy. Er hatte es beim Zubettgehen auf lautlos gestellt, um in Ruhe ein paar Stunden schlafen zu können.

Es lag im benachbarten Wohnzimmer auf dem Schreibtisch - und der Akku war leer. Rasch stöpselte er es ans Ladekabel und schaltete das Telefon ein.

Drei Anrufe in Abwesenheit. 7.33 Uhr, 8.57 Uhr und 10.04 Uhr. Zwei Nachrichten waren auf der Mailbox gelandet. Zwei

Waldbesitzer baten um Rückruf für einen Beratungstermin. Der Anruf von 7.33 Uhr war von einem unbekannten Anrufer, dessen Nummer nicht übermittelt worden war.

Verdammt! War das eventuell Mika gewesen?, fragte er sich.

Die Kommissarin Schnur hatte ihn gestern Nacht netterweise darüber informiert, dass Niilos Handy an der Landstraße zwischen Wienhausen und Eicklingen gefunden worden war. Von Mikas Mobiltelefon gab es bisher dagegen keine Spur. Die Kripo ging allerdings davon aus, dass die Gangster es inzwischen ebenfalls in irgendeinem Straßengraben entsorgt hatten.

Um 2.30 Uhr war die Suche nach Mika Rahola erst einmal abgebrochen worden. Beim Pinkeln - Henning Grube sollte ja draußen im Auto warten, bis die Polizei mit der Hausdurchsuchung fertig war - hatte er dann die frischen Fahrradspuren im Schnee entdeckt und daraus sofort seine Schlüsse gezogen. Er hatte Mika schon mal auf seinem Mountainbike radeln gesehen, als er mit Lilly im nahen Oppershausener Wald Gassi fuhr.

Nachdem er die Kripo-Leute von seinem Fund und seiner Vermutung unterrichtet hatte, waren sie sofort nach draußen zum Schuppen gelaufen. Im Schein der Taschenlampen verfolgten sie die markante Grobstollenspur des Fahrrads von der Hofeinfahrt bis zur Straße. Dort verlor sich die Spur. Ob der Fahrradfahrer - sie nahmen stark an, dass es sich um Mika und nicht um einen der Entführer handelte - Richtung Wienhausen oder Richtung Lachendorf gefahren war, blieb ungeklärt.

Also setzten sie die Suche mit Pkws fort. Mendelski und Schnur hatten über Funk alle Kräfte, die an der Fahndung nach dem Finnen und den zwei Unfallflüchtigen beteiligt waren, über die neueste Entwicklung und das Mountainbike unterrichtet. Dann waren sie Richtung Wienhausen gefahren, da es wenig wahrscheinlich schien, dass Mika in Richtung Lachendorf geradelt war - also an der Unfallstelle im Wald vorbei. Denn dort liefen immer noch die Aufräumarbeiten.

Die Streifenwagenbesatzung, die bei der Durchsuchung des Hauses geholfen hatte, war zurückgeblieben, um das Eintreffen des Spusi-Trupps der Kripo Celle abzuwarten.

Henning Grube hatte keine Vorstellung, wohin Mika in seiner Not geradelt sein konnte. Und überhaupt: Warum - in Dreiteufelsnamen - meldete er sich nicht einfach bei der Polizei? Nachdem er durch einen günstigen Umstand seinen Entführern entkommen war, sollte er schleunigst die nächste Polizeidienststelle aufsuchen. Zu seiner eigenen Sicherheit. Sonst ginge es ihm am Ende noch wie Niilo.

Seltsam das Ganze. Höchst seltsam.

Von diesen Überlegungen hatte er den Kripo-Leuten nichts verraten. Nachdem Mendelski und Maike Schnur tief in der Nacht losgefahren waren, hatte sich Henning Grube auch auf den Weg gemacht. Er musste ja noch die beiden Wildschweine in die Kühlkammer bringen.

Als er gegen 2.30 Uhr endlich nach Hause kam, hatte er noch einmal mit der Kommissarin Schnur Kontakt aufgenommen. Sie und Mendelski waren gerade auf dem Heimweg nach Celle. Die Suche nach Mika Rahola und seinen beiden Entführern sei bislang erfolglos geblieben, sie hätten nicht den Hauch einer Spur. Es wäre nicht einmal ausgeschlossen, dass die beiden Gangster den Finnen wieder eingefangen hätten.

Das hielt Grube jedoch für unwahrscheinlich. Mika war zu gewieft - und er hatte ein Heimspiel. Seiner Meinung nach würde sich der Finne kein zweites Mal diesen Verbrechern ausliefern.

Wen kannte Mika hier in der Gegend, wen konnte er um Hilfe bitten? Dem Förster wurde klar, dass er abgesehen vom Beruflichen sehr wenig über die Finnen und ihren Bekanntenkreis wusste. Dazu war er hier in Wienhausen noch nicht lange genug im Dienst. Vielleicht konnte ihm Hubert Warning helfen, der Försterkollege auf Kur, den er vertrat. Vielleicht wusste der mehr über die beiden - speziell über Mika.

Mit dem Smartphone in der Hand stand Henning Grube am Schreibtisch. Das Laden des Akkus lief quälend langsam. Der Förster öffnete das Adressbuch und fand bald die Handy-Nummer des Kollegen. Der hatte ihm vor seiner Abreise zugestanden, dass er ihn in dienstlichen Notfällen ruhig stören dürfte.

Nach mehrmaligem Klingeln sprang die Mailbox an. Henning Grube bat um einen Rückruf und legte auf.

Danach verschwand er im Bad. Unter der Dusche fiel ihm wieder ein, was er sich für heute Vormittag vorgenommen hatte. Er wollte von Oppershausen aus auf zwei verschiedenen Routen nach grobstolligen Fahrradspuren suchen: auf dem alternativen Aller-Radweg Richtung Osterloh und auf dem in Richtung Offensen. Beide Strecken kannte Mika gut. Vielleicht war er ja dort lang gefahren und hatte irgendwo im Schnee einen Reifenabdruck hinterlassen.

»Ihr wollt mir immer noch nicht erzählen, um was es hier eigentlich geht?«

Freddy goss Kaffee in drei Glühweinbecher mit Weihnachtsbaummotiven. Die drei Männer saßen um den Küchentisch und rauchten.

Frank pulte an dem Pflaster an seiner Stirn herum und schüttelte den Kopf. »Glaub mir. Is besser so.«

Freddy wandte sich an Wollmütze: »Und du, Lutz? Wie siehst du das?«

Der Angesprochene blies einen Schwall Zigarettenrauch in den verstaubten Tischlampenschirm. »Stimmt schon. Wir sollten dich da nicht mit reinziehen.«

»So'n Quatsch!« Mit Schwung lehnte sich Freddy zurück, der Stuhl knarrte bedrohlich unter dem Zweizentnermann. »Undankbares Volk! Da hol ich euch bei Nacht und Nebel aus 'm Wald, überall Bullen, rette euch den Arsch, riskiere sonst was, und ihr erzählt nicht mal, was los is.«

»Bleib gelassen, Mann«, beschwichtigte ihn Frank. »Wenn alles glatt geht, springen bestimmt 'n paar Riesen für dich dabei raus.«

»Habt ihr etwa was mit dem schwedischen Waldarbeiter zu tun?« Freddy ließ nicht locker. »Dem sie die Rübe abgesägt haben? Vorgestern war das, glaub ich. Hab davon im Radio gehört. Das war doch bei euch in der Ecke.«

»Finnischer, das war 'n finnischer Waldarbeiter ...« Lutz biss sich auf die Zunge.

Zu spät. Frank guckte ihn wütend an. »Keine Ahnung, von was du da redest«, rief er ärgerlich.

Freddy nickte unmerklich, während er mit Bedacht seine Zigarette in einer leeren Fischdose ausdrückte. »Okay. Lasst mal stecken. Ihr hattet da also einen Unfall und musstet türmen.« Der schwergewichtige Hausbesitzer hob den Blick. »Der ursprüngliche Plan war gewesen, bei mir für ein paar Tage unterzutauchen. Nur ... hattet ihr von drei Leuten gesprochen. Was ist denn mit dem dritten Mann passiert?«

»Der ... äh, der ist uns abhanden gekommen«, stotterte Lutz. Verunsichert schaute er zu Frank.

»Ja«, sagte dieser. »Den müssen wir wiederfinden. Unbedingt. Auf jeden Fall, und um jeden Preis.«

Freddy schien langsam zu verstehen. »Der ... der schuldet euch also was?«

»Kann man so sagen.«

»Das heißt, ihr könnt jetzt gar nicht – wie eigentlich geplant – für ein paar Tage abtauchen. Ihr müsst aktiv werden.«

»Genau so sieht's aus«, knurrte Frank.

Freddy seufzte auf: »Und das von meinem Haus aus. – Aber stimmt schon, lasst mich da bloß raus. Ihr wisst, ich bin auf Bewährung.«

»Wir passen schon auf.«

Freddys Miene zeigte tiefe Sorgenfalten. »Und wie soll's jetzt weitergehen?«, wollte er wissen. »Kann ich mal kurz weg? Ohne dass ihr Mist baut?«

»Klar doch.« Frank klopfte auf die Holztischplatte. »Tagsüber bleiben wir erst mal hier, die Lage peilen.«

»Na dann ...« Freddy erhob sich. »Ich fahr jetzt einkaufen. Fresssachen, Bier und so. Braucht ihr was Besonderes?«

»Bring Zeitungen mit«, antwortete Frank. »Will sehen, ob ... ob was von unserem Unfall drinsteht. Und Kopfschmerztabletten. Mir brummt der Schädel.«

»Und Zigaretten.« Lutz hielt eine leere Schachtel hoch. »Die mit dem Kamel drauf. Ohne Filter.«

Freddy ließ sich von Frank einen Geldschein geben. »Aber ihr bleibt in der Zwischenzeit im Haus«, sagte er. »Habt ihr verstanden. Geht auf keinen Fall vor die Tür. Und erst recht nicht Richtung

Würmsee. Da sieht euch Hinz und Kunz ... und da sind Pressefuzzis. Die knipsen dort die Schlittschuhläufer. Euch morgen in der Zeitung zu sehen, wäre fatal.«

»Hältst du uns für bescheuert? Wir sind doch nicht blöd und begeben uns so aufs Glatteis ... «

»Das gibt's doch gar nicht«, ereiferte sich Steigenberger.

Mit einer zusammengerollten Ausgabe der *Celleschen Zeitung* traktierte der Kriminaldirektor die Schreibtischkante vor sich. Mendelski zog sein Mineralwasserglas, das er bedroht sah, ein Stück zu sich. Gelassen zuckte er mit den Schultern.

»Der Radfahrer muss doch irgendjemandem aufgefallen sein«, fuhr der Leiter der Polizeiinspektion Celle unbeirrt fort. »Bei diesem Winterwetter, bei Schnee und Eis – da fährt doch kein Mensch mit dem Fahrrad. Schon gar nicht nachts.«

»Kann schon sein, dass ihn jemand gesehen hat«, entgegnete Mendelski. Dass er in der letzten Nacht nur vier Stunden geschlafen hatte, zeigten seine an den Rändern geröteten Augen. »Und wahrscheinlich hat sich derjenige auch gewundert. Aber ... diesen Zeugen müssen wir erst mal finden. Wer ruft denn schon die Polizei an, nur weil er einen Fahrradfahrer im Winter gesehen hat?«

»Dann müssen wir eben an die Öffentlichkeit.« Steigenberger hielt die Zeitung hoch. »Und die Sache publik machen. Vom Unfall heute Nacht steht noch nichts drin.«

»Wie auch«, entgegnete Mendelski mit einem unterdrückten Gähnen. »Der passierte doch erst nach Redaktionsschluss.« Er lehnte sich zurück, bevor er fortfuhr: »Was mich aber viel mehr beschäftigt: Warum ist der Finne überhaupt getürmt? – Gut, sich von der Unfallstelle zu entfernen, um seinen Entführern zu entkommen, kann ich noch nachvollziehen. Aber dann? Hinterher? Normalerweise würde er doch irgendwo um Hilfe bitten, bei Freunden, beim Förster, was weiß ich. Im besten Fall beim nächsten Kommissariat, bei der nächsten Polizeidienststelle, also in Wienhausen. Aber was macht er? Er taucht unter.«

»Vielleicht stand er unter Schock«, meinte Steigenberger vorsichtig. »Durch den Unfall. Oder ... noch von der Entführung ... «

»Und wenn er auch Dreck am Stecken hat?« Mendelski beugte sich wieder vor. »Dafür spricht sein merkwürdiges Verhalten - und natürlich das Versteck in seinem Haus.«

»Das er gestern Nacht ausgeräumt hat?«

»Genau.«

»Wie groß war denn das Loch?«

»Ungefähr wie ein normales Schließfach auf'm Bahnhof.« Mendelski zeichnete mit dem Zeigefinger ein Rechteck in die Luft. »40 mal 60 Zentimeter oder so.«

»Und wie tief?«

»60 bis 80 Zentimeter, glaube ich. Steht alles im Bericht.«

»Ja, ja. Lesen kann ich noch.« Steigenberger wirkte gereizt. »Es gibt also keinerlei Anhaltspunkte, was da drin war?«

»Bisher nicht. Aber es dürfte das gewesen zu sein, was die beiden Entführer von den Finnen haben wollten. Scheint für sie schon von einigem Wert zu sein.«

»Aber für Mika Rahola doch genauso«, gab Steigenberger zu bedenken. »Sonst hätte er das Versteck nicht so vehement verteidigt. Wie es aussieht, hat der getötete Finne sein Schweigen sogar mit dem Leben bezahlt.«

Mendelski wiegte stumm den Kopf.

»Seid ihr sicher, dass in dem Versteck keine Drogen waren?«, fragte Steigenberger.

»Jedenfalls keine, die unsere schnüffelnde Hundedame Bella kennt. Sonst hätte sie Rabatz gemacht.«

»Geld?«

»*Pecunia non olet.* Geld stinkt nicht. Da konnte uns der Spürhund nicht helfen. Aber denkbar wäre das natürlich.«

»Waffen?«

»Zumindest nicht ausgeschlossen, aber vom Platz her käme höchstens eine Handfeuerwaffe in Betracht. Oder ein auseinandernehmbares Gewehr.«

»Eine gesuchte Tatwaffe vielleicht?«

Mendelski ließ ein gedehntes »Okay« verlauten. Erstaunt zog er die Augenbrauen hoch. »Also ... darauf sind wir noch gar nicht gekommen.«

»War ja auch 'ne harte Nacht für euch.« Der Kriminaldirektor trommelte nervös mit der Zeitung. »Mir graut vor morgen«, sagte er. »Ich sehe schon die Schlagzeile: *Ganoven klauen Auto vor den Augen der Polizei* oder: *Gesuchte Mordverdächtige bauen Unfall, Polizei lässt sie laufen.*« Steigenberger beugte sich zu Mendelski hinüber: »Da muss heute unbedingt was Neues kommen. Wo sich die Presse draufstürzen kann.«

»Wir arbeiten dran.« Mendelski unterdrückte erneut ein Gähnen. »Heute müsste eine Flut von Daten eintreffen. Heiko und das Labor wissen gar nicht, was sie zuerst und zuletzt analysieren sollen: Fingerabdrücke, Haare, Blut-, Fuß- und Reifenspuren en masse. Da wird schon was dabei sein, das uns weiterhilft.«

»Du hoffst, dass ihr die Flüchtigen identifizieren könnt?«

»Schauen wir mal. Bei der kriminellen Energie, die die beiden an den Tag legen, gehe ich stark davon aus, dass wir es nicht mit unbeschriebenen Blättern zu tun haben.«

»Zumal das ja Bekannte von dem Dieter Jaschke aus Wathlingen sind«, warf Steigenberger ein.

»Den kennst du?«

Der Kriminaldirektor nickte. »Ist schon 'ne Weile her, zehn Jahre bestimmt. War auch nicht deine Abteilung. Ging um Betrug, Erpressung, Nötigung etc. ... «

»Passt. Da befinden sich unsere Pappenheimer ja in bester Gesellschaft.«

Steigenberger stand auf, die Zeitung zum Abschied schwenkend. »Also dann wollen wir mal hoffen, dass heute noch was Neues reinkommt ... «

Ohne dass jemand geklopft hatte, wurde die Tür aufgestoßen, Maike Schnur kam hereingestürzt. Ihr Gesicht strahlte. Von Müdigkeit keine Spur, wie Mendelski voller Neid feststellte.

»Wir haben sie«, rief sie.

Steigenberger, den sie fast über den Haufen gerannt hätte, wandte sich perplex um: »Wen bitte haben Sie?«

»Na, die Unfallflüchtigen von letzter Nacht. Die beiden Entführer des Finnen. Ging ganz schnell.«

»So, LASS MAL SEHEN, ob da was Brauchbares bei ist.«

Frank leerte seine Jackentaschen auf dem Küchentisch. Briefumschläge, Postkarten, diverse Zettel, ein abgegriffenes Notizbuch, einen Tischkalender.

»Mann, was hast du in der Hektik denn alles eingesteckt?«, wunderte sich Lutz. »Nur gut, dass du überhaupt dran gedacht hast.«

»Keine Ahnung, ob's was bringt.« Frank breitete die Gegenstände auf der Tischfläche aus. »Als der mit dem Fahrrad abgehauen ist, hab ich gedacht, weit kommt der nicht bei dem Schnee. Und in dem Zustand. Der wird sich irgendwo Hilfe holen.«

»Aber nicht bei den Bullen.«

»Nee, bei denen nicht. Da haben wir ja mit dem Foto 'nen Riegel vorgeschoben«, grinste Frank hämisch.

Lutz nahm zwei Briefumschläge in die Hand. »Du meinst, dieser Papierkram nützt uns was?«

»Ja, vielleicht finden wir Namen, eine Adresse oder so. Lass uns mal in Ruhe durchgucken. Was anderes haben wir nämlich nicht.«

»Zu blöd, dass wir die Handys der beiden entsorgt haben. Da hätten wir jetzt wenigstens 'n paar Namen.«

»Nee, nee. Das war schon okay. Damit hätten die uns in nullkommanix geortet.«

»Guck mal, die sind aus Finnland.« Lutz hielt zwei Briefumschläge hoch. »Jedes Mal der gleiche Absender.«

»Vielleicht die Eltern. Oder Geschwister. – Nee, lass uns erst nach Namen und Adressen hier aus der Gegend forschen, aus dem Raum Celle. Gib mal das Notizbuch rüber, ja, das blaue da.«

Frank blätterte die Seiten durch. »So'n Kauderwelsch«, murmelte er. »Wahrscheinlich Finnisch. Und Zahlen. Mit Datum. Hinter den Zahlen steht ›Rm‹ und ›Fm‹. Warte mal ... ah, ich hab's. Wahrscheinlich geht's um Holz.«

Lutz hatte sich den Tischkalender vorgenommen: »Oh Mann, haben die 'ne Klaue. Wer soll das denn lesen können: *Loikanlahdentie ... Saarijärvi ...* «

»Lass es. Such lieber deutsche Namen.«

»Da, ich hab einen: H. Grube. Steht fast auf jeder Seite. Meistens vormittags.«

»Vormittags? Da arbeiten die doch gewöhnlich im Wald. Das wird der Förster sein. Guck weiter.«

»Wie wär's damit? Dr. Behrens. Steht auf der heutigen Seite. Um 11.30 Uhr.«

»Könnte 'n Quacksalber sein. Ich glaub aber kaum, dass er da heute hin is'.«

»Warum denn nicht? Schließlich hat er so einiges auf die Birne bekommen.«

»Ey Mann, Lutz!« Frank warf genervt das Notizbuch zur Seite. »Unser Finne, das ist ein Mörder auf der Flucht. Kapier das endlich. Der geht nicht einfach so zum Arzt inne Sprechstunde.«

Bockig klappte Lutz den Tischkalender zu und nahm einen losen Zettel in die Hand. »Was is das denn?«, sagte er nach einer Weile. »Eine Telefonliste. Ich fass es nich. So Nummern hat doch heute jeder in seinem Handy.«

»Lass sehen.« Frank nahm das Papier und studierte die Namen. »Bingo! Hab ich von der Pinnwand im Flur. Is anscheinend halbwegs aktuell. Da wird vielleicht was Passendes dabei sein.«

Lutz rückte mit seinem Stuhl näher. »Lies mal vor die Namen.«

Frank hielt den Zettel höher, ins Licht. »Giuseppe«, las er. »Dr. Behrens - den hatten wir schon, Aki, Paavo - klingt nach Finnen -, Janette, *Fit-Center,* Henning Grube - den hatten wir auch schon, *Shell,* Forstamt, Lina Henke, *Volksbank* und *Pizza.* Das war's.«

»Viel is das nicht. Und jetzt?«

»Die telefonieren wir alle ab. Jedenfalls die Namen. Nicht die Bank, nicht die Tanke, nicht die Muckibude, nicht den Pizza-Bringdienst und auch nicht Dr. Behrens.«

»Und das Forstamt?«

»Das auch nicht, du Held.«

»Da bleibt nicht viel.«

»Umso besser.«

Lutz blieb skeptisch. »Mit welchem Telefon denn?«, fragte er. »Doch nicht mit unseren Handys. So blöd wirst du ... «

»Schnauze!«, bellte Frank. »Natürlich nicht.« Mit dem Kinn deutete er zum Küchenschrank. Dort stand Freddys Telefonstation samt mobilem Schnurlos-Apparat.

»Nee, ne?«

»Doch. Haste 'ne bessere Idee?«

»Da wird Freddy aber nicht begeistert sein.«

»Muss er ja nicht. Kriegt doch keiner mit. Jedenfalls nicht gleich. Und bis irgendwer dahinterkommt - auch Freddy -, sind wir längst über alle Berge.«

»Und, was soll das bringen?« Lutz schien überhaupt nicht begeistert. »Selbst wenn er bei einem von denen steckt, werden die uns das bestimmt nicht ... «

»Ach was!«, unterbrach ihn Frank barsch. »Das ist unsere einzige Chance. Lass mich mal machen. Ich hab da 'ne Idee ... «

»FRANK SOYKA UND LUTZ WEHMEIER«, triumphierte Maike Schnur. Sie schwenkte ein paar DIN-A-4 Bögen. »Der Abgleich der Fingerabdrücke aus dem Haus in Wathlingen mit denen aus dem Lieferwagen hat's gebracht.«

»Soyka, Wehmeier - wartet mal, da klingelt was bei mir.« Steigenberger griff sich eins der Blätter, die Maike ihm hinhielt. »War das nicht ... ?«

»Der Überfall auf die Sparkasse gegenüber dem Schloss«, fiel ihm Mendelski ins Wort. »Dabei wurde einer von uns angeschossen und schwer verletzt. Muss vor acht, neun Jahren gewesen sein.«

»Vor elf«, korrigierte Maike Schnur. Sie reichte auch ihm ein Blatt Papier. »Sogar vor elfeinhalb Jahren. April 2002. So kann man sich irren, Herr Kriminalhauptkommissar. Ja, ja. Das liebe Alter ... «

»Frau Schnur, bitte!« Steigenberger sah sich genötigt, dem Leiter der Soko Klosterforst beizuspringen. War er doch selbst noch zwei Jahre älter.

»Papperlapapp!« Mendelski war solche Frotzeleien von Maike gewohnt. Ohne auf den Zettel zu schauen, versuchte er sich zu erinnern. Schon um Maike zu zeigen, wie es um sein Erinnerungsvermögen bestellt war. Und obendrein aus Prinzip.

»Es waren drei Täter damals«, referierte er. »Neben Soyka und Wehmeier ein gewisser Rausch, oder Reusch. Siegfried, Siggi Reusch, stimmt's?«

Maike hob wortlos den Daumen.

»Nach dem Überfall«, fuhr Mendelski fort, »war es draußen vor der Sparkasse, auf dem Schlossplatz, zu einer Schießerei mit einer Streifenwagenbesatzung gekommen. Der Kollege hatte einen fiesen Bauchschuss abgekriegt, die drei Gangster konnten erst mit einem Pkw und später auf Geländemotorrädern entkommen.«

»Aber wir haben sie binnen 48 Stunden geschnappt«, warf Steigenberger ein. »Ich erinnere mich noch an den SEK-Einsatz – mitten in Nienhagen.«

»Ja, aber wir haben nur zwei von ihnen gekriegt«, korrigierte Mendelski. »Soyka und Wehmeier. Der Dritte konnte sich absetzen.« Maike, die in ihren Unterlagen blätterte, hob erneut den Daumen.

»Und wohin?«, fragte sie wie eine Schulmeisterin.

»In die Karibik. In irgend so'nen Schurkenstaat, mit dem wir kein Auslieferungsabkommen hatten.«

»Na, na! Die Dominikanische Republik ist doch kein Schurkenstaat. Ich darf doch um *political correctnes* bitten.« Maike schaute in ihre Unterlagen. »Und was ist dort passiert?«

Mendelski grübelte. »Soweit ich mich erinnere, hat Siggi Reusch dort zunächst unbehelligt gelebt«, erzählte er. »Ein halbes Jahr, glaube ich. Man weiß nicht viel über diese Zeit. Bis er Opfer eines Raubüberfalls wurde und ums Leben kam.«

»Ja, so kann's gehen«, meinte Steigenberger trocken. »Die gerechte Strafe ereilt doch jeden, wenn auch manchmal etwas überraschend. – Und die Beute?«

»Gut eine Million Euro«, las Maike vor. »Keine Spur davon hier in Deutschland. Wahrscheinlich hat Reusch damit die Dominikanische Unterwelt auf sich gezogen – mit tödlichen Folgen.«

»War das nicht der Fall mit der beißfreudigen Engländerin?«, fragte der Kriminaldirektor. »Die hatte doch den einen Bankräuber gebissen, und über seine DNA konnten wir ihn identifizieren.«

»Richtig.« Jetzt war Mendelski an der Reihe, den Daumen zu heben. »Ich weiß noch, die hatte ich damals als Erster vernommen. War 'ne tapfere *Miss*. Hat für ihr couragiertes Auftreten später sogar einen Orden bekommen. – Aber ...«, er wandte sich wieder Maike zu, »seit wann sind die beiden denn draußen?«

»Seit genau einer Woche. Haben ihre Strafe brav abgesessen. Soyka in der JVA Lingen, Wehmeier in Vechta.«

»Und kaum sind sie draußen, drehen sie schon wieder ein Ding. Und was für eins.« Durch Mendelski ging ein Ruck. Seine Müdigkeit schien wie weggeblasen.

»Ist die Fahndung raus?«, fragte er Maike, während er zum Telefonhörer griff.

»Klar.«

»Versuch, alles über die beiden herauszubekommen, was machbar ist«, ordnete er an. »Familienangehörige, Freunde, alte Kumpels. Frag bei den JVAs nach, lass dir Namen der Zellennachbarn geben, die der Bewährungshelfer etc. pp.«

»Bin schon unterwegs.«

Steigenberger erhob sich. Erleichtert schwenkte er im Hinausgehen die Zeitung und rief: »Na, dann besteht ja noch Hoffnung, dass morgen was Positives in der *CZ* steht.«

»Womit fangen wir an?«

»Am besten der Reihe nach.«

»Okay, dann Giuseppe. Los, wähl.«

Frank tippte die Nummer in Freddys Telefon. Es war eine 0171er Handynummer.

»Willst du kein Taschentuch drumwickeln?«, fragte Lutz. »Damit man ...«

»Brauch ich nicht. Sei still jetzt.« Frank stellte das Telefon auf laut, damit Lutz mithören konnte. Es klingelte zweimal, dreimal, ein viertes Mal.

»Sciascia«, meldete sich eine männliche Stimme.

Frank antwortete nicht. Er wartete.

»Hallo, wer ist da?«

Franks Mund blieb geschlossen.

»Hallo!« Jetzt lauter.

Lutz verstand nicht, was Frank vorhatte.

»Hallo. *Buon giorno* ... Wer ist denn da?«

Lutz versuchte Frank durch eine Geste zum Antworten zu animieren. Doch der rührte sich immer noch nicht.

»Schlechte Verbindung ... «, grummelte die Stimme am anderen Ende der Leitung. Eine Stimme mit leichtem italienischen Akzent. »Wahrscheinlich ein Funkloch ... «

Frank schwieg eisern.

Giuseppe Sciascia legte auf.

»Was sollte das denn?«, entfuhr es Lutz. »So wirste doch nie ... «

»Schnauze.« Frank blieb cool. »Nimm den Nächsten.«

»Ich ... «

»Den Nächsten«, unterbrach ihn Frank.

»Wenn du meinst. Also: Aki, wahrscheinlich ein Finne ... «

»Und danach?«

»Paavo.«

»Klingt auch ausländisch. Was für Nummern?«

»Beginnen mit zwei Nullen: 00 3 58 und so weiter.«

»Klingt nach weit weg. Nee, lass die erst mal. Wer ist der Nächste?«

»Janette.«

»Hier in Deutschland?«

»Ja, 'ne Festnetznummer mit Celler Vorwahl.«

»Interessant. Los sag an.«

Frank tippte die Nummer. Es klingelte und klingelte. Nichts passierte. Sie brachen den Anruf ab.

»Da versuchen wir's später noch mal. Weiter.«

»Henning Grube. Wahrscheinlich der Förster.«

Nachdem Frank die Nummer gewählt hatte, wurde bereits nach dem ersten Klingelton abgehoben.

»Grube.« Eine junge feste Männerstimme.

Wieder antwortete Frank nicht. Lutz wandte genervt seinen Kopf ab.

»Hallo, hier Grube. Bezirksförsterei Flotwedel.« Es klang noch eine Spur energischer als zuvor.

Keine Antwort. Lutz zog die Augenbrauen hoch.

»Mika, bist du das?«, scholl es da aus dem Telefon. Die Stimme hatte ihren Tonfall plötzlich geändert. Sie klang nun sehr besorgt, nahezu flehend.

»Mika ... ? Mika Rahola?«

Frank stöhnte ins Telefon. Mehr nicht. Er stöhnte zweimal, es klang fast, als würde jemand verzweifelt nach Luft ringen. Danach lehnte er sich wieder zurück. Schweigend.

»Mika, verdammt!« Henning Grube schien jetzt außer sich. »Was ist los? Wo steckst du? Melde dich ... «

Unvermittelt drückte Frank den roten Knopf, die Verbindung war unterbrochen.

»Der hat auch keine Ahnung, so wie wir«, erklärte Frank seinem Kumpan. »Streich den Namen. Los weiter.«

»Wie?« Lutz guckte verwirrt. »Ich versteh' ... «

»Mensch, kapier doch endlich!«, fuhr Frank dazwischen. »Ausschlussverfahren! - Schon mal gehört?«

»Ach so.« Lutz tat so, als ob er verstünde. »Dann sag das doch gleich. - Und das klappt?«

»Fällt dir was Besseres ein? - Na also. Den nächsten Namen.«

Lutz nahm den Zettel zur Hand. »Lina Henke«, las er. Er diktierte die Nummer.

»Festnetznummer, in Wienhausen«, murmelte Frank, während er die Zahlen tippte.

Es klingelte fünfmal, dann wurde das Gespräch angenommen. Es dauerte allerdings einige Sekunden, bis jemand in den Hörer sprach.

»Henke«, krächzte eine weibliche Stimme. Obwohl die Frau nur zwei kurze Silben von sich gab, erahnte man ihr hohes Alter.

Frank schien enttäuscht, hatte er doch auf eine jüngere Stimme gehofft, eine Stimme, die zu einer Freundin Mikas oder seines toten Kollegen passen könnte.

»Hallo!« Sie hustete. »Hier Henke!«

Die beiden Gangster guckten sich unschlüssig an. Lutz zuckte mit den Schultern. Schließlich gab Frank erneut ein Stöhnen von sich. Ein langes, tiefes Stöhnen.

Nach einer schier endlosen Pause, ohne das etwas passierte, kam endlich eine Reaktion: »Mika?«

Stumm hob Frank den Zeigefinger.

»Mika, sind Sie es?« Lina Henke sprach nun laut und deutlich.

Frank und Lutz starrten konsterniert ins Leere.

»Mika! Hallo!«

Frank schüttelte lautlos den Kopf, in der Annahme, wieder auf einen Streichkandidaten gestoßen zu sein. Gerade wollte er das einseitige Gespräch beenden, als ihm Lina Henke dazwischenfunkte.

»Is was mit meinem Auto?«, fragte sie mit besorgter Stimme.

Franks Augen begannen zu leuchten, Lutz ballte die Faust zum stillen Triumph.

»Hallo! Mika? Haben Sie eine Panne?« Die Stimme wurde lauter.

Frank und Lutz pressten die Lippen zusammen, um nicht laut loszuprusten.

»Hallo?«, rief die alte Frau jetzt.

Frank griff sich das Telefonbuch, das direkt neben der Telefonanlage lag. Hannover Land, Celle, Peine. Er begann, hektisch darin zu blättern.

»Na, denn nicht.« Es klang resigniert – und eine Spur traurig. Im nächsten Augenblick legte sie auf.

»Ich hab sie«, johlte Frank, während er eine Seite aus dem Telefonbuch herausriss. »Lina Henke, Celler Straße in Wienhausen. Da müssen wir hin ... Sobald es dunkel wird, brechen wir auf.«

Zehntes Kapitel

Der Schneesturm fiel glimpflicher aus als von den Meteorologen im Verkehrsfunk von *Sveriges Radio P3* vorhergesagt. Zwar hatte es den ganzen Tag über unentwegt gestürmt und geschneit, doch hielten sich die für die Straßen befürchteten Behinderungen durch Schneeverwehungen und Eisglätte in Grenzen.

Über die Autobahn E4 zwischen Södertälje und Stockholm rauschte reger Feierabendverkehr. Zwei Schneepflüge, die leicht versetzt in Richtung schwedischer Hauptstadt fuhren, zogen eine lange Schlange von Fahrzeugen hinter sich her. Stoßstange an Stoßstange folgten die Pkws den beiden blinkenden Ungetümen, die man nicht überholen konnte. Über die ostschwedische Schärenlandschaft hatte sich längst die wintertypische Dunkelheit gelegt.

In sicherem Abstand folgten sie dem roten Mazda, der auf der rechten Spur fuhr. Bereits mehrere Minuten lang. Die beiden Streifenpolizisten Elsa Lindberg und Göran Svenson hatten ihre Schicht gerade erst angetreten.

Der Volvo V 70 war kaum als Polizeiauto zu erkennen. Eine festgefrorene Schnee-Schmutzschicht verbarg die Aufschrift *POLIS* und das weiß-gelb-blaue Schachbrettmuster, die aus Großbritannien stammenden und nach einem Kuchen benannten *Battenburg-Markings*. Lediglich das Blaulicht auf dem Dach wies auf ein offizielles Einsatzfahrzeug hin. Es war nicht eingeschaltet. Noch nicht.

Der Mazda 323 war der Streife aufgefallen, weil er Schlangenlinien fuhr. Die schwedischen Polizisten vermuteten, dass das Auto vor ihnen ohne geeignete Bereifung unterwegs war. Dabei bestand seit kurzem Winterreifenpflicht für sämtliche Fahrzeuge mit einem zulässigen Gesamtgewicht bis 3,5 Tonnen – vom 1. Dezember bis zum 31. März. Eine andere Ursache für die ungewöhnliche, verkehrsgefährdende Fahrweise mochte Alkohol- oder Drogengenuss des Fahrers sein, auch eine extreme Übermüdung war denkbar.

Ein sofortiges Eingreifen kam allerdings nicht in Frage, da der Streifenwagen hinter den beiden Schneepflügen von der Fahrzeugkolonne eingekeilt wurde. Zu überholen und den Pkw mit der Polizeikelle zu stoppen, wäre zu riskant. Die nächste Möglichkeit, den Mazda aus dem Verkehr auf einen Parkplatz oder in eine Ausfahrt zu dirigieren, lag zudem ein gutes Stück entfernt.

Am Steuer saß Elsa Lindberg. Mit dreißig Dienstjahren auf dem Buckel galt sie als alter Hase, entsprechend gelassen nahm sie die Situation. Ihr Beifahrer Göran Svenson - gerade zwanzig Jahre alt - war da schon ungeduldiger. Er überbrückte die Zeit bis zum möglichen Eingreifen und gab über Funk das Kennzeichen an die Zentrale durch, damit dort schon einmal eine Halterabfrage durchgeführt werden konnte.

Der rote Mazda, ein schon älteres Modell, trug ein deutsches Kennzeichen, das mit den Großbuchstaben CE begann. Elsa und Göran rätselten eine Weile, für welche Stadt oder Region in *Tyskland* das Kürzel stehen würde. Kennzeichen mit HH, B, M oder auch HB konnten sie zuordnen, das CE jedoch war ihnen unbekannt.

Die übrigen Buchstaben und Ziffern des deutschen Kennzeichens ließen sich nur schwer entziffern, da an dem Nummernschild gefrorener Schneematsch pappte. Doch nach mehreren Anläufen hatten sie die Zeichen schließlich herausgefunden.

Im Schein des grellen Blinklichts der voraus fahrenden Schneepflüge konnten sie erahnen, dass nur eine Person im Auto saß. Ob Mann oder Frau, ließ sich aus der Entfernung nicht feststellen.

Bereits drei Minuten später kam über Funk die Nachricht, dass der Wagen beziehungsweise das Nummernschild nicht als gestohlen gemeldet war. Kennzeichen und Autotyp passten zueinander, alles schien in Ordnung. Bislang. Der Name des Halters und weitere Daten sollten in Kürze folgen.

Kurz vor der Ausfahrt Botkyrka stockte der Verkehr plötzlich. Die Schneepflüge hatten abgebremst und wechselten die Fahrspur. Die Räumfahrzeuge schickten sich an, die Autobahn zu verlassen.

Da kamen über Funk die Daten zum Fahrzeughalter: Angemeldet wäre der rote Mazda 323 auf Lina Henke aus D-29342 Wienhausen, geboren am 20.02.1929 in Celle.

CE für Celle, jetzt hatten sie es. Elsa und Göran nickten sich zu. Dass der Wagen von einer 85jährigen Frau gesteuert würde, bezweifelten die beiden Polizisten allerdings. Sobald sich der Verkehr wieder entzerrt hatte, wollten sie den Mazda überholen und herauswinken.

Daraus wurde jedoch nichts. Das Funkgerät meldete: Schwerer Verkehrsunfall auf der Gegenfahrbahn, fünf Kilometer zurück auf der E4 in Richtung Södertälje. Sie waren am nächsten dran.

Im letzten Augenblick riss Elsa das Lenkrad herum und schlidderte gerade noch in die Ausfahrt. Mit eingeschalteter Sirene und Blaulicht drängte sich der Volvo an den Schneepflügen vorbei.

Der rote Mazda 323 schlingerte unbehelligt weiter auf der Autobahn in Richtung Stockholm.

DAS WAR NICHT SEIN TAG. Jedenfalls nicht, bis Hubert Warning anrief.

Die Suche nach den Reifenspuren von Mikas Mountainbike im Schnee war ergebnislos geblieben. Im Schritttempo hatte Henning Grube die Wirtschaftswege kontrolliert, die auch ›Alternativer Aller-Radweg‹ genannt wurden. Die Strecke von Oppershausen nach Osterloh und in die entgegengesetzte Richtung, die von Oppershausen nach Offensen.

Nichts. Reinweg nichts.

Mutlos war er dann noch einmal ins Langlinger Holz gefahren. Zum Tatort.

Um sich abzulenken, maß er die Holzmengen, die Mika aufgearbeitet und Niilo an den Waldweg gerückt hatte. Das musste er ohnehin erledigen. Er würde eine andere Firma damit beauftragen müssen, den Holzeinschlag in der angefangenen Kieferndurchforstung abzuschließen. Kaum vorstellbar, dass Mika hier weiter arbeiten würde. Ohne Niilo ... und sowieso. Ob er nach den grauenvollen Ereignissen jemals wieder in einen Harvester klettern würde?

Nach dem Messen der verschiedenen Holzpolter war Henning Grube planlos herum gelaufen, bis er schließlich vor der Hute-Eiche stand.

Die Mulde, in der das Hirschluder gelegen hatte, war letzte Nacht erneut von Wildschweinen aufgesucht worden. Die hatten den Boden tief durchgewühlt, anscheinend steckten im Erdreich immer noch Eicheln, von denen die Schwarzkittel mit ihrem ausgeprägten Geruchssinn magisch anzogen wurden.

Über eine Stunde lang hatte Henning Grube am Fuß der Hute-Eiche gehockt und nachgedacht. Eine Zigarette nach der anderen rauchend, zermarterte er sich das Gehirn, raufte sich die Locken, trat mehrmals mit Wucht gegen die Wurzelanläufe der Eiche. In lauten Selbstgesprächen machte er sich Luft darüber, dass er zum Warten verdammt war, dass er nichts für Mika tun konnte, obwohl er für dessen missliche Lage mitverantwortlich war. Dass er bei Annika mit der Thailandreise im Wort stand, machte alles nur noch schlimmer. Am Ende war er drauf und dran, seinen Plan über den Haufen zu werfen. Er hatte auch schon eine Idee, wie ...

Erst das Hupen eines Autos hatte ihn wieder auf den Boden der Tatsachen zurückgeholt. Durch die Bäume sah er, dass ein großer Geländewagen neben seinem abgestellten Auto anhielt. Der Japaner von Dr. Wimmer.

Der hatte ihm gerade noch gefehlt. Das folgende Gespräch fiel entsprechend knapp aus. Dr. Wimmer äußerte erneut seine Sorge um die Hirschtrophäe, doch das interessierte Henning Grube herzlich wenig. Mit dem geflunkerten Hinweis, dass ein Waldbesitzer in Schwachhausen auf ihn warte, hatte er sich empfohlen.

Tatsächlich war Henning Grube wieder nach Hause gefahren, nach Wienhausen. Einen mageren Imbiss hatte er um zwei Dosen Bier ergänzt - am Tage während der Dienstzeit Alkohol zu trinken, und auch gleich so viel, war äußerst ungewöhnlich für ihn. Schlecht gelaunt und grübelnd hatte er sich wieder ins Bett verkrochen.

Mehrmals dämmerte er weg, immer wieder schreckte er hoch. Halb bei Bewusstsein, halb im Traum reifte in ihm nach und nach ein Plan. Er spann den Faden weiter, den er unter der Hute-Eiche im Wald aufgenommen hatte.

Ein penetrant sich wiederholendes Jagdhornsignal riss ihn schließlich aus allen Träumen. Die Dämmerung war bereits hereingebrochen. Es dauerte eine Weile, bis er im dunklen Zimmer Lichtschalter und Handy gefunden hatte.

Hubert Warning war am Apparat. Der Förster auf Kur entschuldigte sich zunächst dafür, dass er erst jetzt zurückrief. Sein

Handy sei den ganzen Tag über ausgeschaltet gewesen, er habe vergessen, es wieder einzuschalten.

Henning Grube schilderte ihm sein Anliegen. Hubert Warning brauchte nicht lange zu überlegen. Die einzige Person, zu der Mika und Niilo in Wienhausen engeren Kontakt gehabt hätten, wäre eine alte Frau, bei der die beiden Finnen in ihrer Anfangszeit in Wienhausen ein paar Monate gewohnt hätten.

Er diktierte deren Namen und Adresse.

MAIKE SCHNUR WAR STINKSAUER. Das ließ sie auch den Dienstwagen spüren. Mit quietschenden Reifen - ohne den entgegenkommenden und vorfahrtsberechtigten Verkehr zu berücksichtigen - nahm sie den Abzweig von der B214 zur K50. Zum Glück war die Braunschweiger Heerstraße von Schnee und Eis weitestgehend geräumt. Der Passat blieb in der Spur und landete nicht an einem Straßenbaum.

»*Madre mia!*«, presste Mendelski hervor, während er sich mit beiden Händen am Griff über der Tür festhielt. »Auch mit Blaulicht sind die Straßen glatt. Fahr bitte etwas vorsichtiger.«

Maike tat so, als wäre ihr Beifahrer Luft. Sie guckte stur geradeaus und reagierte nicht auf dessen Einwand. Stattdessen schaltete sie vom zweiten in den dritten Gang und gab ordentlich Gas.

Sie war schlicht sauer. Anstatt nach der halb durchgearbeiteten Nacht heute mal pünktlich in den Feierabend zu verschwinden, raste sie mit dem Dienstwagen durch die Gegend. Nur weil ihr Chef noch mal los wollte. Sie hatte schon die Jacke angezogen gehabt, als Mendelski in ihr Büro gestürmt kam.

»Sie haben das Fahrrad«, hatte er gerufen. »Anruf von Borkowitz aus Wienhausen. Los, wir müssen hin.«

Ohne ihre Reaktion abzuwarten, war er davon gestürmt.

»Hat das nicht Zeit bis morgen ... «, hatte sie ihm noch nachgerufen.

»Ich warte unten«, war die Antwort aus dem Flur.

Als sie im Auto erfuhr, dass man das Fahrrad bereits am Mittag entdeckt hatte, also vor gut fünf Stunden, platzte ihr fast der Kragen. Warum jagten sie nach Feierabend im Dunkeln mit Blaulicht nach Wienhausen? Um ein dämliches, herrenloses Mountainbike anzustarren? War das wirklich so dringend?

»Das Fundbüro hatte doch keine Ahnung, dass wir nach einem Fahrrad fahnden«, versuchte Mendelski die Wogen zu glätten. »Zum Glück kam Borkowitz auf die Idee, dort mal nachzufragen.«

Maike hörte gar nicht hin. Unwillig schüttelte sie den Kopf – die erste Reaktion, seit dem sie losgefahren waren.

Sie waren müde, beide. Und der Tag war für die Soko Klosterwald ziemlich frustrierend verlaufen. Über Wehmeier und Soyka hatten sie so gut wie nichts erfahren, vor allem nichts darüber, was die beiden nach ihrer Entlassung aus dem Knast gemacht oder wo sie sich aufgehalten hatten. Die Indizien sprachen dafür, dass sie die letzte Woche im Haus von Dieter Jaschke in der Kali-Siedlung in Wathlingen gewohnt hatten. Die Vorladung von Jenny Evers war ins Leere gelaufen. Die haushütende Rothaarige hatte sich einer Befragung entzogen, indem sie mit unbekanntem Ziel verreist war. Doch der Verdacht, dass sie nach Mallorca geflogen war, um Jaschke Bericht zu erstatten, bestätigte sich nicht.

Bis auf die Identifikation von Wehmeier und Soyka war der Tag also ohne nennenswerte Erfolgsmeldung geblieben. Ihnen lief die Zeit davon. Umso mehr war Mendelski erleichtert, als er vom Fahrradfund erfuhr. Endlich eine neue Spur.

Sie rasten durch Bockelskamp. Mit Tempo 100. Mendelski hatte sein Smartphone hervorgeholt und schaltete es ein.

»Wir sollten unsere Kräfte besser einteilen«, maulte Maike. Die ersten Worte seit ihrer Abfahrt. »Montag ging's bis zehn, gestern Nacht bis morgens um drei. Und heute wird das auch nichts mit normaler Dienstzeit.«

Nach einer Pause setzte sie missgestimmt nach: »Irgendwann brauche ich auch mal Schlaf. Oder ein bisschen Privatleben. Matthew weiß schon gar nicht mehr, welche Haarfarbe ich gerade habe.«

Jetzt war es Mendelski, der nur mit halbem Ohr zuhörte. Er tippte eine SMS ins Smartphone. Wahrscheinlich an seine Frau Carmen, dachte Maike. Nicht mal dafür hab ich Zeit ...

Während Mendelski auf sein Smartphone eintippte, bemerkte er beiläufig: »Zwei Schüler haben das Fahrrad gefunden«. Er schien seinen eigenen Gedanken nachzugehen. »Ganz in der Nähe vom Kloster, in einem Gebüsch. Ich habe Borkowitz dorthin bestellt.«

»Na Klasse!« Wie auf Kommando begann sie zu niesen. »Wieder eine Outdoor-Veranstaltung bei dieser Saukälte. Wenn das so weitergeht, liege ich morgen flach.« Sie nieste erneut.

»Wenn wir Glück haben, ist der Finne noch irgendwo hier in Wienhausen.« Mendelski hatte sein Handy eingesteckt. »Da vorne musst du links abbiegen. Dort, wo es zum Klosterparkplatz geht.«

Maike nahm den Fuß vom Gas und schaltete ruppig einen Gang zurück.

»Kannst das Blaulicht schon mal ausmachen«, sagte er. »Sonst steht hier gleich das halbe Dorf herum.«

Trotz ihrer miesen Laune und ihrem Hang zu widersprechen, folgte Maike seinem Wunsch.

Als sie die Einfahrt sah, bremste sie.

Vor dem Abbiegen wollte sie noch einen Pkw vorbeilassen, der ihnen aus Richtung Ortszentrum entgegenkam. Doch plötzlich wurde dieses Auto langsamer und verschwand ohne zu blinken in einer Grundstückeinfahrt.

Maike fluchte und gab Gas.

Dass es sich bei dem abbiegenden Pkw, der ihnen entgegen gekommen war, um den Kombi von Hennig Grube handelte, hatten sie in der Dunkelheit nicht erkannt.

Gleich neben dem Eingang zu Lina Henkes Haus stand eine alte Eibe, mehr Busch als Baum. Die langen Zweige hatten sich unter der Schneelast bis auf den Boden gesenkt. Dahinter verbargen sich zwei Männer, die das spärliche Licht an der Haustür scheuten.

Den auffälligen Ford Mustang von Freddy hatten sie in einer Seitenstraße, im Gimpelweg, abgestellt. Wegen der Schneeberge am Rande der Fahrbahn hatte es sie einige Mühe gekostet, für den amerikanischen Straßenkreuzer einen Parkplatz zu finden. Das kurze Stück zurück zur Celler Straße, zum Haus, dessen Adresse auf ihrem Zettel stand, waren sie zu Fuß gelaufen.

Da sie auf die Schnelle nichts Besseres gefunden hatten, trugen sie wieder ihre bewährten Kopfbedeckungen: Frank Soyka seine

Sturmhaube, Lutz Wehmeyer die Wollmütze mit den Sehschlitzen. Ihre dünnen Jacken schützten sie nur unzureichend vor der abendlichen Kälte.

»Schleich mich jetzt rüber zur Garage«, flüsterte Soyka. »Du bleibst hier und schiebst Wache. Bin gleich wieder da.«

Bevor Wehmeier ein »Okay!« loswerden konnte, war Soyka schon verschwunden. Im Schatten des Hauses schlich er zum Garagentor. Im Schnee, der vor der Garage nicht geräumt war, waren Reifenspuren zu erkennen. Reifenspuren, die belegten, dass ein Auto hinaus, aber nicht wieder hinein gefahren war. Soyka brauchte keine Taschenlampe, um festzustellen, dass die Spuren relativ frisch waren und wahrscheinlich von letzter Nacht stammten.

Um sicher zu gehen, versuchte er, den Griff am Garagentor herunterzudrücken. Doch die Tür war verschlossen. Er kehrte zur Eibe zurück.

»Das Auto ist weg«, raunte er. »Passt alles.«

»Dann nix wie rein in die gute Stube.« Wehmeier bibberte vor Kälte. »Ich frier mir hier 'nen Ast.«

»Hast du das Tape?«

»Na klar.«

»Und den Elektroschocker?«

»Logo.«

»Also los ...!«

Sie wollten gerade ihr Versteck verlassen, als ein Auto in die Grundstückseinfahrt einbog. Dessen Scheinwerferlicht streifte die Eibe. Das Fahrzeug kam erst kurz vor der Hauswand zum Stehen.

»Zurück!«, zischte Soyka.

Ist das Auto da vorn nicht eben mit Blaulicht gefahren, fragte sich Henning Grube, nachdem er in die Grundstückseinfahrt eingebogen war. Oder sehe ich schon Gespenster? Nach den Ereignissen der letzten Tage wäre das kein Wunder.

Bevor er den Motor ausschaltete, warf er noch rasch einen Blick auf die Digitaluhr. 18.13 Uhr. Sicher nicht der ideale Zeitpunkt für einen unangemeldeten Damenbesuch. Aber ihm blieb keine Alternative. Er hatte sich dafür entschieden, nicht vorher anzurufen. Er wollte ihr Gesicht sehen, wenn er Lina Henke unvermittelt auf Mika ansprach.

Henning Grube stieg aus, verriegelte sein Auto und ging auf das Haus zu. Automatisch - das hatte er schon den halben Tag lang gemacht - schaute er auf den Boden, um nach bestimmten Fahrradspuren Ausschau zu halten. In der Einfahrt zu Lina Henkes Haus waren keine zu erkennen. Lediglich Fußspuren und Autoreifenabdrücke.

Autoreifenspuren?

Henning Grube wunderte sich. Hubert Warning hatte doch erzählt, Lina Henke wäre bereits Mitte achtzig und wohnte allein. Wenn sich die alte Dame bei diesem Winterwetter mit dem Auto auf die Straße traute ... alle Achtung.

Er klingelte. Die Türschelle war im Haus deutlich zu hören. Sonst tat sich nichts. Das schmale Fenster rechts neben der Haustür blieb dunkel.

Er klingelte ein zweites Mal, etwas länger jetzt. Wieder wartete er geduldig.

Hinter dem Fenster wurde es plötzlich hell. Durch eine blassgrüne Gardine konnte Henning Grube sehen, dass sich jemand der Haustür näherte.

»Ja, ist ja gut«, hörte er eine weibliche Stimme krächzen. »Alte Dame ist kein D-Zug.«

Langsam kam der Schatten näher. Ohne die Gardine zur Seite zu schieben, wurde das kleine Fenster neben der Haustür auf Kipp gestellt.

»Wer ist da?«

»Guten Abend. Entschuldigen Sie die Störung. Mein Name ist Henning Grube. Ich bin Förster und vertrete zurzeit Hubert Warning. Er hat mir Ihre Adresse gegeben.«

»Soso, der Stukenförster Warning schickt Sie«, krähte sie durch den Fensterspalt nach draußen. »Und worum geht's?«

»Das ist vertraulich.« Henning Grube hatte sich zum Fenster gebeugt, um nicht so laut sprechen zu müssen. »Darf ich kurz reinkommen und Ihnen das unter vier Augen erklären? Es muss ja nicht die ganze Straße mithören.«

»Das hat mir schon mal jemand weismachen wollen. Mit dem hab ich schlechte Erfahrung gemacht. Der mit mir aber auch. Sie müssen wissen, ich bin bewaffnet.«

Die Gardine öffnete sich einen Spalt weit. Der Lauf einer Doppelflinte kam zum Vorschein.

»Liebe Frau Henke, ich bitte Sie!«, flehte Henning Grube. Er sah keine andere Möglichkeit, als schon jetzt mit seinem Anliegen herauszurücken. Auch wenn er ihr dabei nicht in die Augen schauen konnte. »Es geht um ... um Mika Rahola.«

Der Flintenlauf wurde langsam zurückgezogen. Wie in Zeitlupe. Nach einer Weile kam ein gereiztes: »Na und?«

»Der hat hier doch mal gewohnt, oder? Er hat für mich im Wald gearbeitet, als vorgestern dieses ... dieses Unglück geschah. Ich möchte ihm gern helfen. Ist er hier bei Ihnen?«

»Nein. Ist er nicht. Sonst noch was?«

»Wissen Sie vielleicht, wo er ist?«

»Nein, keine Ahnung. Und jetzt gehen Sie besser.«

»Okay, okay!« Henning Grube gab auf. »Ich geh ja schon. Aber falls Sie ihn sprechen sollten, richten Sie ihm bitte aus, dass er sich unbedingt bei mir melden soll. Ich kann ihm helfen. Ich glaube, ich bin der Einzige, der ihn aus seiner brenzligen Lage befreien kann. Sagen Sie ihm das bitte.«

Hinter der Gardine blieb es einen Augenblick lang stumm. Dann kam leise die Antwort: »Ich weiß wirklich nicht, wo er ist. Wenn er sich meldet, werde ich's ihm ausrichten. Gute Nacht.«

Enttäuscht stapfte Henning Grube zum Auto zurück. Gedankenverloren drehte er sich noch einmal um und schaute zu dem Haus zurück.

Nein, er glaubte ihr. Sie wusste wirklich nicht, wo Mika war.

»Was steht da?« Robert Mendelski kniff die Augen zusammen. Vergebens. Ohne Brille konnte er die Schrift auf dem Schild nicht lesen.

»Sie betreten das Klostergelände auf eigene Gefahr. Wir warnen eindringlich vor herabstürzenden Ästen!«, las Maike Schnur vor. Sie waren Borkowitz gefolgt und betraten den Klosterpark.

»Hier direkt hinterm Zaun hat es gelegen?«, fragte Mendelski.

»Mehr gestanden als gelegen«, erwiderte der Polizist. Im Strahl seiner Taschenlampe deutete er auf den dünnen Stamm eines Feldahorns. »Es war dort angelehnt. Nicht abgeschlossen.«

»Spuren? Im Schnee?«

»Leider nein. Sie sehen's ja selbst.« Er leuchtete den Boden ab. »Die beiden Jungs haben alles zertrampelt. Sind zuvor ein paar Runden mit dem Rad gefahren. Erst danach haben sie es zum Fundbüro gebracht.«

»Das ist hier im Ort?«

»Ja, im Bürgerbüro. Am alten Bahnhof.«

»Warum sind Sie so sicher, dass es sich um das Mountainbike von dem Finnen handelt?«

Borkowitz musste schmunzeln. »Na, auch wir hier draußen können Spuren vergleichen. Die Reifenabdrücke vom Hof in Oppershausen und die von dem hier aufgefundenen Fahrrad stimmen überein. Es gibt da signifikante Merkmale im Stollenprofil.«

Betretenes Schweigen. Mendelski räusperte sich, als wollte er sich entschuldigen.

»Wo ist das Rad denn jetzt?«, fragte er.

»Bei uns auf der Polizeistation. Sie können es nachher gern mitnehmen.«

»Das werden wir auch.« Mendelski trat einen Schritt zurück. Er schaute in die Runde. Sein Augenmerk konzentrierte sich auf die nähere Umgebung, auf Häuser, in denen es möglicherweise Zeugen gäbe. »Was uns natürlich brennend interessiert, ist, was hier letzte Nacht passiert ist«, brummte er.

»Vom Haus in Oppershausen hierher ist es nicht weit«, sagte Borkowitz. »Vielleicht zwei Kilometer. Der Finne wird gegen Mitternacht hier eingetroffen sein.«

»Wie fährt man die Strecke mit dem Rad? Auf der Hauptstraße?«

»Nicht unbedingt. Ich nehme an, er ist die Mühlenstraße entlang, eine kleine Seitenstraße, und dann am Kloster vorbei.«

»Aber warum steigt er ab, schiebt sein Fahrrad in die Büsche und geht zu Fuß weiter? Ausgerechnet hier?«

Borkowitz zuckte mit den Schultern.

»Da vorne ist doch gleich die Hauptstraße«, meinte Maike. »Vielleicht hat ihn jemand im Auto eingesammelt.«

Mendelski guckte sie fragend an. »Wie denn? Seine Flucht war doch spontan und hektisch. Das Handy werden ihm seine Entführer nicht gelassen haben ... «

»Das Versteck!«, unterbrach ihn Maike. »Das Versteck in der Speisekammer in Oppershausen. Vielleicht war da ja auch ein Ersatzhandy deponiert. Darüber hat er sich mit jemandem verabredet und hier abholen lassen. Auf dem einsam gelegenen Klosterparkplatz. Ist doch ein idealer Treffpunkt für Huckeduster.«

»Und wer soll dieser Jemand sein?« Mendelski blieb skeptisch. »Wir haben doch überhaupt keine Hinweise auf eine Vertrauensperson. Keine Freundin, keine Waldarbeiterkollegen, keine Landsleute weit und breit. Die beiden Finnen lebten doch hier in Deutschland ziemlich isoliert.«

»Er ist ja wohl kaum mit dem Bus gefahren«, nörgelte Maike, die von ihrer Theorie überzeugt war. Sie deutete zu der Bushaltestelle auf der gegenüberliegenden Straßenseite.

»Um Mitternacht fährt hier kein Bus mehr«, gab Borkowitz zu bedenken.

»Vielleicht ist er ja zu Fuß weiter«, sinnierte Mendelski, »weil er kurz vor seinem Ziel war, weil er das Fahrrad nicht mehr brauchte. Es war Mitternacht. Bitterkalt. Er brauchte einen Unterschlupf.« Der Kommissar schaute in Richtung Norden. »Was liegt dort hinter dem Klosterpark?«

»Tennisplätze. Und Fußballfelder.«

»Mit Vereinsheimen?«

»Ja, natürlich.« Borkowitz warf sich in die Brust. »Die haben wir selbstverständlich bereits gecheckt. Keine Einbrüche, keine verdächtigen Fußspuren im Schnee, nichts Auffälliges. Auch die öffentliche Toilette dort drüben haben wir untersucht. Fehlanzeige.«

Mendelski nickte anerkennend. »Und der Klosterpark selbst?«

»Ebenfalls keine Auffälligkeiten.«

Maike drehte sich um 180 Grad. Sie sagte: »Kommt also doch wieder die Celler Straße ins Spiel ... «

»Oder die Häuser dahinter«, fiel ihr Mendelski ins Wort. »Lasst uns mal ein paar Schritte gehen.«

Zu dritt marschierten sie die zwanzig Meter bis zur Hauptstraße. Dort blieben sie unschlüssig stehen.

Aus Richtung Ortszentrum rollte ein Auto heran, ein brauner Kombi, der abrupt abbremste. Der Fahrer wird Borkowitz in seiner Polizeiuniform gesehen haben und eine Verkehrskontrolle befürchten, dachte sich Maike. Doch dann erkannte sie den Wagen. Es war das Auto von Henning Grube.

Der Kombi hielt direkt neben ihnen, das Seitenfenster fuhr herunter. »Sie hier?«, fragte der Förster. »In Wienhausen auf der stockdunklen Straße? Gibt's was Neues?«

»Das Fahrrad wurde hier gefunden«, erklärte Mendelski ohne Umschweife. »Dort drüben hinter dem Zaun.«

Henning Grube sperrte Mund und Augen auf. »Das ist ja interessant.« Er schaute in den Rückspiegel. »Warten Sie. Ich parke nur schnell den Wagen. Bin sicher, dass ich Ihnen weiterhelfen kann.«

Das Klirren liess Lina Henke zusammenfahren.

Es kam aus der Küche. Kein Zweifel.

Sie war gerade dabei, im Schlafzimmer die Heizung höher zu drehen. Das tat sie jeden Abend, bevor sie sich zum Fernsehen ins Bett legte. Vor Schreck sank sie auf der Bettkante nieder. Sollte der Förster doch nicht weggefahren sein?, schoss es ihr durch den Kopf. Wollte er sich jetzt rächen? Dafür, dass sie ihn weggeschickt hatte? Mit Schneeballwürfen gegen die Fensterscheiben, so wie es Mika Rahola letzte Nacht gemacht hatte? Bei ihm allerdings waren die Scheiben heil geblieben.

Wo ist die Flinte, fragte sie sich, während sie sich umschaute. Die muss ich im Flur abgestellt haben. Im Schirmständer, mutmaßte sie.

Sie erhob sich und schleppte sich auf wackligen Beinen zur Tür. »Na, warte Bürschlein!«, murmelte sie. »Dir wird das Schneeballschmeißen noch vergehen.«

Im Flur angekommen, knipste sie das Licht an und schlurfte weiter bis zur Garderobe neben der Haustür. Dort stutzte sie. Der Schirmständer war leer.

»Nanu?«, wunderte sie sich. »Wo ist denn das gute Stück?«

Als sie sich umdrehte, spürte sie den Luftzug.

Eiskalte Winterluft. Sie kam aus der halbgeöffneten Küchentür. Aus dem Dunkeln. In der Küche brannte kein Licht.

Eine kaputte Fensterscheibe um diese Jahreszeit ist auch nicht ohne, kam ihr in den Sinn. Bei den Minusgraden konnte schnell was kaputtfrieren. Teufel auch! Und einen Glaser kriegt man um diese Uhrzeit auch nicht ans Telefon.

Nach ein paar schmerzvollen Schritten - die Knie knackten bedrohlich - hatte sie die Küchentür erreicht. Ihre rechte Hand wanderte tastend zum Lichtschalter.

Sie knipste das Licht an und trat ein.

Ihr erster Blick fiel auf die wehende Gardine. Der zweite auf das halb geöffnete Fenster. Der dritte auf das faustgroße Loch im Fensterglas, direkt neben dem Griff.

»Wie das ...?«, wunderte sie sich, wobei ihr Schreck und Kälte gleichermaßen in die Glieder fuhren. Reflexartig schlurfte sie auf das Fenster zu, um es zu schließen.

Hinter sich hörte sie ein Geräusch. Ein leises Klicken - und das Licht erlosch.

Sie war so überrascht, dass sie vergaß, um Hilfe zu rufen.

»Hier ist also das Fahrrad gefunden worden?«, vergewisserte sich Henning Grube.

»Richtig. Exakt hier, an dem kleinen Bäumchen da.« Borkowitz zeigte sich wenig erfreut, dass er an diesem Abend zum dritten oder vierten Mal ins Gebüsch kriechen musste - dazu noch für einen Zivilisten. Das Astwerk war voller Schnee, gefroren und dadurch widerspenstiger als sonst.

»Und Sie sind sich ganz sicher, dass es Mika Raholas Mountainbike war?«

»Jaaaa!« Der frierende Polizeioberkommissar verspürte überhaupt keine Lust, die gleichen Fragen noch einmal zu beantworten. »Ganz sicher.«

»Kann ich es mir mal ansehen? Ich könnte es eindeutig identifizieren.«

»Meinetwegen auch das. Aber später ...«

Robert Mendelski und Maike Schnur warteten ungeduldig.

»Was wollten Sie uns nun sagen?«, rief Mendelski, während er von einem Fuß auf den anderen trat. Sie standen mittlerweile zwanzig Minuten in der Kälte herum, dafür war sein Schuhwerk nicht ausgelegt. Er fror jämmerlich.

»Sagte ich doch.« Maike grinste schadenfroh. »Wir holen uns noch den Tod bei diesem Frost.«

»Also los, Herr Grube!«, ermahnte Mendelski den Förster. »Kommen Sie zur Sache.«

»Nur nichts überstürzen«, entgegnete Henning Grube, während er zurück auf den Parkplatz trat. Mit den Stiefeln stampfte er ein paar Mal auf den Boden, um den Schnee an den Füßen loszuwerden. »Sie wird Ihnen sowieso nichts verraten. Genauso wenig wie mir.«

»Wer wird uns nichts sagen?« Mendelskis Geduldsfaden schien dem Reißen nahe. »Reden Sie Klartext.«

»Na, Lina Henke. Die wohnt dort drüben.« Er wies zu den Häusern auf der anderen Straßenseite. »Aber der Reihe nach.«

Henning Grube erzählte von seiner vergeblichen Suche nach den Fahrradspuren, vom Telefonat mit Hubert Warning und dessen Hinweis, dass die beiden Finnen vor Jahren einmal hier an der Celler Straße gewohnt hätten. Bei der mittlerweile 85-Jährigen allein lebenden Witwe Lina Henke. Für wenige Monate, bis sie ein geeignetes Areal für sich und ihren Fuhrpark in Oppershausen gefunden hatten.

»Und Sie sind bei der Frau gewesen?«, fragte Mendelski.

»Ja, gerade eben.« Der Förster deutete auf seine Armbanduhr. »Vor nicht mal zehn Minuten. Sie hat mich allerdings abgewiesen, hat nur durch einen Spalt im Fenster mit mir gesprochen. Angeblich weiß sie nichts von Mika. Ich hab sie gar nicht zu Gesicht bekommen. War also umsonst.« Grube wandte sich zur Celler Straße. »Erst habe ich ihr ja geglaubt, aber jetzt, wo hier das Fahrrad gefunden wurde ... muss ich wohl meine Meinung revidieren.«

»Können Sie uns hinführen?«, fragte Mendelski eilig. Die neue Nachricht hatte seine Lebensgeister geweckt. An die kalten Füße dachte er nicht mehr.

»Klar kann ich das. Bloß – Sie sollten vorher das SEK benachrichtigen. Die Frau ist bewaffnet.«

»Wie bitte?«

»Die hat mir mit einer Doppelflinte gedroht. Das klang ernst. Wenn wir jetzt da noch mal auftauchen ... wer weiß, was sie dann anstellt.«

»Die Frau ist 85«, gab Maike zu denken. »Hallo! Bleiben Sie auf dem Teppich.«

»Na dann probieren Sie es doch.« Trotzig verschränkte Henning Grube seine Arme vor der Brust.

»Wir brauchen Verstärkung«, wandte sich Mendelski an Borkowitz. Der staunte. »Nein, nicht das SEK«, erläuterte der Kommissar. »Nicht wegen der Flinte in den Händen einer alten Frau. Sondern für den Fall, dass der Finne im Haus ist. Wir dürfen ihn nicht noch mal entwischen lassen.«

»Klar!« Borkowitz hatte verstanden. »Zwei Streifen. Das geht schnell.«

Mendelski gab Maike einen Wink.

»Also los.«

Lina Henke sass auf einem der Sessel in der Stube. Sie hatte nicht erwartet, heute Abend noch mehr Besuch zu bekommen, und sich für die Fernsehnacht im Bett vorbereitet. Sie trug ihr lindgrünes Winternachthemd, darüber den warmen Frottee-Bademantel, dicke Wollsocken und Filzpuschen. Ihren Dutt hatte sie aufgelöst, das dünne graue Haar hing ihr in Strähnen auf die Schultern.

Trotzig schaute sie an ihren Besuchern vorbei. Als ob die beiden Männer gar nicht da wären. Sie starrte auf das Ölgemälde über dem Sofa – auf den balzenden Birkhahn in einer romantischen Heidelandschaft.

In der Stube herrschte bedrohliche Stille. Die Vorhänge waren zugezogen, die Tür zum Flur stand sperrangelweit offen. Ein nur zur Hälfte eingeschalteter Kristallkronleuchter verbreitete schummriges Licht.

Die beiden Männer standen vor ihr. Breitbeinig und angriffslustig. Sie waren maskiert. Der eine mit einer schwarzen Sturmhaube, der andere mit einer grauen Wollmütze, in die zwei Sehschlitze geschnitten waren. Ihre Hände steckten in abgewetzten Lederhandschuhen.

Sturmhaube fuchtelte ungeduldig mit ihrer Flinte herum. Das breite Paketklebeband in den Händen des anderen verhieß nichts Gutes.

»Wir warten«, sagte Wollmütze.

Sie kniff ihre dünnen Lippen noch fester zusammen. Und drehte den Kopf noch weiter zur Seite. Im gleichen Augenblick spürte sie etwas Hartes und Kaltes an ihrer Schläfe. Die Mündung der Schrotflinte.

»Wo ist der Finne mit dem Auto hin?«, zischte Sturmhaube. »Los Oma, spuck's endlich aus.«

Lina Henke holte tief Luft. »Ich sagte es schon«, erwiderte sie mit fester Stimme. »Zehnmal bestimmt. - Ich weiß es nicht! Ich weiß es nicht! Ich weiß es nicht! - So, jetzt waren es dreizehnmal.«

»Verdammte alte Hexe!«, schimpfte Wollmütze. Er griff nach ihrem rechten Oberarm und drückte zu. »Du lügst doch wie gedruckt.«

Vergeblich versuchte sie sich loszureißen. »Sie können mir drohen, Sie können mich sogar foltern«, krächzte sie. »Das nützt alles nichts. Herr Rahola war so schlau, mir nicht zu erzählen, wohin er wollte.«

»Erzähl doch keine Märchen. Kein Mensch verleiht sein Auto, ohne zu wissen, was derjenige damit vorhat.«

»Doch.«

Sturmhaube nahm den Flintenlauf von der Schläfe, senkte das brünierte Eisen ein Stück, um es an ihrem Hals erneut anzusetzen. Die beiden Mündungslöcher pressten sich in ihre faltige Haut unter dem linken Ohr.

»Was haste denn dem Förster gesagt, der gerade hier war?«

»So ... so kann ich nicht antworten.« Ihr Kopf neigte sich zur Seite, die Stimme klang gequält.

Er zog die Waffe wenige Zentimeter zurück.

»Das Gleiche wie Ihnen«, brummte sie kaum hörbar. »Dass ich nicht weiß, wo Mika Rahola ist.«

»Etwas lauter, bitteschön!« Sturmhaube beugte sich vor. »Warum kam er denn ausgerechnet hierher?«

»Das kann ich Ihnen sagen.«

»So?« Er wurde immer wütender. »Dann sag's gefällig.«

»Hubert Warning, der alte Förster, hat's ihm erzählt.«

»Was?«

»Na, dass die Finnen hier mal gewohnt haben.«

»Und dann hat er sich das selbst zusammengereimt? Dass der Bursche nach dem Unfall letzte Nacht hierhergekommen ist?«

»Muss wohl.«

Sturmhaube machte eine kurze Verschnaufpause. Der junge Förster schien ihn nicht weiter zu interessieren.

»Was für ein Auto is'n das überhaupt?«, übernahm da Wollmütze.

»Ein Mazda.«

»Modell?«

»Weiß ich nicht genau.«, antwortete Lina Henke patzig. »Mazda 323, glaube ich.«

»Farbe?«

»Rot.«

»Kennzeichen?«

Lina Henke winkte ab. »Kann ich mir nicht merken.«

»Was? - Das kannste ... «

Da klingelte das Telefon.

Alle drei starrten auf den Apparat, der auf einer Anrichte neben der Tür stand.

Es klingelte ein zweites Mal.

»Wer ruft da denn jetzt an?«, wandte sich Sturmhaube an Lina Henke.

Sie schüttelte mit dem Kopf.

»Es könnte der Finne sein«, raunte Wollmütze.

Es klingelte zum dritten Mal.

Sturmhaube trat zu der Anrichte und schaute sich die Knöpfe am Telefon an.

»Wo stellt man hier auf laut?«, fragte er hastig.

Lina Henke schnaufte unwillig. »Unten rechts.«

Es klingelte zum vierten Mal.

Sturmhaube gab ihr den Hörer. »Ein falsches Wort, und ich blas dir den Kopf weg.«

Mit dem zittrigen Zeigefinger ihrer dürren Hand drückte sie auf die grüne Taste.

»Henke«, kam es zaghaft.

»Schrader, Fachkommissariat 2, Polizeiinspektion Celle.« Es war eine sonore Männerstimme. »Entschuldigen Sie die späte Störung. Spreche ich mit Frau Lina Henke?«

Die Mündung der Flinte bohrte sich unter ihr Kinn.

»Ja«, krähte sie.

»Sind Sie der Halter eines Pkw Mazda mit dem Kennzeichen CE-FI 40?«

»Ja.«

»Vermissen Sie Ihr Auto?«

»Nein.«

»Ist der Wagen bei Ihnen zu Hause?«

»Nein.«

Schrader machte eine kurze Pause. Ihn schien die Einsilbigkeit seiner Gesprächspartnerin zu irritieren. »Haben Sie ihn etwa verliehen?«, fragte er weiter.

»Ja.«

Erneut machte der Beamte eine Pause. Er schien zu überlegen.

»Frau Henke, ist Ihnen nicht gut?« Seine Tonlage hatte gewechselt. Von geschäftlich-nüchtern auf umgänglich-besorgt.

Jetzt legte Lina Henke eine Pause ein. Sofort wurde der Druck der Flinte stärker.

»Doch ...«, schluckte sie. »Mir ... mir geht's gut.«

»Ihr Auto wurde nämlich in Schweden gesehen«, fuhr der Polizist fort. »Der Mazda ist heute der Stockholmer Autobahnpolizei aufgefallen.«

Sturmhaube und Wollmütze zuckten zusammen. Damit schienen sie nicht gerechnet zu haben.

»Ja, und?« Lina Henke bekam plötzlich Oberwasser. Ihr Auto war in Schweden, Mika Rahola weit, weit weg. In Sicherheit vor den Gangstern. In Sicherheit vor der deutschen Polizei. Gut so.

»Er fuhr etwas auffällig. Deshalb haben die schwedischen Kollegen bei uns eine Halterabfrage veranlasst. Wir wollten nur sicher gehen, dass der Wagen nicht gestohlen ist.«

»Ist er nicht.«

Schrader schien mit seiner Befragung durch zu sein. »Dann entschuldigen Sie noch einmal die Störung«, sagte er freundlich. »Sie können Ihren Wagen natürlich verleihen, an wen Sie wollen. Ich wünsche noch einen schönen Abend. Gute Nacht.«

»Ich ... « Doch Lina Henke konnte den Satz nicht beenden. Sturmhaube hatte ihr den Hörer entrissen und den roten Knopf gedrückt.

»In Schweden ... «, murmelte er, während er einen Schritt zurückging. »Dieses Aas! Dieses widerliche miese Aas!« Den Flintenlauf ließ er auf den Boden sinken. In Gedanken schien er die Landkarte von Skandinavien abzufahren. »Stockholm ... «, redete er wie im Selbstgespräch. »Das liegt doch an der Ostsee, etwa in der Mitte von Schweden. Und auf der anderen Seite ... da liegt Finnland. – Wenn der Hosenscheißer man nicht nach Hause zu Mama und Papa will.«

»Wir haben doch Adressen ... «, begann Wollmütze.

»*Shut up!*«, unterbrach ihn Sturmhaube. Er war außer sich. »Behalt's für dich. – Fessel lieber die Alte.«

Wollmütze fummelte unbeholfen an der Rolle Paketband. Die Handschuhe bereiteten ihm dabei erhebliche Schwierigkeiten.

Lina Henke ahnte, was die beiden vorhatten. Sie versuchte, sich von ihrem Sessel zu erheben. »Sie werden doch nicht ... «

»Doch, werden wir.« Sturmhaube drückte sie mit dem Lauf der Flinte zurück in den Sessel. »Sitzen bleiben! Mund zu!«

»Ich bin doch eine ... «

Das Schellen an der Haustür ließ alle erstarren.

Sturmhaube reagierte als Erster. Er entriss Wollmütze das Stück Klebeband, das dieser gerade mit Müh und Not von der Rolle gezogen hatte, und wickelte es Lina Henke kurzerhand um den Kopf. Brutal und rücksichtslos. Das breite Band verschloss ihren Mund.

In ihren Augen stand Panik. Sie wagte es nicht, sich zu rühren.

Sturmhaube eilte zum Lichtschalter und knipste das Licht aus.

Wieder schellte es. Länger dieses Mal.

Ein schwacher Lichtschimmer drang durch die offene Tür aus dem Flur in die Stube. Sturmhaube und Wollmütze standen still und lauschten.

Da waren Stimmen vor der Haustür. Tiefe und helle. Männliche und weibliche. Sie unterhielten sich.

Ein drittes Mal wurde geschellt.

Eine tiefe männliche Stimme rief: »Frau Henke, öffnen Sie! Hier ist die Polizei!«

Sturmhaube und Wollmütze erstarrten ein weiteres Mal. Aber nur für eine kurzen Moment.

»Abflug!«, zischte Sturmhaube. »Los, weg, bevor's zu spät ist.«

Wollmütze war schon zur Tür raus.

Sturmhaube machte noch einmal auf dem Absatz kehrt. Hatte die Flinte jetzt umgedreht, hielt sie an den Läufen. Einem Baseballschläger gleich wirbelte er den Kolben durch die Luft und zielte auf Lina Henkes Kopf.

Instinktiv ließ sie sich zur Seite fallen. Auf die Sessellehne. Wäre sie nicht so geistesgegenwärtig gewesen, hätte der Schlag ihren Schädel zertrümmert. So traf Sturmhaube nur ihre Schulter. Das Schlüsselbein gab mit einem lauten Knacken nach, ein stechender Schmerz durchfuhr ihren gesamten Oberkörper. Ihr wurde schwarz vor Augen.

Sturmhaube warf die Flinte aufs Sofa und rannte hinaus.

»Los, aufbrechen!«, forderte Robert Mendelski seinen Kollegen auf. »Da stimmt was nicht.«

»Diese Haustür? Die ist aus Eiche.« Borkowitz betastete den Rahmen und das robuste Schloss. »Deutsche Wertarbeit. Können wir nicht anders ...?«

Ohne eine Antwort abzuwarten, war er auch schon um die Hausecke verschwunden.

»Eben war sie noch an das kleine Fenster gekommen«, erklärte Henning Grube, der hinter Mendelski und Maike Schnur gestanden hatte. »Und sie machte einen putzmunteren Eindruck.«

»Vielleicht hat sie ihr Hörgerät ausgeschaltet«, meinte Maike. »Oder sie guckt Fernsehen, bei voller Lautstärke.«

»Das würden wir doch hören«, konterte Mendelski. »Sie wird durch Herrn Grubes Besuch vorhin besonders misstrauisch sein. Wahrscheinlich ruft sie gerade die 110 an.«

»Das wär's ja.« Maike verdrehte die Augen. »Hoffentlich hält sie Borkowitz nicht für einen Einbrecher und knallt ihn über'n Haufen.«

Mendelski wandte sich an den Förster: »Sie sagten, es wäre eine Doppelflinte?«

»Genau. Eine Querflinte.«

»Sind Sie sicher, dass sie es mit der Waffe ernst meinte?«

»Ich glaub schon ... «

Mendelski drückte sein Ohr an das Holz der Haustür, um zu lauschen. Sorgenfalten bildeten sich auf seiner Stirn. Er fragte: »Was treibt denn der Borkowitz nur so lange?«

Da ging im Flur das Licht an. Schnelle Schritte näherten sich. Der Schlüssel drehte sich im Schloss, ein Riegel wurde zurückgeschoben.

Die Haustür flog auf.

»Schnell. Wir brauchen einen Notarzt!«, rief Borkowitz. »Frau Henke ... sie ist schwer verletzt.«

Elftes Kapitel

»Päivää, päivää!« Laut begrüßte Mika Rahola sein Heimatland, als er den Mazda von der Fähre lenkte. Er hatte die finnische Hafenstadt Turku erreicht. Doch dass er allein im Auto saß, dass Niilo nicht wie gewohnt mit ihm fuhr, machte ihn traurig. Ein dicker Kloß in seinem Hals ließ ihn heftig schlucken.

Die Stimme aus dem Autoradio verkündete: Donnerstag, den 5. Dezember, 8.00 Uhr. Wegen starker Ostwinde war die Fähre der *Viking Line* mit einer halben Stunde Verspätung in Turku eingelaufen. Die Überfahrt von Stockholm hatte anstatt zehneinhalb gut elf Stunden gedauert.

Dunkelheit lag über dem Hafen. Die Sonne - wenn die Bewölkung ihr eine Lücke ließe - würde sich frühestens um 9.15 Uhr zeigen. Das war unangenehm in Skandinavien: die langen dunklen Tage im Winter. Mika hatte den Sonnenschein in Deutschland schätzen gelernt. Die Helligkeit im Winter bescherte ihm mehr Lebensfreude als die düsteren Lichtverhältnisse daheim.

Leichter Schneegriesel ging über Finnlands älteste und drittgrößte Stadt nieder. Der scharfe Wind blies bitterkalte Luft vom Norden Russlands herüber. Da im Mazda kein Außenthermometer eingebaut war, schätzte Mika die Minusgrade. Er tippte auf mindestens 10 Grad unter Null, gefühlt minus 15.

Die Autoschlange, die sich durch das Hafengelände quälte, bestand in der Mehrzahl aus schweren Trucks. Noch hier in Turku musste er sich entscheiden zwischen der Südroute über den Großraum Helsinki und Lahti - und der Nordvariante, die über Forssa und Hämeenlinna nach Mikkeli führte. Erstere war etwas länger, erlaubte aber wegen der Schnellstraßen ein höheres Reisetempo. Die zweite, landschaftlich reizvollere Strecke hatte er in den letzten Jahren selten befahren, da er stets in Eile war, wenn er schon mal in seine Heimat fuhr.

Jetzt hatte er Zeit. Auch wegen seiner deprimierten Gemütslage und der angeschlagenen körperlichen Verfassung entschied er sich für die ruhigere, verkehrsärmere Nordroute. Für die 440 Kilometer bis zu seinem Elternhaus in Savonlinna rechnete er mit mindestens sieben Stunden Fahrzeit.

An der Ausfallstraße Richtung Lieto stoppte er an einer *Neste Oil* Tankstelle, um zu tanken; die Tankuhr zeigte schon seit einigen Kilometern auf Reserve. Außerdem wollte er sich eine *Coffee-to-go* und eine Tüte *korvapuusti* holen. Nicht nur wegen des lustigen Namens - übersetzt bedeutet *korvapuusti* Ohrfeigen - aß er die Zimtschnecken am liebsten. Diese zuckrig-klebrigen Küchlein mit dem unvergleichbaren Geschmack gab es so nur in Finnland.

Als er im Tankstellenshop an der Kasse stand, fiel sein Blick auf die ausgelegten Tageszeitungen. Die *ILTALEHTI*, das auflagenstärkte Boulevard-Blatt Finnlands, brachte auf ihrer Titelseite neben einem Foto vom Syrischen Bürgerkrieg die Schlagzeile: ›*Suomalainen Metsätyöntekijä Murhattu Saksassa*‹.

Mit zitternder Hand griff er zu, bezahlte und verließ die Tankstelle.

Hastig fuhr er den Mazda ein Stück zur Seite, zum Servicepoint mit Staubsaugerautomat und Druckluftschlauch für die Reifen. An frostfreien Tagen stand hier auch Wasser zum Putzen der Scheiben bereit, jetzt im Winter gab es das nur im beheizten Shop.

Doch Mika wollte nur die Zeitung lesen. Insbesondere den Artikel auf Seite 5, den die Schlagzeile von der Titelseite ankündigte: *»Finnischer Waldarbeiter in Deutschland getötet.«*

Weiter las er: »Hannover, Deutschland - In den Vormittagsstunden des vergangenen Montags, den 2. Dezember, ist es in einem Wald in der Nähe der norddeutschen Kleinstadt Celle zu einem beispiellosen Zwischenfall gekommen. Dabei wurde der Finne Niilo H. aus Parikkala von einem Harvester geköpft. Der Getötete hatte seit mehreren Jahren als Maschinist in der Forstwirtschaft in Deutschland gearbeitet. Die ermittelnden Polizeibehörden schließen einen Arbeitsunfall aus. Bislang steht nicht fest, ob es sich um eine vorsätzliche Tat, ein Unglück oder ein makaberes Spiel mit tödlichem Ausgang handelt. Weitere Angaben machte die Kriminalpolizei in Celle aus ermittlungstechnischen Gründen nicht. Als mögliche Zeugen dringend gesucht würden die Deutschen Frank S. und

Lutz W. sowie Mika R., der finnische Kollege des Getöteten, gebürtig in Savonlinna.«

Voller Wut und Verzweiflung knüllte Mika Rahola die Zeitung zusammen.

»Als Zeuge ... so ein Quatsch!«, schimpfte er laut. Die suchen mich als Mörder, dachte er. Ist doch klar.

Schlimm, dass die Nachricht schon bis nach Finnland durchgedrungen war. Und dass die Geschichte es sogar bis auf die Titelseite einer der größten finnischen Zeitungen gebracht hatte, machte es noch übler. Eine Horror-Story, mit abgesägtem Kopf und flüchtigem Täter, war für die Sensationspresse Gold wert.

Die Folgen für ihn waren verheerend. Jetzt gab es auch in seinem Heimatland keine Sicherheit mehr. Sicher war längst die finnische Polizei alarmiert und fahndete nach ihm. Also kam es kaum noch in Betracht, sich bei seinen Eltern in Savonlinna blicken zu lassen. Nur gut, dass er dort noch nicht angerufen hatte.

Trotzdem – es war richtig gewesen, nach Finnland zu fliehen. In Deutschland hätten sie ihn über kurz oder lang geschnappt und eingesperrt. Oder er würde den Gangstern wieder in die Hände fallen. Hier dagegen bewegte er sich auf heimischem Terrain. In Finnland gab es unendlich viele Möglichkeiten, sich zu verstecken. Dank seiner jahrelangen Tätigkeit im Wald kannte er einsame Häuser und Jagdhütten zuhauf. Er würde sich eine besonders abgelegene Bleibe suchen – und erst mal eine Weile untertauchen.

Aber er durfte Wollmütze und Sturmhaube nicht vergessen. Die würden nicht so leicht aufgeben. Wie hießen die gleich? Er fischte die zerknüllte Zeitung aus dem Fußraum des Beifahrersitzes und glätterte das Papier wieder. Frank S. und Lutz W. ... Und wenn es stimmte, was in der Zeitung stand, liefen die immer noch frei herum. Was, wenn sie ihm bis nach Finnland folgten?

An der Service-Station tauchte neben ihm ein Auto auf. Ein dunkelblauer Saab 9000 CC. Eine Frau im schneeweißen Daunenmantel stieg aus und machte sich mit dem Münzstaubsauger am Kofferraum zu schaffen. Zwei halbwüchsige Jungs auf der Rückbank schauten aus dem Fenster. Neugierig musterten sie ihn und das Auto mit den deutschen Nummernschildern.

Verunsichert legte Mika die Zeitung beiseite, ließ den Motor an und verließ das Tankstellengelände. Höchste Zeit, sich ein finnisches Kfz-Kennzeichen zu besorgen, ging es ihm durch den Kopf.

Sie hatten sich in der Eingangshalle des Allgemeinen Krankenhauses in Celle verabredet.

Als Heiko Strunz anrief, saß Robert Mendelski noch zusammen mit Carmen zu Hause am Frühstückstisch. Lina Henke sei aus der Intensivstation entlassen worden und ansprechbar. Mendelski hatte sich umgehend telefonisch mit Maike Schnur kurzgeschlossen.

Fünf nach neun trafen beide nahezu zeitgleich am Haupteingang des AKH ein. Mit rotem Gesicht stieg Maike vom Fahrrad. Trotz des kalten Winterwetters - im Wetterbericht war erneut von einem klaren Frosttag die Rede - hatte sie das Auto stehen gelassen.

»Das hätte ich auch besser tun sollen«, brummte Mendelski, während er ihr den Vortritt ließ. »Hier einen freien Parkplatz zu finden, ist eine Katastrophe.«

»Täte dir ganz gut.« Sie piekste ihn mit dem Zeigefinger in die Hüfte. »Oder mit dem Rad von Boye in die Jägerstraße ... «

Er wich zur Seite. »Mit dem Drahtesel ins Büro? Das ist schon ein beachtliches Stück.«

»Ach komm!«

»Viereinhalb Kilometer - immerhin«, gab er zu bedenken. »Und das ist nur eine Strecke. Macht zusammen, also hin und zurück ...«

»Das kann ich allein ausrechnen«, unterbrach sie ihn. »Pah, gerade mal neun Kilometer am Tag. Das schaffst du doch mit links.«

Sie passierten den Infoschalter. »Weißt du, wo wir hinmüssen?«, fragte Maike.

»Ja. Heiko sagte, sie liegt auf Station UR 12 - im zweiten Stock.«

Sie erwischten einen freien Fahrstuhl.

»Außerdem ... da gibt's doch jetzt diese E-Bikes«, bohrte Maike weiter, während sich die Aufzugtüren schlossen und die Kabine in die zweite Etage fuhr. »Für Leute wie dich. Für die angehenden 60-er.«

»Wie witzig!«, knurrte er bissig. »So weit ist es noch nicht. Meine paar Fahrradkilometer schaffe ich auch ohne Zusatzmotor.«

»Na, denn ... «

Nachdem sie den Fahrstuhl verlassen hatten, folgten sie der Beschilderung Richtung UR 12. Ihr Ziel war das Schwesternzimmer, um sich nach der Zimmernummer zu erkundigen. Dort trafen sie den behandelnden Arzt, der gerade die morgendliche Visite vorbereitete.

»Frau Henke hat riesiges Glück gehabt«, schilderte der Chirurg. »Außer der Clavicula-Fraktur, einem glatten Bruch des Schlüsselbeins, hat sie nur einige Hämatome abbekommen. Die sind allerdings heftig und in ihrem Alter auch nicht ohne.«

»Ja, das hätte sehr viel schlimmer kommen können«, bestätigte Mendelski. »Als wir sie fanden, haben wir schon befürchtet, zu spät gekommen zu sein. Der Gewehrkolben hat ihren Kopf wohl nur um Zentimeter verfehlt. Offenbar hat die Rückenlehne des Sessels, in dem sie saß, den Schlag abgeschwächt oder abgefangen.«

»Sonst wäre von ihr nicht viel zu behandeln übrig geblieben – so zierlich, wie die alte Dame ist«, bemerkte der Arzt mit leichtem Sarkasmus. »Haben Sie schon eine Ahnung, wer das gemacht hat?«

»Mehr als das, wir wissen ziemlich genau Bescheid. Aber trotz Großfahndung haben wir die Kerle noch nicht geschnappt.«

»Also bleibt es beim Personenschutz für Lina Henke.«

»Richtig. Ich hoffe, es macht keine Umstände.«

»Nein, nein. Scheint ja notwendig ...« Der Arzt ging auf den Gang hinaus. »Sie können jetzt zu ihr. Die Infusion läuft zwar noch, außerdem haben wir ihr eine Clavicula-Bandage angelegt, aber sonst ist sie erstaunlich fit.«

Am Ende des Ganges hielt ein Polizist vor einem Krankenzimmer Wache. Nachdem Mendelski und Schnur sich bei dem Kollegen ausgewiesen hatten, klopften sie an und traten ein.

In der Mitte des geräumigen Zimmers stand ein einzelnes Bett. Die beiden Kriminalbeamten schlossen die Tür hinter sich. Lina Henke lag auf dem Rücken, das Kopfteil war schräg gestellt. Ein Stoffband hielt ihr dünnes Haar zusammen.

Mendelski stellte sich und seine Kollegin vor, beide zeigten ihre Dienstausweise.

»Du meine Güte!«, krächzte Lina Henke. »Die Kriminalpolizei. Bin ich denn so wichtig?«

»Ja, das sind Sie, Frau Henke«, erwiderte Mendelski. »Dürfen wir uns einen Moment setzen und Ihnen ein paar Fragen stellen?«

»Wenn's denn sein muss.« Lina Henke guckte gequält drein. Mit dem freien Arm deutete sie auf den Tropf. »Aber ich muss Sie warnen: Ich stehe unter Drogen. Wenn ich Ihnen da nur keinen Quatsch erzähle ... «

»Sicher nicht.« Mendelski musste schmunzeln. Maike und er schoben zwei Stühle, die an der Wand an einem Tisch gestanden hatten, neben das Bett.

»Darf ich das Gespräch aufnehmen?«, fragte der Kommissar, indem er ein Diktiergerät hochhielt. »Dadurch ersparen Sie uns eine Menge Schreibkram.«

»Nur zu.« Sie machte die Andeutung eines Nickens. »Sie müssen sich aber beeilen. Gleich ist Visite. Hat jedenfalls die Schwester gesagt.«

»Es wird nicht lange dauern.« Mendelski schaltete sein Aufnahmegerät ein und legte es auf den Nachttisch.

»Frau Henke, können Sie sich noch an den gestrigen Abend erinnern?«

»Aber natürlich.« Das klang entrüstet. »Ich bin doch nicht dement.«

»Würden Sie uns bitte erzählen, was genau passiert ist?«

Lina Henke versuchte, sich ein wenig aufzurichten, was ihr jedoch wegen der Schulterbandage nicht gelang. Entnervt ließ sie den Kopf zurück ins Kissen sinken.

»Also, erst kam ein junger Mann«, begann sie und versuchte, sich zu sammeln. Ihr Blick war gen Zimmerdecke gerichtet. »Das war so gegen sechs. Den kannte ich aber nicht und hab ihn auch nicht rein gelassen. Sie müssen wissen, da bin ich ein gebranntes Kind ... Hatte da mal 'ne unschöne Begegnung. Aber das ist eine andere Geschichte.«

»Deshalb also die Flinte?«

»Genau. – Jedenfalls ließ ich ihn draußen vor der Haustür stehen. Er musste mir eben durchs Fenster sagen, was er wollte. Sein Name war ... « Um Konzentration bemüht schaute sie aus dem Fenster.

»Grube vielleicht? Henning Grube?«

»Hm, könnte sein. Er hat behauptet, er sei Förster ...«

»So ein großer mit Wuschelkopf?«, half ihr Mendelski.

»Hab ihn nicht gesehen. Jedenfalls wollte er wissen, ob sein Mitarbeiter bei mir wäre, Mika Rahola aus Finnland. Der hatte vor Jahren mal bei mir zur Untermiete gewohnt.«

»Und? Konnten Sie ihm helfen?«

»Nein. Danach ist er wieder abgezogen. «

»Und dann? Wie ging's weiter?«

Lina Henke holte tief Luft, bevor sie fortfuhr: »Keine fünf Minuten später standen dann plötzlich diese Ganoven in meiner Küche. Das war vielleicht ein Schreck, sag ich Ihnen. Die hatten das Fenster eingeschlagen und sind einfach reingeklettert. Maskiert waren die, mit so Gangsterhauben. Und meine Flinte haben sie sich gegriffen. Ich hatte keine Chance.«

»Was wollten die von Ihnen?«

»Dasselbe wie der junge Förster. Fragten nach Mika Rahola.«

»Waren das denn Deutsche?«, wollte Maike wissen.

»Ich glaub schon. Die sprachen jedenfalls Hochdeutsch. Ohne Akzent.«

»Wie ging's weiter?«

»Ich habe denen nichts gesagt. Schon weil ich zu dem Zeitpunkt gar nicht wusste, wo sich der Mika aufhält.«

»Zu dem Zeitpunkt ...?« Mendelski war hellhörig geworden. »Aber inzwischen ... wissen Sie das?«

»Geduld, junger Mann! Geduld! Immer der Reihe nach.« Lina Henke hatte den Zeigfinger gehoben. »Da kam ja plötzlich dieser Anruf«, sagte sie nach eine kurzer Verschnaufpause. »Von Ihren Kollegen aus Celle. Das war natürlich saudämlich. Weil ... die beiden Ganoven haben alles mitgehört.«

»Wie bitte?« Mendelski und Maike schauten sich verwundert an. »Wer hat da bei Ihnen angerufen?«

»Na, die Kriminalpolizei Celle. Wegen meines Autos. Ihr Kollege ... den Namen hab ich vergessen ... der wollte jedenfalls wissen, ob ich den Mazda verliehen habe. Der Wagen wäre nämlich aufgefallen ... in Schweden.«

»In Schweden? Ihr Auto?« Mendelski beugte sich vor, um sicher zu sein, dass er richtig gehört hatte. »Frau Henke, das müssen Sie uns etwas genauer erklären.«

Wie bringe ich das nur Annika bei?

Mit der linken Hand raufte sich Henning Grube seine wilde Lockenmähne. Seine rechte umklammerte das Lenkrad seines Kombis. Der Wagen raste mit hoher Geschwindigkeit über den Waldweg, so dass der Schnee aufgewirbelt wurde.

Den Abschied vom Schwedenhaus-Traum samt Landrover und all dem anderen Schnickschnack konnte er - auch wenn es schwer fiel - noch ertragen. Doch auf die Thailand-Reise mit seiner heiß und innig geliebten Annika zu verzichten, das schmerzte schon. Zumal die Flugtermine schon feststanden und die Anzahlung längst überwiesen war.

Sie wird es verstehen, redete er sich ein. Und sie wird mir verzeihen. Denn sie liebt mich. Wir werden ein anderes Mal nach Thailand reisen. Wenn ich erst eine feste Anstellung habe und genügend Geld verdiene. Oder wenn wir heiraten. Ja, machte er sich Mut, das ist eine gute Idee. Thailand wird das Ziel unserer Hochzeitsreise. Außerdem werde ich ihr eines Tages die Wahrheit sagen, die ganze Wahrheit über diese verrückte Geschichte. Und dann wird alles gut.

An der nächsten Waldwegekreuzung bog Henning Grube nach rechts in einen schmalen Forstweg ab. Bis auf ein paar Rehfährten sah die Schneedecke dort noch jungfräulich aus. Bisher hatte kein Fahrzeug und kein Spaziergänger seine Spur hinterlassen.

»Soweit die Nachrichten - und nun das Wetter.«

Henning Grube drehte das Autoradio lauter.

»Das Zwischenhoch mit dem Zentrum über Norddeutschland schwächt sich ab. Ihm folgt ein Tiefausläufer, der von Südwesten feuchtwarme Luftmassen mit dichten Wolken in unser Sendegebiet führt. Für den Abend und die kommende Nacht ist mit Tauwetter und mit zum Teil lang anhaltendem Regen zu rechnen ...«

»Na, wenigstens was!«, kommentierte Henning Grube und stellte das Radio leiser. Das Tauwetter würde ihm helfen, die Spuren zu tilgen. Spuren, die er zweifellos hinterlassen würde, wenn er sein Vorhaben durchführte.

Die halbe Nacht hatte er wieder wach gelegen und sich den Kopf zermartert. Nach Niilo und Mika war mit Lina Henke eine weitere unschuldige Person in die Sache hineingezogen worden. Die Frau hatte bei dem Überfall Riesenglück gehabt, trotzdem lag sie nun schwerverletzt im Krankenhaus. Das hätte schlimmer ausgehen können.

Ihm blieb keine andere Wahl mehr. Er musste handeln.

Vorgestern, am Dienstagmorgen, hatte er Hals über Kopf der Polizeiinspektion Celle einen Besuch abgestattet, um mit einer Selbstanzeige reinen Tisch zu machen - und gottlob noch die Kurve gekriegt. Letzte Nacht hatte er einen neuen Plan ausgeheckt. Einen Plan, der es ermöglichen würde, den Fall rasch aufzuklären und weiteres Blutvergießen zu verhindern. Und obendrein würde er relativ unbeschadet aus der ganzen Sache herauskommen - wenn alles klappte.

Henning Grube trat auf die Bremse. Beinahe wäre er an der Stelle vorbei gefahren, an der eine keilförmige weiße Farbmarkierung an einer Rotfichte den Beginn einer Rückegasse markierte. Von hier aus ging es zu Fuß weiter.

Obwohl er nicht damit rechnete, hier auf Spaziergänger oder Jäger zu treffen - in dieser Gegend hatte Dr. Wimmer weder Hochsitz noch Kirrplatz -, bog er vom Waldweg ab und parkte den Wagen in der Rückegasse.

Er nahm das Fernglas, das griffbereit auf dem Beifahrersitz lag, und stieg aus. Nachdem er sich vergewissert hatte, dass weit und breit keine Menschenseele zu sehen war, ging er zur Heckklappe und öffnete sie. Unter Gummistiefeln, Kluppen und Kartons mit Markierungsfarbe bugsierte er einen Spaten hervor.

Behutsam und leise - als ob er zur Ansitzjagd aufbrechen würde - drückte Henning Grube die Heckklappe ins Schloss. Mit einem Klick auf dem Autoschlüssel aktivierte er die Zentralverriegelung.

Bevor er auf der Rückegasse tiefer in den Wald lief, brach er einen armlangen Ast von einer Fichte. Damit wollte er nachher seine Spuren verwischen. Den Rest würde das für die kommende Nacht angekündigte Tauwetter erledigen.

»Die Finnen, die Schweden, die Dänen, Interpol und das LKA - mehr geht nicht.«

Kriminaldirektor Steigenberger nahm die Finger seiner rechten Hand zu Hilfe, um die Aufzählung zu unterstreichen. »Wir haben alle unterrichtet. Das Amtshilfeersuchen ist raus, die internationale Fahndung läuft. Die Fahndung nach Mika Rahola, nach Frank Soyka und Lutz Wehmeier - und die nach dem Mazda von Lina Henke.«

Es war kurz vor Mittag. Die Mitglieder der Soko Klosterforst hatten sich im Besprechungsraum des Fachkommissariats 1 versammelt. Der Beamer warf eine Landkarte von Skandinavien an die Wand.

»Sind die Eltern von Mika Rahola informiert?«, fragte Mendelski. »Lina Henke meinte, die Ganoven hätten die Adresse.«

»Die finnischen Kollegen wissen Bescheid«, erwiderte Steigenberger. »So weit ich weiß, kümmern sie sich darum.«

Maike Schnur erhob sich und trat an die Leinwand. »Nach unseren Recherchen beim Fährbetrieb *Viking Line* ist der Mazda von Lina Henke heute Morgen gegen 8.00 Uhr in Finnland eingetroffen, in Turku, einer Hafenstadt im Südwesten von Finnland.« Mit der Fernbedienung warf sie einen roten Pfeil auf die Landkarte. »Im Mazda saß ein einzelner männlicher Passagier. Wir gehen stark davon aus, dass es sich dabei um Mika Rahola handelte.«

»Keine Passkontrolle?«, forschte Heiko Strunz.

»Ist dort nicht die Regel. Wer aus einem EU-Land kommt, wird in Finnland kaum kontrolliert.«

»Das machen die in Dänemark und Schweden ähnlich«, ergänzte Jo Kleinschmidt. »Soyka und Wehmeier könnten also mit dem Auto unbehelligt bis nach Finnland fahren ... «

»Dazu später mehr«, unterbrach ihn Mendelski. »Lasst uns erst mal bei Mika Rahola bleiben. Bitte, Maike.«

Sie wandte sich wieder der Landkarte zu. »Hier, im Osten von Finnland, in Savonlinna, liegt der Heimatort von Mika Rahola.

Das sind von Turku aus ungefähr 440 Kilometer. Es gibt mindestens drei verschiedene Strecken, die man mit dem Pkw befahren kann. Die schnellste geht durch den Großraum Helsinki. Wir gehen von einer Fahrzeit von sechs bis acht Stunden aus.«

»Wie sind denn zurzeit die Wetterverhältnisse dort?«, fragte Steigenberger.

»Ähnlich wie hier. Mäßiger Frost und leichter Schneefall.«

»Schneehöhe?«

»In Turku 20, in Savonlinna das Doppelte, also 40 Zentimeter.«

»Tja, wenn er denn tatsächlich zu seinen Eltern will.« Steigenberger war ebenfalls an die Landkarte getreten. »Es wäre doch genau so gut denkbar, dass er bei Freunden oder Verwandten untertaucht. So wie ihr den Mann schildert, ist er nicht auf den Kopf gefallen. Der weiß doch mittlerweile, dass international nach ihm gefahndet wird. Dann wird er bestimmt einen großen Bogen um sein Elternhaus machen.«

»Das können wir nicht ausschließen«, erwiderte Mendelski. »Aber ... wir haben keinen anderen Anhaltspunkt. Nur die Adresse der Eltern.«

»Okay. Aber wir sind nicht die einzigen, die diese Adresse kennen. Oder?«

»Ja, leider.« Mendelski nickte grimmig. »Lina Henke ist sich ziemlich sicher, dass ihre Peiniger die finnische Heimatadresse von Rahola haben. Einer der beiden sagte jedenfalls so etwas, meinte sie. Wir gehen davon aus, dass Soyka und Wehmeier in Oppershausen auf diese Anschrift gestoßen sind, im Haus der Finnen. Zeit und Gelegenheit zum Suchen hatten sie jedenfalls.«

»Da lagen Briefe herum, Postkarten, Pakete«, ergänzte Maike Schnur. »Jede Menge Post aus Finnland. Samt Absender. Die Eltern hatten regen postalischen Kontakt mit ihrem Sohn.«

»Ich zitiere Lina Henke: ›Die fahren ihm hinterher.‹«, fuhr Mendelski fort. »›Die jagen ihn bis ans Ende der Welt. Ganz sicher. Die waren wild entschlossen.‹«

»Ihr glaubt, dass sie ebenfalls mit dem Auto unterwegs sind?«

»Ja, wenn die auch nur halbwegs auf Draht sind, fahren sie per Pkw«, sagte Maike Schnur.

»Fliegen kommt nicht in Frage, da ist das Risiko, erwischt zu werden, zu hoch – selbst mit gut gefälschten Pässen. Mit der Eisenbahn ist ziemlich kompliziert und langwierig. Am schnellsten geht's tatsächlich mit dem Auto und verschiedenen Fähren. Um jemanden abzuschütteln, gibt es zig unterschiedliche Routen. Keiner würde von ihrer Tour etwas mitkriegen.«

»Wie lange braucht man denn mit dem Pkw?«

»Hab ich gecheckt.« Maike kramte aus ihren Unterlagen einen Ausdruck hervor. »Das Schnellste von Celle nach Helsinki ... sind 20 Stunden 39 Minuten. So ist wahrscheinlich auch Mika Rahola gefahren. Auf der Vogelfluglinie über Fehmarn nach Dänemark, über Malmö nach Stockholm und von dort mit der Fähre nach Turku.«

»Wir haben keinerlei Hinweise, was für ein Fahrzeug Soyka und Wehmeier benutzen könnten?«

»Keinen. Nichts. Gar nichts.«

»Okay.« Steigenberger hatte sich wieder an den Tisch gesetzt. »Gehen wir also davon aus, dass sich Soyka und Wehmeier gestern Abend sofort auf den Weg gemacht haben. Sich ein Auto zu beschaffen, dürfte für die beiden bei ihrer kriminellen Energie und den einschlägigen Erfahrungen keine Schwierigkeit bedeutet haben. Wie viel Vorsprung haben sie jetzt?«

Mendelski schaute auf seine Armbanduhr, Maike Schnur auf ihr Smartphone. »Round about 15 Stunden«, war Maike schneller im Rechnen.

»Also sind die eventuell heute schon in Finnland.«

»Nicht auszuschließen.« Mendelski schnaufte ungehalten. »Zu blöd auch!«, platzte es aus ihm heraus. »Die drei Hauptakteure in unserem Mordfall sind in Finnland – oder zumindest auf dem Weg dahin. Und wir hocken hier in Celle und drehen Däumchen.«

»Ja, schöne Scheiße!«, brachte es Maike auf den Punkt.

Es wurde still im Besprechungsraum. Maike blickte nervös zu Mendelski hinüber. Der sah mit steinerner Miene auf die projizierte Landkarte.

Steigenberger schaute in die Runde, dann senkte er nachdenklich den Kopf. Die Fingerkuppen seiner zehn Finger trommelten ein nervöses Staccato auf die Tischplatte. »Tja«, murmelte er. »Untätig herumzusitzen und zu warten, bis uns Ergebnisse aus dem hohen Norden geliefert werden ...« Der Kriminaldirektor hob abrupt den Kopf. »Das ist mir einfach zu wenig.«

Dann wandte er sich Mendelski zu. »Die finnischen Kollegen können in dem Fall bestimmt Unterstützung gebrauchen. Oder?« Mendelski nickte wortlos.

»Gut. Dann los. Ihr fliegt«, sagte er kurzentschlossen. »Und zwar so schnell wie möglich.«

Pünktlich um 14.25 Uhr legte die *Viking Grace*, das neueste Flaggschiff der *Viking Line*, in Mariehamn/Langnäs ab. Der Aufenthalt in der Hauptstadt der autonomen finnischen Region Åland, der einzigen Stadt der Ålandinseln, hatte gerade mal 15 Minuten gedauert.

Außerhalb der schützenden Hafenanlagen zeigte die Ostsee eine unruhige, kabbelige Dühnung, der Wind blies mit Stärke 5. Auf der 214 Meter langen, für 500 Pkw und 2800 Passagiere ausgelegten Fähre merkte man jedoch nur wenig von dem rauen Seegang.

In der Herren-Toilette in der Nähe der Panorama-Bar waren die beiden hintersten Kabinen verriegelt. Seit gut zehn Minuten schon. Dem indischen Sikh, der vor dem Spiegel seinen Dastar richtete, fiel anscheinend nicht auf, dass hinter den beiden Toilettentüren bemerkenswerte Stille herrschte. Erst ein neugieriger Blick durch die Lücke unter der Tür hätte verraten, dass in beiden Kabinen zwar jemand auf der Kloschüssel hockte - aber in voller Montur, ohne heruntergelassene Hosen.

Sie saßen auf zugeklappten Klodeckeln. Jeder von ihnen hielt in der einen Hand Toilettenpapierstücke und in der anderen einen Kugelschreiber.

Drei schwedische Teenies betraten die Toilette, der Inder ging hinaus. Laut palavernd stellten sich die Jungs an die Urinale.

Frank Soyka schob ein Blatt Toilettenpapier unter der Trennwand hindurch zur Nachbarkabine.

Hast du die Bullen gesehen?, las Lutz Wehmeyer. Er kritzelte die Antwort auf das gleiche Blatt.

Ja. 2 Mann. Dann schob er das Papier zurück.

Müssen im letzten Hafen an Bord gekommen sein, kam auf einem neuen Streifen Papier als Antwort zurück. *Sind wahrscheinlich Finnen.*

Wegen uns?

Keine Ahnung. Kann schon sein. Müssen verdammt aufpassen.

Die können mich mal.

Die schwedischen Jugendlichen verließen die Toilette. Soyka zog neues Papier von der Rolle. *Ganz ruhig,* schrieb er. *Ist besser, wenn wir getrennt bleiben. Jedenfalls auf der Fähre. Die suchen - wenn überhaupt - nach 2 Deutschen. Nicht nach einem.*

Und der Wagen?

Der ist sauber. Freddys Mustang fällt hier weniger auf als in Deutschland.

Wie gehts weiter?

Ich fahre allein runter von d. Fähre. Du nimmst d. Fußgängerausgang und d. Bus, Linie 1, ins Stadtzentrum von Turku. Am Busbahnhof sammele ich dich wieder ein.

Die Tür klappte, eine ältere Frau betrat die Herrentoilette. Kittel und Namensschild mit dem *Viking*-Logo wiesen sie als Reinigungskraft aus. Sie begann damit, die Papierhandtuchspender zu kontrollieren. Um die beiden verriegelten Toiletten kümmerte sie sich nicht. Zunächst.

Wehmeyer scherte sich nicht darum, was da draußen vor sich ging. Er hatte die nächste Frage aufgeschrieben und das Papier zu seinem Kumpel hinüber geschoben: *Wie lange brauchen wir noch? Hab das Kassiberschieben satt.*

Soyka schaute auf sein Smartphone, dann schrieb er: *Rund 5 ½ Stunden.*

Er beugte sich zur Seite, um den Zettel unter der Trennwand durchzureichen, als sich der Kugelschreiber selbstständig machte. Der Stift fiel laut klackend zu Boden und kullerte unter der Kabinentür hindurch nach draußen. Mit Mühe unterdrückte Soyka ein Fluchen.

Die Putzfrau, die schon fast in der Tür stand, um die Toilette wieder zu verlassen, hatte das Geräusch gehört und drehte sich um. Sie starrte verwundert zu dem Stift hinüber, der vor der vorletzten Toilettentür auf dem Boden lag. Ihr Blick wanderte zum Türgriff der Kabine. Die rote Markierung zeigte, dass die Toilette besetzt war. Sie ging die wenigen Schritte zum Kugelschreiber und schaute unschlüssig in die Runde.

Aus der Kabine war kein Mucks zu hören. Sie überlegte noch, sich nach dem Kugelschreiber zu bücken. Doch dann hob sie kurzentschlossen den rechten Fuß und kickte den Stift zurück in die Kabine, aus der er gekullert sein mochte. Mit eiligen Schritten verließ sie die Herrentoilette.

Was war das?, schrieb Wehmeyer und reichte das Stück Papier weiter.

Soykas Antwort kam prompt: *Alles ok. Wir machen Schluss. Bleib hier. Ich peil die Lage.*

Wehmeier antwortete: *Bring was zu futtern mit. Und Bier.*

Soyka raffte die beschriebenen Papierfetzen zusammen, warf sie in die Kloschüssel und spülte. Danach setzte er sich eine graue Beanie-Mütze auf den kahlen Schädel und zog sie weit in die Stirn hinab. Nachdem er den Kragen seiner schwarzen Fleece-Jacke aufgestellt hatte, entriegelte er die Tür und verließ die Kabine.

Ein kurzer Blick in den Spiegel gab ihm die Gewissheit, dass das Pflaster an seiner rechten Schläfe durch die Mütze verdeckt und nicht zu sehen war. Der angeklebte Kinnbart wirkte täuschend echt.

Mit einem lauten Räuspern, das gewollt und künstlich klang, marschierte er zur Tür hinaus.

Ein heftiger Schneeschauer ging auf dem internationalen Flughafen von Kopenhagen-Kastrup nieder. Trotz der frühen Abendstunde war bereits finstere Nacht. Unzählige Positionslichter, Lampen und Scheinwerfer versuchten, das weitläufige Flughafengelände zu erhellen. Wegen des Feierabendverkehrs der Geschäftsleute herrschte auf den Start- und Landebahnen noch reger Betrieb. Orange blinkende Schneepflüge und Enteisungsmaschinen waren pausenlos im Einsatz.

Im Transitbereich des Abflugterminals bekam man wenig von dem Trubel da draußen mit.

»Och, nee!«

Genervt ließ Maike Schnur ihren Imbiss auf den Teller fallen. Sie rückte ihren Stuhl ein Stück zurück und griff nach einer Serviette.

»Schöner Mist! Alles auf die Hose.«

Robert Mendelski konnte sich ein Grinsen nicht verkneifen. »Die dänischen Hot Dogs sind eben tückisch«, frotzelte er. »Würstchen, Gurkenscheiben, Röstzwiebeln, Ketchup und Senf in einem schmalen, aufgeklappten Labberweizenbrötchen - das alles zu bändigen, ist halt 'ne Kunst.«

»Haha!« Maike lachte gekünstelt auf und warf die rotgelb verschmierte Serviette auf das Plastiktablett vor sich. »Dafür sind die Dinger superlecker. Du kannst dir deine neidischen Bemerkungen ruhig sparen.«

Sie startete einen zweiten Versuch, griff mit beiden Händen fest zu und beugte sich weit über den Tisch. Zwar fiel jetzt nichts herunter, dafür zeigten ihre Mundwinkel deutliche Spuren von Senf und Ketchup.

Mendelski ließ sich nichts anmerken. Er nahm die *Carlsberg*-Dose und goss sich Bier in den Plastikbecher. »Ich warte lieber auf das Abendbrot im Flieger«, sagte er.

»Hallo?« Maike machte eine kurze Kau- und Schluckpause. »Das hast du beim ersten Flug auch schon gesagt. Und was gab's? - Erdnüsse und O-Saft. Prima!«

»Na, von Hannover hierher - das war ja nur 'ne Stunde. Jetzt dauert der Flug aber viel länger. Da gibt's bestimmt was Vernünftiges.«

»Träum weiter. Linienflug - geschenkt! *Scandinavian Airlines!* Klingt alles toll. Aber die müssen sparen, wie alle anderen Airlines auch. Ich geb dir 'nen Tipp: Hol dir hier auf dem Flughafen was zu futtern, sonst schiebst du Kohldampf bis nach Finnland. Außerdem sind's noch über zwei Stunden bis zum Abflug.«

Mendelski zog die Bordkarte aus der Innentasche seiner Jacke. »20.05 Uhr ist Abflug, oder?«

Maike nickte nur und kaute.

»Und um 22.40 Uhr landen wir in Helsinki?«

Wieder nickte Maike.

»Wie war das mit der Zeitverschiebung?«

Maike hielt den Daumen hoch.

»Eine Stunde?«

Sie nickte schluckend.

»Das heißt, wir sind dann um 21.40 Uhr mitteleuropäischer Zeit in Helsinki.«

»Richtig.« Maike hatte ihren Hot Dog in rekordverdächtiger Zeit vertilgt.

»Alle anderen Flüge kommen noch später an«, erklärte sie. »Mit *Air Baltic* wären wir um 23.55 Uhr Ortszeit, mit *Lufthansa* sogar erst um 0.15 Uhr in Finnland gelandet.«

»Alles gut«, erwiderte er. »Das hast du prima hingekriegt. Respekt.«

»Halt Internet.« Sie holte ein Papiertaschentuch aus ihrem Rucksack und wischte sich die Mundwinkel sauber. »Ging sowieso erstaunlich unbürokratisch über die Bühne – und verdammt schnell. Ein Dienstreiseantrag fürs Ausland dauert im Normalfall doch Monate.«

»Für sowas hat unser Chef ein Händchen.«

»Kein Wunder, bei seinen Beziehungen.«

»Ja, die hat er.« Mendelski goss den Rest Bier in seinen Becher. »Aber ... ob die auch bis Finnland reichen? Bin gespannt, wie das nachher mit den finnischen Kollegen klappt. Holt uns eigentlich jemand ab?«

Maike schaute auf das Display ihres Smartphones, das neben dem Tablett auf dem Tisch lag. »Keine Ahnung. Steigenberger wollte noch eine SMS schicken. Aber ich gehe mal davon aus.«

»Na, heute Nacht werden wir eh nichts mehr reißen.« Mendelski gähnte. Das Bier auf nüchternen Magen machte ihn müde. »Am besten gleich ins Hotel, morgen dann volle Kraft voraus.«

Maike erhob sich und inspizierte ihre bekleckerte Jeans. »Ich verschwinde mal kurz, den blöden Fleck rauswaschen.« Sie schaute zur Selbstbedienungstheke des Flughafen-Cafés hinüber. »Soll ich dir nicht doch noch was zu essen mitbringen? Wenigstens 'n Sandwich?«

»Nee, lass mal. Ich geh gleich selber.« Er rieb sich den Bauch. »Ich glaub, so 'ne original dänische *Pölser* probier ich auch mal.«

»*Pölser?*«

»Ja. So heißt das rot eingefärbte Würstchen, das du gerade verschlungen hast.«

»Na, denn.« Maike nahm ihr Smartphone vom Tisch und wandte sich zum Gehen. »Pass aber auf, dass du nicht kleckerst. Dänische Hot Dogs zu essen soll 'ne Kunst sein.«

In der Nähe von Kolkonpää, ungefähr 35 km vor Savonlinna, bog der Wagen von der Landstraße 14 nach Norden ab. Nun führte die Route über eine der unzähligen einsamen Nebenstraßen, die die ostfinnische Seenlandschaft mit ihren unendlichen Wäldern durchzogen.

Der verharschte Schnee knirschte unter den abgefahrenen Sommerreifen. Die Straßen zweiter Ordnung wurden nur oberflächlich geräumt, den Asphalt bedeckte eine zentimeterdicke festgefahrene Schneeschicht - hart wie Beton.

Nur sparsam erhellte die schmale Sichel des Mondes eine sternklare eisige Nacht. Der ursprünglich in Deutschland zugelassene Mazda trug mittlerweile ein finnisches Kennzeichen; sein Fahrer hatte die Blechschilder von einem zugeschneiten Suzuki abgebaut, der am Bahnhof von Hämeenlinna auf einem Langzeitparkplatz vor sich hin rostete.

Behutsam trat Mika Rahola auf das Bremspedal. So kurz vor dem Ziel wollte er es nicht riskieren, einen Unfall zu bauen. Schon eine kleine Unachtsamkeit konnte dazu führen, dass der Wagen von der Fahrbahn abkommen und sich im hohen Schnee festfahren würde. Nach den vielen Stunden im Auto sehnte er sich nach einem Bett, nach einigen Stunden Schlaf.

Bei aller Vorsicht schielte er doch wehmütig durch das Seitenfenster gen Himmel. Ein so klares Sternenbild hatte er lange nicht mehr gesehen. Denn in seiner Wahlheimat Deutschland war die Lichtverschmutzung derart stark, dass es selbst in den Tiefen der Lüneburger Heide nicht dunkel genug wurde, um einen imposanten Sternenhimmel wie hier zu bewundern.

Erinnerungen an einen Aufenthalt in Levi blitzten in sein Bewusstsein. Dort, im finnischen Lappland, rund 800 Kilometer nördlich von hier und weit jenseits des Polarkreises, hatte er als Fünfzehnjähriger bei Verwandten einmal auf einer Rentierfarm gewohnt. Im tiefsten Winter, sechs Wochen lang. Wenn es die Sonne nicht schaffte, über den Horizont zu blinzeln, blieb es dämmrig und dunkel. Dieses düstere, nicht weichen wollende Grau in Grau hatte ihn deprimiert. Doch in klaren Nächten wie dieser war man für die trüben Tage entschädigt worden - durch ein faszinierendes Naturschauspiel: Bunt schillernde, über das ganze Firmament flammende Polarlichter in Pink, Lila und Grün. Die magischen Schleier und Fahnen am Himmel hatten für viele unvergessliche Erlebnisse gesorgt.

Ein Schneehase war unvermittelt im Scheinwerferlicht aufgetaucht. Mika schreckte auf und trat sachte auf die Bremse. Der Meister Lampe des hohen Nordens flitzte im Höllentempo vor ihm die Straße entlang, machte aber keine Anstalten, den Lichtkegel des Autos oder die Straße zu verlassen. Wahrscheinlich kam das Tier auf der festgefahrenen Schneedecke besser voran als im Wald nebenan, wo der Pulverschnee gut einen halben Meter hoch lag. Der Hase bog erst an einer Abzweigung ab, die zu einem See führte. Ein großes Hinweisschild warb dort fürs Eisangeln.

Dieser Abzweig kam Mika bekannt vor. Auch wenn er seit mindestens sechs Jahren nicht mehr hier gewesen war. Damals, in einem besonders heißen und trockenen Sommer, hatte Schwägerin Lenita zu ihrem 40. Geburtstag geladen, zwei Tage nach Mittsommernacht. An das Familiensommerfest in der Hütte am See erinnerte er sich gut: Sein Bruder Lauri war völlig betrunken vom Steg in den See gefallen und hatte im Wasser seine teure Gleitsichtbrille verloren.

Jetzt waren es nur noch wenige Kilometer. Nachdem er zwei weitere Male in Richtung See abgebogen war, erreichte er den haushohen Granitblock mit mächtiger Schneehaube, der als markantes Wegzeichen die Abzweigung zu einem unscheinbaren Waldweg markierte.

Hier war seit Tagen niemand abgebogen, weder Auto noch Snowmobil, weder Ski noch Schlitten. Dadurch lag eine deutlich höhere Schneedecke auf der Fahrbahn als auf der Straße, von der er gekommen war. Der Mazda quälte sich redlich.

Mika war froh über den unberührten Schnee. Seine Kalkulation war aufgegangen: Derzeit schien sich niemand in der Hütte aufzuhalten.

Er hatte es geschafft. Dennoch tat es weh, seinem Elternhaus, der Familie seines Bruders so nah zu sein, ohne sie anrufen oder besuchen zu dürfen. Der Artikel in der Zeitung ließ keinen Zweifel daran, dass er sich zunächst nicht in Savonlinna blicken lassen durfte. Wahrscheinlich hatte die Polizei längst seinen Eltern und seinem Bruder einen Besuch abgestattet. Vielleicht warteten sie draußen vor den Häusern sogar schon auf ihn, um ihn abzufangen.

Auch einen Anruf zu Hause hatte er sich verkniffen. Schon möglich, dass sie die Telefone seiner Verwandtschaft angezapft hatten.

Sentimentalitäten waren nicht angesagt. Was er jetzt brauchte, war Zeit. Zeit zum Nachdenken. Und Zeit zum Ausruhen. Zum Schlafen, zum Auskurieren seiner Verletzungen und Blessuren. Dann - mit gesundem und wachem Geist - würde er weiter sehen.

Der Mazda kämpfte sich noch einen letzten Hügel hinauf. Dann, als Mika das Auto vorsichtig bergab lenkte, tauchte im Scheinwerferlicht ein Gebäude auf. Ein Ferienhaus im Blockhausstil, mit Sauna und Bootsschuppen, das zwischen knorrigen, windzerzausten Kiefern stand. Schemenhaft zeichnete sich in der Dunkelheit ein Holzsteg ab. Die Weite des Sees, der zu dieser Jahreszeit stets zugefroren und zugeschneit war, ließ sich nur erahnen.

Der Mazda stoppte direkt vor der Treppe, die zur Veranda mit der Haustür hinaufführte. Mika ließ den Motor laufen und stieg im Licht der Scheinwerfer aus.

Die Unberührtheit und die Höhe des Schnees auf den Treppenstufen belegten, dass hier lange keiner gewesen war. Soweit er die Gewohnheiten seiner Familie kannte, nutzen sie die Hütte im Winter höchstens an einigen ausgewählten Wochenenden. Vorausgesetzt, Lauri bekam in dem Autohaus, für das er arbeitete, frei. Heute war Donnerstag, er würde also frühestens am Samstag Besuch bekommen. Von Lauri, Lenita und den beiden Mädchen, Elsa und Siiri.

Der Notfallschlüssel hing wie üblich an einem versteckten Nagel unter der Veranda. Mika beugte sich hinab und ertastete schnell das eiskalte kleine Stück Metall.

Zwei Minuten später hatte er aufgeschlossen und betrat das Blockhaus.

Es war stockfinstere Nacht. Auf der Straße war keine Menschenseele zu sehen. Die Uhr am hölzernen Glockenturm zeigte 23.35 Uhr.

Die ersten Regentropfen klatschten gegen die Windschutzscheibe seines Kombis, als Henning Grube in sein Auto stieg. Der von den Medien für Norddeutschland angekündigte Wetterumschwung hatte mit ein paar Stunden Verspätung auch Wienhausen erreicht.

Bevor er den Motor startete, drehte er sich um. Auf der Rückbank, von einer groben Armeewolldecke verdeckt, lag etwas, das die halbe Wagenbreite einnahm. Der Förster beugte sich nach hinten und lüftete die Decke ein wenig, um die Ladung zu kontrollieren. Anscheinend beruhigt drehte er sich wieder nach vorn und betätigte den Anlasser. Durch das regennasse und menschenleere Wienhausen lenkte er den Wagen nach Osten, auf die Landstraße nach Offensen und weiter in Richtung Langlingen. Eine Strecke, die er in den letzten Tagen unzählige Male zurückgelegt hatte.

Immer wieder schaute er in den Rückspiegel, um sich zu vergewissern, dass ihm niemand folgte. Die brisante Fracht auf seiner Rückbank könnte ihm höllischen Ärger einbringen. Nicht nur mit der Kripo Celle ...

Am Langlinger Holz bog Henning Grube zum Klosterforst ab. Hier war der Schnee in den letzten Tagen nicht geräumt worden. Das einsetzende Tauwetter und der warme Regen hatten für eine gefährliche Sulzschneeschicht gesorgt, was die Fahrt auf dem Waldweg in eine abenteuerliche Rutschpartie verwandelte.

»Das fehlt mir noch!«, schimpfte der Förster vor sich hin. Sich jetzt festzufahren, mitten im Wald mit dieser Ladung im Auto, wäre der Gipfel. Er musste seine gesamten Fahrkünste aufwenden, um den Kombi einigermaßen in der Spur zu halten.

Wenigstens gibts jetzt keine Zuschauer, tröstete er sich. Bei diesem Mistwetter geht niemand zur Jagd …

Er brauchte zwar deutlich länger als sonst, doch schließlich erreichte Henning Grube die Forstmaschine, die einsam und verlassen am Wegesrand stand. Dort hatte Niilo seinen Rückezug vor vier Tagen, am vergangenen Montagmorgen, zurückgelassen. An einer Gruppe Kiefern flatterten die Reste vom Absperrplastikband der Polizei. Sie markierten die Position des Harvesters, mit dem …

Er zwang seine Gedanken in eine andere Richtung.

Der Regen wurde stärker. Henning Grube ließ sein Auto mitten auf dem Weg stehen. Er hatte keine Lust, sich festzufahren, wenn er den Wagen auf den Seitenstreifen lenken würde. Dort war der Schnee – oder besser der Schneematsch – deutlich höher als auf der Fahrbahn.

Er stellte Motor, Scheibenwischer und Scheinwerfer ab. Dann wartete er ein paar Minuten, bis sich seine Augen an die Dunkelheit gewöhnt hatten. Doch selbst dann konnte er kaum zwei Meter weit sehen. Die tiefe natürliche Finsternis wurde zusätzlich vom Dunst verschleiert, der sich durch den tauenden Schnee gebildet hatte.

Henning Grube öffnete das Seitenfenster einen Spalt breit und lauschte. Er musste ganz sicher gehen, dass ihm niemand gefolgt war. Doch außer dem Regen, der leise auf das Autodach trommelte, war nichts zu hören.

Er stieg aus. Gut, dass er bereits zu Hause unter dem schützenden Carport-Dach die Gummistiefel angezogen hatte. Es spritzte nur so, als er die wenigen Schritte zur Heckklappe machte. Mit einem Knarren öffnete er sie. Aus den zahlreichen Forstutensilien im Kofferraum kramte er eine dunkelgrüne Regenjacke mit Tarnmuster hervor und streifte sie über.

Aus einem Plastikeimer, der zur Hälfte mit Mais gefüllt war, ließ er zwei Handvoll Körner in seiner Jackentasche verschwinden. Dann griff er zum Spaten, der vorn an der Ladekante lag. Frische Erdspuren offenbarten, dass dieses Werkzeug erst kürzlich benutzt worden war. Henning Grube lehnte den Spaten an den nächsten Baum und klappte die Heckklappe zu.

Jetzt öffnete er die hintere linke Tür. Unter der Armeedecke zog er einen Jutesack hervor, der mit einem Kabelbinder zugebunden war und prall gefüllt schien. Mit sichtlicher Anstrengung hievte er sich den schweren Sack auf den Rücken, schlug die Wagentür mit dem linken Knie zu, griff nach dem Spaten und marschierte los.

Er stapfte durch das Kiefernstangenholz, das die beiden Finnen erst halb durchforstet hatten. Das geschlagene Holz war in einigen Gassen noch nicht gerückt. Trotz der miserablen Sicht fand Henning Grube auf Anhieb den Pfad im Schnee, den die Tatortermittler von der Kripo Celle Anfang der Woche hinterlassen hatten, und folgte ihm.

Es war der Pfad, der zur Hute-Eiche führte, zum Fundort des Hirschluders.

Robert Mendelski drückte den Fahrstuhlknopf.

»Puh, Mitternacht«, ächzte er, während er seinen Rollkoffer abstellte. »Ich freu mich auf mein Bett.«

»Ich erst mal!« Maike Schnur schaute zurück in die Empfangshalle des Hotels. »Nettes Plätzchen haben die für uns ausgesucht. *Hotelli Pilotti.* Klingt doch lustig, oder?«

»Ja, für ein Hotel in Flughafennähe nicht ganz unpassend.«

»*Hotelli Pilotti.* Finnisch scheint gar nicht so schwer«, kommentierte Maike aufgekratzt.

»*Rikoskomisario Jan Ahonen* von der *Rikospoliisi*«, las Mendelski von der Visitenkarte in seiner Hand. »*Komisario* und *Poliisi* verstehe ich ja. Aber *Rikos*? Gibt's hier etwa noch eine Reichspolizei?«

»Hab ich gleich.« Maike hatte ihr Smartphone griffbereit und warf die Suchmaschine an. »*Rikos* bedeutet Verbrechen, Vergehen. Hat nichts mit Reich zu tun.«

Die blaue Fahrstuhltür öffnete sich. Sie betraten die enge Kabine, Mendelski drückte den Knopf für den zweiten Stock.

»Ein bisschen jung kam der mir aber schon vor«, grantelte Mendelski.

»Wer? Der finnische Kollege?«

Der Fahrstuhl stoppte, die Tür öffnete sich automatisch. Sie stiegen aus.

»Wer denn sonst.«

Mendelski ging als Erster den langen Gang entlang.

»Der Jan Ahonen ist aber 'n Netter«, konterte sie. »Und ... er sieht gut aus.«

»Mich interessieren mehr seine Deutschkenntnisse. Für sein Aussehen kann ich mir nichts kaufen.«

»Typisch Robert!« Maike, die mit ihrer Reisetasche über der Schulter hinter ihrem Chef her trottete, verdrehte die Augen. »Dienst ist Dienst, nicht wahr, Herr Kommissar! Du gönnst mir aber auch nicht den Dreck unter den Fingernägeln.«

Mendelski war stehen geblieben. »Genug palavert für heute«, brummte er kurz angebunden. »Hier ist mein Zimmer. Deins ist nebenan. Gute Nacht.«

»Dito.« Sie schob an ihm vorbei. »Frühstück um 8.00 Uhr?«

Mit einer Chipkarte öffnete er seine Tür. »Ja. Der hübsche Kollege Ahonen kommt um halb neun.«

Maike war an ihrem Zimmer angelangt. »Na, wenigstens was!«, murmelte sie, während sie mit ihrer Türkarte hantierte. »Sieben Stunden Schlaf am Stück hatte ich schon lange nicht mehr.« Mit einem Blitzen in den müden Augen fügte sie laut hinzu. »Wie wär's mit 'ner morgendlichen Lagebesprechung? Zusammen mit Ahonen? In der Sauna? Wir sind schließlich in Finnland.«

Doch Robert Mendelski hatte die Tür zu seinem Zimmer längst geschlossen.

Zwölftes Kapitel

Ein Geräusch ließ ihn hochfahren.

Völlige Finsternis beherrschte den Raum. Dass er seine Hand nicht vor den Augen sehen konnte, schärfte sein Gehör. Das Rascheln der Bettdecke klang ungewohnt.

Mika Rahola benötigte einige Augenblicke, bis er die Tiefschlafphase abgeschüttelt hatte. Erst dann registrierte er, wo er sich befand: Daheim in Finnland, gar nicht weit von seinem Heimatort Savonlinna. Im Blockhaus seines Bruders Lauri, im Schlafraum, gleich neben der Küche.

Allein.

Hatte er nur geträumt?

Er lauschte angestrengt. Lediglich das laute Ticken des vorsintflutlichen Weckers, den er zusammen mit der Stabtaschenlampe neben dem Bett auf dem Dielenboden postiert hatte, drang an sein Ohr.

Wie lange hatte er wohl geschlafen?

Er setzte an, sich aus dem Bett zu beugen, um die Taschenlampe zu greifen.

Da! Da war es wieder!

Das Geräusch war nicht zu überhören. Ein Schaben. Ein dumpfes, lang gezogenes Schaben. Es schien draußen von der Veranda zu kommen.

Verflucht!

Mit einem Satz war er aus dem Bett.

Sollten sie schon hier sein? So dicht auf den Fersen? Zuzutrauen war es ihnen, diesen Gangstern.

Oder war es die Polizei?

Mika bückte sich, nur mit einer Boxershorts bekleidet, nach der Stabtaschenlampe und hob sie auf. Wie einen Schlagstock schwenkte er sie in der Hand, ließ die Leuchte zunächst aber ausgeschaltet, um sich nicht zu verraten.

Unsicher tastete er sich an der Wand entlang zur Küche und von dort ins Wohnzimmer. Die Türen im Innenbereich hatte er offengelassen, damit die Wärme vom zentral gelegenen Ofen bis zu ihm ins Schlafzimmer dringen konnte. Die Glut war längst erloschen.

Immer wieder blieb er stehen, um zu lauschen.

Nichts. Es herrschte Stille. Absolute Stille.

Von draußen drang nicht mal der schwächste Lichtschimmer durch die Fenster nach innen. Unwahrscheinlich, dass vor der Hütte die Polizei auf ihn wartete. Die hätten sämtliche verfügbaren Lampen - Streifenwagenscheinwerfer, Spezialstrahler, Taschenlampen - auf das Blockhaus gerichtet. Und sie hätten sich längst bemerkbar gemacht. Durch Klopfen, per Megaphon, durchs Aufbrechen der Tür oder sonst wie.

Nein, da draußen musste jemand sein, der das Licht scheute. Der nicht gesehen werden wollte. Vielleicht jemand, der besser im Verborgenen agierte, weil er selbst Dreck am Stecken hatte - jemand, der ihm hartnäckig und hinterrücks auflauerte.

Die zwei Deutschen.

Zehn elend lange Minuten verharrte er mit rasendem Puls mitten im stockdunkelen Wohnzimmer und rührte sich nicht von der Stelle. Er tat das Einzige, was ihm in der jetzigen Situation übrig blieb: Still sein, lauschen - und abwarten.

Vor lauter Anspannung bildete sich auf seinem nackten Oberkörper eine Gänsehaut. Sämtliche Härchen auf den Armen und der Brust hatten sich in Alarmstellung begeben und aufgestellt. Doch er fror nicht. Zwar war das Feuer im Ofen längst aus, zwar herrschte draußen strenger Frost, doch hier drinnen war es noch angenehm warm. Das lag zum einen an der dicken, die Wärme speichernden Specksteinschicht, die den Ofen ummantelte. Zum anderen war das Blockhaus seines Bruders - wie die meisten skandinavischen Holzhäuser - hervorragend isoliert.

Langsam ebbte seine Aufregung ab. Der Puls ging wieder normal, das Panikgefühl im Magen verschwand. Denn er spürte keinerlei Luftzug. Die beiden Außentüren und die Fenster schienen intakt. Hätte sie jemand aufgebrochen, würde er längst die Kälte spüren, die von draußen ins Haus gedrungen wäre.

Das Geheimnisvolle spielte sich also draußen ab. Noch ...

Da!

Von der Veranda hörte er wieder dieses Geräusch. Eindeutig. Wieder dieses Schaben. Als ob jemand etwas über den Holzboden schleifen würde.

Auf Zehenspitzen schlich Mika in die Richtung, in der er die Verandatür vermutete. Die Finger seiner linken Hand ertasteten die Garderobe, an der seine Daunenjacke hing. Also stimmte die Richtung, die er eingeschlagen hatte. Sekunden später fühlten dieselben Finger das bierdeckelgroße, rautenförmige Fenster, das mitten in der Verandatür als Guckloch diente.

Mika hob die Stabtaschenlampe und drückte deren Vorderseite dicht gegen das Fensterglas. Die aufgesetzte Lampe sollte eine Reflexion des Lichtstrahls nach innen verhindern.

Sein Kopf näherte sich der Tür, die Nasenspitze berührte so eben das Glas.

Er schaltete die Taschenlampe ein.

Erst nahm er sie lediglich im Halbschlaf wahr. Dann wurden sie stärker.

Schließlich weckten sie ihn gänzlich.

Heftige Kopfschmerzen.

Mühsam schälte er sich aus der viel zu großen Steppdecke, tastete nach dem Lichtschalter - verflixt, hatte da nicht eine Nachttischlampe gestanden? - und setzte sich auf die Bettkante. Robert Mendelski blinzelte zum Radiowecker auf dem Nachttisch. Die dunkelroten Ziffern zeigten 4.16 Uhr an. Ach herrje! Rasch rechnete er nach: Vier Stunden. Länger geschlafen hatte er nicht.

Im dämmrigen Schein der Hotelwandlampe stützte er mißmutig den Kopf in beide Hände, um abzuwägen. Legte er sich wieder hin? Sollte er versuchten, noch einmal einzuschlafen? Oder schluckte er gleich Tabletten gegen den Kopfschmerz? Dann allerdings müsste er eine Weile aufbleiben. Das Koffein in seinen Pillen würde ihn wach halten. Für eine gute Stunde etwa. Dann würden die Kopfschmerzen wie gewöhnlich nachlassen, und er konnte weiterschlafen.

Dieses nächtliche Ritual kannte er schon. Etliche Male hatte er das durchgemacht. Denn die Kopfschmerzen quälten ihn seit seiner Kindheit. Ausgelöst wurden sie gewöhnlich durch Stress, zu wenig Schlaf oder körperliche Überanstrengung. Davon hatten die letzten Tage mehr als genug geboten. In jeder Beziehung. Und zu allem Überfluss noch diese überhastete Finnlandreise ...

Schnaufend stand er auf.

Nachdem er im Bad zwei Tabletten mit einem Glas Wasser heruntergespült hatte, schaute er sich suchend im Zimmer um. Zu Hause in Boye steckte um diese Zeit meist schon die *Cellesche Zeitung* im Briefkasten. Allein, in aller Ruhe am Küchentisch sitzend, mit minütlich abnehmendem Schmerz, studierte er die druckfrische Ausgabe von vorn bis hinten. In gewisser Weise - wenn es nicht zu häufig vorkam - konnte er solchen Momenten der Muße und Stille durchaus etwas Positives abgewinnen.

Doch hier im *Hotelli Pilotti* gab es nichts, um sich abzulenken, nicht mal ein Buch. In seinem Koffer lag nur die Kopie der Klosterforst-Akte ...

Den Gedanken, im Hotel-Fernseher *EuroNews* auf Englisch, Russisch oder gar Finnisch anzuschauen, verwarf er rasch. Gelangweilt trat er ans Fenster und schob den Vorhang zur Seite.

Erst beim zweiten Hingucken bemerkte er, dass es schneite. Im Lichtkegel der Straßenlampen auf dem Hotelvorplatz tanzten die feinen Flocken im Wind. Herrliches Winterwetter, sinnierte er. Passend zum Dezember und zum Advent. Für Finnland war das die Regel, für Mitteleuropäer eher nicht. Leider.

Den Wetterumschwung in Deutschland hatte er gestern Abend beim Abflug in Hannover-Langenhagen noch mitbekommen. Der schöne Schnee in Celle würde in den nächsten Tagen tauen und einer trostlosen Matschlandschaft Platz machen. Und der Wetterbericht drohte mit der wenig begeisternden Aussicht, mal wieder eine grüne und regennasse Weihnacht feiern zu können.

Genervt kramte Mendelski die Akte Klosterforst hervor und setzte sich an den kleinen Tisch am Fenster. Lustlos blätterte er in den Seiten herum. Dabei rutschte ihm ein Blatt Papier auf den Boden, das nicht eingeheftet war und lose zuoberst gelegen haben musste.

Er erinnerte sich. Noch gestern Nachmittag, im Büro, kurz nach der Lagebesprechung, als er gerade dabei war, in aller Eile die nötigsten Unterlagen für die Finnlandreise zusammenzupacken, hatte ihm Heiko Strunz den Zettel in die Hand gedrückt.

»Das ist der vorläufige ballistische Bericht«, hatte er gesagt. »Von dem Geschoss, das wir aus dem Beckenknochen des Hirschluders geborgen haben. Kannste dir ja im Flieger anschauen.«

Mendelski hatte den Bericht völlig vergessen. Er hielt das Blatt Papier ins Licht der Wandlampe und begann zu lesen. Als er auf das Fachchinesisch »K: 6,5 × 54 M.Sch., Tm 10,3 gr« stieß, stutzte er.

»Kaliber 6,5 × 54 Mannlicher-Schönauer«, rekapitulierte er murmelnd. Ihm war der Klassiker unter den Repetierbüchsen wohl bekannt. Mit dem weltberühmten Jagdgewehr aus Österreich hatte schon Ernest Hemingway in Afrika auf die *Big Five* angelegt. Auf Elefant, Wasserbüffel, Löwe, Nashorn und Leopard. Die Repetierbüchse war eine der Lieblingswaffen vom Großwildjäger und Literatur-Nobel-Preisträger von 1954 gewesen.

»Teilmantel mit 10,3 Gramm Geschossgewicht.«

Mendelski legte das Blatt zurück in die Akte und klappte den Deckel zu. Müde lehnte er sich zurück, schloss die Augen und versuchte, sich trotz der Kopfschmerzen zu konzentrieren.

In den letzten Tagen war es ungewohnt hektisch zugegangen. Im Grunde waren sie dauernd nur dem Geschehen nachgerannt. Deswegen hatten sie sich mit dem Hirschluder nur am Rande befassen können. Andere Dinge waren wichtiger gewesen.

Er versuchte, sich zu erinnern. Henning Grube führte einen 98er Karabiner, Kaliber 30.06. Das hatte der Förster freimütig erzählt. Auch, dass er damit geschossen hatte, um den Kolkraben zu verscheuchen, der sich am Kopf des enthaupteten Niilo Humppi zu schaffen machte. Dr. Wimmer dagegen besaß einen Stutzen, den Mendelski im Gewehrständer hinter dem Fahrersitz des Geländewagens gesehen hatte. Genau, das könnte so ein Mannlicher-Schönauer Repetierstutzen gewesen sein.

»Na sieh mal einer an ...«, entfuhr es dem Kommissar leise.

Der Lichtstrahl der LED-Taschenlampe reichte weit über die Veranda und den davor parkenden Mazda hinaus. Der starke LED-Lenser erhellte sogar noch die Zufahrt.

Die rasche Bewegung auf der rechten Seite der Veranda nahm Mika Rahola nur aus den Augenwinkeln wahr. Bevor er reagieren und den Strahl der Lampe nach unten richten konnte, war der Schatten verschwunden.

Verdammt, was war das?

Nach einem Mensch hatte das nicht ausgesehen.

Dann sah er den Kochtopf, den er heute Nacht mit den Resten der angebrannten Ravioli auf die Brüstung der Veranda gestellt hatte, um dem penetranten Gestank in der Hütte zu entgehen. Der Topf lag kopfüber auf dem Verandaboden. Etliche Meter von der Stelle entfernt, wo er ihn ursprünglich hingestellt hatte.

Ich Esel!, schimpfte er sich. Die verkohlten Nudeltaschen hatten ein Tier angelockt. Jetzt im Winter herrschte Not, das Wild näherte sich hungrig den menschlichen Behausungen, um Komposthaufen, Mülltonnen und andere Abfälle zu plündern. Als Finne und erfahrener Hüttenbenutzer hätte er eigentlich wissen müssen, dass man in der freien Natur mit Essensresten stets vorsichtig umgehen sollte. Es sei denn, man legte Wert darauf, dass Bär, Wolf und Co. einem auf den Pelz rückten.

Um sicher zu gehen, dass seine Vermutung zutraf, und aus Neugier, welches Tier sich über die Ravioli hergemacht hatte, streifte Mika kurzerhand seine Daunenjacke über den nackten Oberkörper, entriegelte die Tür und trat auf die Veranda. Er hob den Topf auf und schaute hinein. Seine Vermutung war richtig gewesen. Bis auf eine schwarze Kruste war alles Essbare verschwunden.

Ein Braunbär war das nicht, beruhigte er sich selbst. Die halten jetzt Winterschlaf in irgendeiner Höhle. Wölfe bevorzugten eigentlich Frischfleisch und näherten sich den Häusern äußerst selten.

Ohne Schuhe ging er bis an den Rand der Veranda und leuchtete mit seiner Taschenlampe in den Schnee. Hier ungefähr war der Schatten im Dunkeln der Nacht untergetaucht.

Die Spur war nicht zu übersehen. Die riesigen Abdrücke waren für den Waldmenschen Mika eindeutig. Es waren die eines Vielfraßes. Der hat, rief er sich ins Gedächtnis, im Verhältnis zu seiner Größe recht große Pfoten, wodurch der Allesfresser aus der Familie der Marder mühelos im hohen Schnee laufen konnte.

Erleichtert kehrte Mika ins Haus zurück. Der Wecker zeigte 4.35 Uhr an. Er hatte gerade mal vier Stunden geschlafen. Bis es hell wurde, würden noch einige Stunden vergehen. Die Sonne ging – wenn man sie auch nur selten direkt zu Gesicht bekam – zu dieser Jahreszeit in Finnland erst nach 9.00 Uhr auf.

Bei seiner Ankunft letzte Nacht hatte er alles so vorgefunden, wie er es sich erhofft hatte. Trockenes Holz gab es reichlich, um den Ofen zu bestücken und das Blockhaus einmal ordentlich durchzuheizen. Der Propangas-Tank enthielt genügende Reserven, um Licht zu machen und um Herd und Durchlauferhitzer zu beschicken. Schließlich war die Speisekammer großzügig mit haltbaren Esswaren und Fertiggerichten bestückt. Sogar ein paar Dosen *Lapin-Kulta*-Bier hatte er noch gefunden, von der er sich eine als Schlaftrunk genehmigte. Wie die meisten Finnen war sein Bruder Lauri, was das Hüttenleben betraf, ein Perfektionist.

Mika überlegte. Die Vielfraß-Visite sollte ihn warnen. Der nächste Besucher könnte ein gefährlicher Zweibeiner sein. Er musste damit rechnen, dass sie ihn über kurz oder lang auch hier suchten. Erst in Savonlinna, klar, aber wenn er dort nicht auftauchte ... Die finnische Polizei fürchtete er dabei weniger als die beiden Gangster aus Deutschland.

Er beschloss, diverse Sicherheitsvorkehrungen zu treffen, bevor er wieder zurück ins Bett kriechen würde.

Notdürftig angekleidet zündete er in der Küche die Gaslampe über dem Tisch an. Er zögerte nicht, Licht zu machen, denn das Blockhaus lag sehr einsam und war vom See nicht einsehbar. Das nächste Haus, die Jagdhütte eines Industriellen aus Helsinki, lag drei Kilometer entfernt, am anderen Ufer des Sees.

Anschließend entfachte Mika erneut ein prasselndes Feuer im Ofen. Solange es dunkel war, wollte er noch einmal ordentlich einheizen. Am Tage sollte der Ofen lieber aus bleiben, denn die Rauchfahne – zuweilen weithin sichtbar, insbesondere über dem See – konnte seine Anwesenheit verraten.

Zum Holzholen musste er hinaus in den Bootsschuppen, in dem neben Kajak, Kanadier-Paddelboot und zwei Snowmobilen auch das Brennholz lagerte. Im Schein der Taschenlampe stellte er fest, dass es anfing zu schneien. Feiner, aber stetiger Schneegriesel fiel aus einem Nachthimmel, der im Osten immer noch pechschwarz war.

»*Hienoa!*«, frohlockte er. »Super! - Weiter so!« Der Neuschnee kam ihm sehr recht. Der verwischte seine Spuren, die Autospuren, die er auf der Zufahrt hinterlassen hatte. Und der Mazda würde eine Schneehaube bekommen und wäre so - insbesondere aus der Luft - nicht so leicht zu entdecken.

Bevor er den gefüllten Holzkorb ins Haus schleppte, fiel sein Blick auf die beiden Snowmobile. Er setzte den Korb ab und kletterte über die Paddelboote in die hinterste Ecke des Schuppens. Dort bückte er sich, um ein Dielenbrett zu lösen.

Mika grinste. Das Versteck war seit Jahren das Gleiche. Er nahm einen der Schlüssel heraus und brachte das Brett wieder in die alte Position. Zur Sicherheit schob er mit dem Fuß ein paar Holzscheite auf die Stelle, um zu verhindern, dass ein Unbefugter den verbliebenen Schlüssel finden würde.

Minuten später knatterte er mit der vollgetankten Artic Cat T 570 aus dem Schuppen und umkurvte die Hütte. Es machte ihm einen Riesenspaß, durch den unberührten Schnee zu brausen. Kindheitserinnerungen wurden wach. Schließlich fand er am Hang, der zum See hinab führte, eine günstige Stelle unter einer niedrigen, großkronigen Kiefer, um das Snowmobil abzustellen. Den Schlüssel ließ er vorsichthalber stecken.

Von der Hintertür des Blockhauses hierher waren es sechs Stufen einer Holztreppe und wenige Meter. Falls vorn an der Haustür eine Gefahr auftauchte, stünde hier ein Fluchtfahrzeug bereit. Zufrieden kehrte er mit dem vollen Holzkorb vor der Brust ins Haus zurück.

Der Schneefall wurde dichter.

Was jetzt noch fehlte, um beruhigt für ein paar Stunden zurück ins Bett zu kriechen, war eine Alarmanlage. Mika entschied sich für die klassische mechanische Variante. Aus dünnem Draht und ein paar leeren Dosen baute er eine Stolperfalle zwischen den beiden Pfosten der Verandatreppe. Wenn hier jemand hinauf wollte, würde es mächtig scheppern und ihn aufwecken.

Er löschte das Licht der Gaslampe in der Küche und kehrte ins Schlafzimmer zurück. Halb angezogen kroch er unter die Bettdecke. Taschenlampe, Schuhe, Integralhelm, Daunenjacke lagen in Griffweite bereit.

Von einer Minute zur nächsten war er eingeschlafen.

Savonlinna lag im Morgengrauen. Leichter Schneefall ging auf die zahlreichen Inseln und Halbinseln der ostfinnischen Kleinstadt nieder. Die vielen Gewässer, die den malerischen Ort mit der Burg Olavinlinna umgaben, konnte man nur erahnen. Sie lagen unter einer 45 Zentimeter dicken Eis- und einer 30 Zentimeter dicken Schneeschicht verborgen.

Kurz nach halb neun waren nur wenige Fenster erleuchtet. Die meisten Bewohner der Wohnsiedlung am Rande der Halbinsel Riihisaari schienen bereits zur Arbeit gefahren oder unterwegs zu sein.

Der rote Ford Mustang fiel nicht auf. Der Sportwagenklassiker stand am Straßenrand, geparkt zwischen einem Dodge Ram, einem Pick-up mit Bullfänger und einem Jeep Cherokee älteren Jahrgangs. Die Finnen liebten die großen US-amerikanischen Fabrikate. Der Jeep war offensichtlich längere Zeit nicht benutzt worden und trug eine imposante Schneehaube.

Fingerdick bedeckte der Schnee die Windschutzscheibe des Ford Mustang, der Wagen stand hier also schon eine Weile. Nur wer genauer hinschaute, konnte erkennen, dass die finnischen Kennzeichen lediglich mit Draht befestigt waren.

In dem Auto saßen zwei Männer, die Wollmützen, Schals und dicke Jacken trugen. Trotzdem zitterten sie vor Kälte. Da der Motor und somit auch die Heizung bereits seit einer halben Stunde ausgeschaltet waren, herrschten im Wageninneren inzwischen deutliche Minusgrade. Die beiden schauten unentwegt zu dem Haus mit dem weiß abgesetzten Holzgiebel hinüber, das auf der gegenüberliegenden Straßenseite lag.

»Mach endlich die Scheißkarre an!«, schimpfte der eine auf Deutsch. Lutz Wehmeier saß auf dem Beifahrersitz und schlackerte mit den Knien. Seine Beine umhüllten nur abgewetzte Jeans. »Ich frier mir noch die Eier ab.«

»Krieg dich wieder ein!«, gab Frank Soyka zurück. »Zehn Minuten noch. Dann gehen wir rein.«

»Auf was wartest du denn?«

»Ich will sichergehen, dass hier keine Bullen sind.«

Wehmeier rutschte unruhig auf seinem Autositz hin und her. »Gefällt mir nicht, dass der alte Mazda hier nirgendwo rumsteht«, knurrte er.

Soyka winkte ab: »Den hat der sonst wo versteckt. In einer Garage. Oder 'ner Scheune. Der ist nicht blöd.«

»Nicht blöd? Der ist nicht hier! Bestimmt.«

»Mann, Lutz!« Soyka schlug wütend aufs Lenkrad. »Du nervst. Wenn er nicht hier ist, fahren wir eben zu der anderen Adresse. Basta! Oder fällt dir was Besseres ein?«

An der Seitenscheibe, die wegen des Atems von innen zuzufrieren drohte, rieb Wehmeier mit dem rechten Handschuh ein Guckloch. »Ich glaub auch nicht, dass da seine Eltern wohnen«, maulte er weiter.

»Wieso das?«

»Na guck dir die zwei Schlitten an, da vor der Haustür. Das sieht eher nach Jungvolk aus.«

»Kinder? Oder was meinst du?«

»Genau.«

»Dann ist das eben Verwandtschaft. Schwester oder Bruder. Auch gut. Einer von denen wird uns schon zeigen, wo er steckt. Über kurz oder lang.«

»Wenn nur diese Scheißkälte nicht wär.« Wehmeier trampelte mit den Füßen. »Ich spür kaum noch meine Zehen.«

»Okay, okay! Ich hab die Schnauze voll von deinem Gejammer«. Soyka zog den Zündschlüssel ab. »Heb deinen kalten Arsch, wir gehen rein.«

»Na endlich«, erwiderte Wehmeier erleichtert. Er zog seinen Schal hoch, bis unter die Augen, und die Mütze tief in die Stirn. »Wie willst du ... ?«

»Moment!«, unterbrach ihn Soyka. Er hatte die gegenüberliegende Straßenseite nicht aus den Augen gelassen. Er packte Wehmeier am Arm und hielt ihn zurück. »Warte! Da passiert was.«

Die Tür des Hauses, das sie beobachteten, hatte sich geöffnet. Zwei Personen tauchten im Türrahmen auf, eine große und eine kleine. Die Große trug lediglich Pullover und Hose, die Kleine Winterjacke, Mütze und Handschuhe, dazu auf dem Rücken einen Schulranzen.

»Mutter und Tochter«, zischte Wehmeier, während er im Autositz tiefer rutschte, um nicht gesehen zu werden. »Verdammt, wir sind falsch hier.«

Die Frau verabschiedete das Mädchen mit einem Kuss. Die Kleine lief die Einfahrt entlang zur Straße, die Mutter winkte noch, kehrte dann ins Haus zurück.

Soyka stieß die Luft aus. »Das muss Verwandtschaft sein. Die Eltern wohnen anscheinend woanders.«

»Also nix wie weg hier«, drängelte Wehmeier. »Zu der anderen Adresse.«

»Warte noch.« Soyka beobachtete, wie das Mädchen auf dem Fußweg Richtung Zentrum lief. Der Schneefall nahm zu, die Sicht wurde schlechter.

»Wie müssen zurück, in die andere Richtung.« Wehmeier hatte einen Stadtplan hervorgekramt. »Die wohnen ein Stück außerhalb.«

Soyka schien nicht zuzuhören. Er starrte immer noch in die Richtung, in welche das Mädchen gelaufen war. Wortlos ließ er den Motor an und betätigte den Scheibenwischer. Dann legte er den ersten Gang ein und fuhr los.

»He, wohin willst du?«, krähte Wehmeier.

»Pack den Stadtplan weg«, zischte Soyka. Mit zusammen gekniffenen Augen fixierte er die kleine Gestalt, die sich 50 Meter vor ihnen auf dem Fußweg tapfer durch das Schneetreiben kämpfte.

»Ich hab 'ne bessere Idee.«

»Ja, kleiner Flughafen, aber oho!«

Jan Ahonen, der mit Robert Mendelski auf der Rückbank saß, beugte sich nach vorn zu Maike Schnur. Sie waren auf der Fahrt vom Flughafen Savonlinna in die Stadt, die nur 15 Kilometer entfernt lag. Den Polizeiwagen steuerte ein schmächtiger, blasser Streifenpolizist in Uniform. Obwohl es unentwegt schneite, lenkte er den

Nissan Primera rasant über die spiegelglatte Landstraße 471. Risikoreich, jedoch versiert. Wie ein finnischer Rallye-Weltmeister.

»Ich glaube, das ist der einzige Flughafen auf der Welt mit einem Konzertflügel«, erklärte der Kripomann aus Helsinki. »Damit werden die Gäste während der Opernfestspiele im Juli bereits bei ihrer Ankunft eingestimmt.«

»Opernfestspiele«, murmelte Mendelski. »Die Opernfestspiele von Savonlinna. Davon habe ich schon gehört. Die sind weltberühmt.«

»Da haben Sie recht.« Ahonen freute sich sichtlich über das Kompliment. »Aber Sie beide kommen ja nicht im hellen, warmen Juli, sondern im dunklen, kalten Dezember zu uns. Und nicht um Musik zu hören, sondern um einen Mörder zu jagen.«

»Oder mehrere«, erwiderte Mendelski. »Wir haben immerhin drei Verdächtige. Haben Ihre Kollegen hier schon Neuigkeiten?«

»Nicht wirklich. Habe heute Morgen nur kurz mit ihnen telefoniert. Von Mika Rahola und den beiden Deutschen, deren Namen ich nicht auswendig weiß, gibt es keine Spur.«

»Lutz Wehmeier und Frank Soyka heißen die beiden. Deren Fotos erscheinen morgen in den Zeitungen, sagten Sie?«

»Richtig. Im Fernsehen und im Internet sind sie heute schon zu sehen. Das sind für das technikverliebte Finnland weitaus wichtigere Medien als die Tageszeitungen.«

»Mika Rahola hatte ja bereits seine Schlagzeilen. Ich habe die Zeitung heute Morgen zufällig beim Frühstück gesehen. Eine nette Hotelangestellte hat mir ins Englische übersetzt. Aber ... der Bericht ist sehr einseitig ... «

»Ja. Einseitig, reißerisch und vorverurteilend. Wenn das Mika Rahola liest, wird er sich noch mehr in die Enge getrieben fühlen. Sich noch weiter verkriechen. Oder überreagieren.«

»Was meinen Sie denn damit?«

Jan Ahonen holte tief Luft. »Na ja, durchdrehen, Amok laufen oder - Suizid begehen. Leider neigen wir Finnen zu solchen Extremen. Besonders, wenn Alkohol im Spiel ist. «

Mendelski schwieg nachdenklich. Maike Schnur schaute trotz der rasanten Fahrt nach hinten zur Rückbank. »Was ist mit den Eltern von Mika Rahola?«, fragte sie.

»Die werden betreut. Aber soweit wir wissen, hat sich ihr Sohn noch nicht bei ihnen gemeldet.«

»Wird ihr Haus observiert? Telefone, E-Mail, Internet?«

»Nicht, wie Sie denken, mit einem getarnten Auto vor der Tür oder mit angezapften Leitungen. Nein, wir nutzen solche James-Bond-Methoden nicht. Ein Kollege oder eine Kollegin sind ständig bei ihnen im Haus. Auch nachts. Die Raholas kooperieren gut mit uns. Sie sind von der Unschuld ihres Sohnes überzeugt.«

»Weitere Angehörige?«

»Der Bruder mit seiner Familie. Der lebt direkt in Savonlinna, während die Eltern etwa drei Kilometer außerhalb der Stadt wohnen. Er ist eingeweiht, hat aber nach eigenen Angaben noch nichts von seinem Bruder gehört.«

»Wird diese Familie denn ebenfalls betreut? Rund um die Uhr?«, wollte Mendelski wissen.

Ahonen schüttelte den Kopf. »Nein, das können wir nicht leisten. Dazu fehlt das Personal. Zwei-, dreimal täglich fährt eine Streife dort vorbei. Die Familie ist aber in ständigem Kontakt mit uns.«

Der tief verschneite Wald, durch den sie bisher gefahren waren, lichtete sich. Rechts und links der Straße tauchten Wohngrundstücke mit schmucken Einfamilienhäusern auf. Sie hatten die Vororte von Savonlinna erreicht.

»Fahren wir jetzt direkt zu den Eltern?«, fragte Maike Schnur.

»Nein. Erst zur Polizeizentrale im Stadtzentrum. Dort findet eine Lagebesprechung statt. Dann sehen wir weiter.«

Erst jetzt bemerkte Mendelski, dass sein Smartphone eine neue Textnachricht signalisierte – aus Celle.

›*Danke für den Tipp*‹, schrieb Heiko Strunz. ›*Werden die Jagdwaffe von Dr. Wimmer unverzüglich einziehen und untersuchen. Er war nicht gerade begeistert, als ich ihn heute Morgen deswegen anrief. Melde mich, wenn das Ergebnis vorliegt.*‹

Mit achtzig Stundenkilometern fegte die Arctic Cat T570 über den Haapavesi-See in Richtung Süden. Die schnurgerade Piste, eigens für Snowmobile angelegt, war frisch präpariert und wies daher kaum Spurrillen auf.

Mika Rahola hielt sich zurück – wegen des Schneefalls. Außerdem hatte er lange nicht mehr auf einem Motorschlitten gesessen. In seinen besten Zeiten war er mit 130 km/h und mehr über den See gedüst. Das hatte den richtigen Kick gebracht.

Als jugendlicher Draufgänger war er einmal nur knapp einer Katastrophe entgangen. Er hatte ein zugeschneites Ruderboot, das auf dem Kopf lag, nicht rechtzeitig gesehen, war drauf und drüberher gefahren. Der Aufprall hatte ihn mitsamt Snowmobil wie auf einer Rampe unfreiwillig durch die Luft geschleudert. Bei der Landung war er unsanft mit der Brust auf den Lenker aufgeschlagen und hatte sich drei Rippen geprellt. Monatelang erinnerte ihn ein stechender Schmerz an dieses Abenteuer.

Jetzt war er mit Integralhelm, Thermo-Overall, Spezialhandschuhen und -stiefeln aus dem Bestand seines Bruders bestens ausgerüstet.

Mika passierte die Insel Iso Sammalsaari und lenkte sein Fahrzeug auf das Festland zu. Als er das steile Ufer hinauffuhr, kam ihm eine Gruppe Snowmobil-Touristen entgegen. Vorneweg der Führer in Signalweste, dahinter eine Gruppe von fünf Maschinen, die behutsam und vorsichtig die Abfahrt nahmen.

Bereits nach wenigen Metern kreuzte die Motorschlittenpiste die Savonlinnan Punkaharjun tie, die Überlandstraße 14. Mika ließ zwei Holz-Lkw vorbeifahren, bevor er die Fahrt fortsetzte. Der Weg führte durch Kiefernwald, den er wie seine Westentasche kannte. Sein Elternhaus, in dem er seine gesamte Kindheit verbracht hatte, lag jenseits des Waldes, nur noch einen knappen Kilometer entfernt.

Sein Herz schlug schneller, je näher er seinem Ziel kam. Vor Aufregung. Würden seine Eltern überhaupt zu Hause sein? Aber wo sonst. Sie waren sehr bodenständig und verreisten wegen ihres Alters und wegen diverser Zipperlein immer seltener. Und wenn überhaupt, dann im Sommer. Letztes Jahr hatten sie Estland und Russland besucht, waren mit dem Schiff von Helsinki nach Tallin und weiter nach St. Petersburg gefahren, zu einer Städtetour – für gerade mal fünf Tage. In Deutschland waren sie zuletzt vor drei oder vier Jahren gewesen. Um ihn, ihren jüngsten Sohn, in seiner zweiten Heimat zu besuchen.

Was würde ihn zu Hause erwarten? Etwa die Polizei? Würden sie ihn am Elternhaus abfangen? Aber wenn, rechnen sie sicher mit einem Auto und von der Straße, nicht mit einem Snowmobil aus dem Wald. Das war ein großer Vorteil. Zudem konnte man ihn mit dem Integralhelm auf dem Kopf kaum erkennen. Schließlich rauschten zu dieser Jahreszeit unzählige Snowmobile durch die Gegend, dass er nicht weiter auffiel.

Zwischen den rötlich schimmernden Kiefernstämmen tauchte das Haus seiner Eltern auf, eines der typischen nordischen Holzhäuser, rostrot gestrichen, mit weiß abgesetzten Giebelbalken und Fensterrahmen. Die Nachbarn rechts und links besaßen ähnliche Häuser und verfügten wie seine Eltern über großzügige Waldgrundstücke. Grenzzäune, wie man sie aus Deutschland kannte, gab es hier nicht.

Eine uralte Zwillingskiefer, in die er schon als Junge oft geklettert war, nutzte er als Deckung. Rund fünfzig Meter vor dem Haus seiner Eltern schaltete er den Motor aus. Ohne abzusteigen, ohne das Visier hochzuklappen, spähte er die Gegend aus. Auf der Siedlungsstraße parkten zwei harmlos erscheinende Autos mit dicken Schneehauben vor den Nachbarhäusern. Weit und breit war kein Mensch zu sehen. Er konnte nichts Verdächtiges ausmachen.

Sein Elternhaus lag friedlich im seichten Schneefall. Unter dem Dach des Carports stand der graue Honda CR-V seiner Eltern. Das Küchenfenster war erleuchtet, und Mika glaubte, dass auch im Wohnzimmer Licht brannte. Wahrscheinlich saß sein Vater, der längst im Ruhestand lebte, im Schein der Stehlampe in seinem Lieblingssessel und studierte die *Helsingin Sanomat*, die größte finnische Tageszeitung.

Mika schluckte. Hoffentlich gab es nicht schon wieder etwas über ihn in der Presse zu lesen. Für seine Eltern, die rege am gesellschaftlichen Leben von Savonlinna teilnahmen, war das kaum zu ertragen.

Aufgewühlt und voller Tatendrang startete er den Motorschlitten wieder. Zunächst wollte er sich als vermummter Anonymus dem Haus nähern. Die Snowmobilpiste führte direkt am Haus seiner Eltern vorbei, so konnte er relativ unauffällig in die Fenster gucken. Bevor er seine Eltern besuchte, wollte er sicher gehen, dass sie allein waren.

Mika glitt auf dem Snowmobil bis zur Straße vor, wo der normale Autoverkehr Vorfahrt hatte. Tatsächlich näherte sich in diesem Moment ein Auto, was ihn zum Anhalten zwang. Der rote Ford Mustang rollte langsam an ihm vorbei, so, als ob seine Insassen etwas suchten. Vor dem Haus seiner Eltern wurde das Fahrzeug plötzlich abgebremst. Die Beifahrertür öffnete sich, ein Mann stieg aus. Er hatte die Kapuze seiner Jacke tief ins Gesicht gezogen, in der Hand hielt er einen Briefumschlag. Mit zwei langen Schritten hatte er den Briefkasten erreicht, der an einem Pfosten neben der Zufahrt angebracht war, und steckte den Umschlag hinein. Dann kehrte er zum Auto zurück, stieg hastig ein und zog die Tür zu. Das Fahrzeug fuhr wieder an und rollte - nun deutlich schneller - direkt an Mika vorbei.

Die beiden Männer im Ford Mustang ignorierten ihn. Scheinbar bewusst schauten sie zur anderen Straßenseite, als sie an ihm vorbeifuhren. Nicht nur ihr Verhalten, auch ihr Erscheinungsbild machte einen sehr sonderbaren Eindruck. Der Fahrer trug eine graue Wollmütze, der Beifahrer die Kapuze immer noch tief im Gesicht.

Wollmütze! - Zwei Männer!

Mika lief ein Schauer über den Rücken.

Er war ihnen in Deutschland sehr nahe gewesen, tage- und nächtelang. Er hatte sie jedoch bisher nie zu Gesicht bekommen. Lediglich ihre Stimmen gehört. In seiner Gegenwart waren sie stets vermummt gewesen.

Verdammt! - Waren sie schon hier? Waren das die zwei?

Sie mussten es sein.

Aber woher kannten sie die Adresse seiner Eltern?

Der Ford Mustang war noch nicht um die nächste Ecke gebogen, als Mika kräftig Gas gab und zum Briefkasten raste. Ohne abzusteigen, ohne die Handschuhe auszuziehen, griff er in den Schlitz des Briefkastens.

Der braune DIN-A-4-Umschlag war leicht zu erwischen. Nur Sekunden später preschte er zurück in den Wald.

Ein gutes Stück hinter der Zwillingskiefer stoppte er und guckte sich den Umschlag näher an. ›An Mika Rahola‹, stand dort in schwarzer, krakeliger Edding-Schrift. Auf Deutsch.

Mit zitternden Händen riss Mika den Umschlag auf. Auf das Blatt darin hatte jemand in gleicher Schrift vier Sätze und eine Handy-Nummer geschrieben. Vier kurze, aber aussagekräftige Sätze:

›*Keine Polizei! Wir haben Siiri. Du hast, was wir wollen. Lass uns tauschen.*‹

VENLA KESKINEN VON DER *POLIISI SAVONLINNA* schaute verwundert aus dem Fenster.

»Was war das denn?«, fragte die junge Beamtin auf Finnisch. »Werde ich langsam schneeblind?«

»Was denn?« Ein älterer Herr in Holzfällerhemd, Grobcordhose und Fellpuschen legte die Zeitung beiseite und erhob sich gemächlich aus seinem Sessel.

Die Polizistin deutete durch das Stubenfenster nach draußen zur Straße. »Eben ist ein Auto vorgefahren«, sagte sie. »Ein Mann hat einen großen Umschlag in den Briefkasten geworfen. Keine Minute später fährt ein Snowmobil vor, der Fahrer greift in den Briefkasten, zieht den Umschlag hervor und braust davon. Rüber in den Wald.«

»Schon seltsam«, murmelte der Mann. »Was für ein Auto war das denn?«

»Jedenfalls keins von der Post. Ein roter Sportwagen. So'n altertümlicher Ami-Schlitten.«

Der Mann zuckte mit der Schulter.

»Ihr Sohn soll mit einem roten Mazda unterwegs sein«, fuhr Venla Keskinen fort. »Einem Kleinwagen. Das war mit Sicherheit kein Mazda.«

»Und das Snowmobil?«

»Schwierig. Eine grünschwarze Arctic Cat, glaube ich. Mit einem Fahrer in Vollmontur.«

»Ich geh mal zum Briefkasten raus«, sprach der Mann.

»Und ich telefoniere«, erwiderte die Polizistin. »Das könnte die Zentrale interessieren.«

Der Besprechungsraum der *Poliisi Savonlinna* war fast voll besetzt.

Neben den beiden deutschen Beamten aus Celle und ihrem Betreuer und Übersetzer Jan Ahonen aus Helsinki saßen sechs weitere Polizisten und eine Staatsanwältin an dem großen eckigen Tisch. Vier der Polizisten waren in Zivil, sie waren Angehörige der Kripo. Zwei trugen Uniformen, was sie als Schutzpolizisten auswies.

An eine Pinnwand hatte jemand diverse Fotos angeheftet. Auf den meisten waren drei verschiedene Männer zu sehen, Portraits und Ganzkörperaufnahmen. Die Bilder zeigten Mika Rahola, Frank Soyka und Lutz Wehmeier. Von letzteren beiden hingen auch Polizeifotos an der Pinwand, sowohl Front- als auch Seitenansichten, die mit Ort, Zeitmarke und einer Identifikationsnummer beschriftet waren. Auf einem Bild war ein roter Pkw abgebildet, ein Mazda älterer Bauart mit deutschem Kennzeichen. Ein Beamer, der unter der Decke hing, projizierte eine Landkarte an die Wand. Sie zeigte die nähere Umgebung von Savonlinna.

Zu Beginn war die Besprechung in Englisch geführt worden, was für Robert Mendelski und Maike Schnur keinerlei Probleme aufwarf. Doch als es in die Details ging, um das finnische Recht, und die Staatsanwältin sich in komplizierte Ausführungen verwickelte, wechselte man ins Finnische. Jan Ahonen übersetzte.

Gerade wollte man eine kurze Pause einlegen, um sich einen Imbiss zu gönnen, als es klopfte. In der Tür stand eine Polizistin in Uniform; sie entschuldigte sich für die Störung, aber sie hätte eine wichtige Nachricht für den Einsatzleiter. Nachdem sie ein Blatt Papier überreicht hatte, verschwand sie wieder.

Der finnische Einsatzleiter, ein blonder Hüne mit Stirnglatze, verzog sein Gesicht, während er die Nachricht überflog. Dann sprach er drei Sätze in seiner Landessprache.

Jan Ahonen übersetzte: »Heute Morgen ist in Savonlinna ein achtjähriges Mädchen auf dem Weg zur Schule spurlos verschwunden. Es handelt sich um Siiri Rahola, die Tochter von Mika Raholas Bruder Lauri, also um die Nichte des Gesuchten. Die Eltern sind jetzt hier im Haus und werden von unseren Leuten psychologisch betreut.«

Allgemeines unruhiges Gemurmel folgte. In den Gesichtern der Anwesenden spiegelte sich eine deutliche Anspannung. Der Fall schien unerwartete Dimensionen anzunehmen.

»Der wird doch nicht seine eigene Nichte entführen«, gab die Staatsanwältin, eine dunkelhaarige Fünfzigjährige, mit Nachdruck zu bedenken. »Das ergibt doch gar keinen Sinn.«

»Wenn es denn überhaupt Mika Rahola war«, entgegnete der Einsatzleiter, während er den Zettel in seiner Hand zusammenfaltete. »Wir haben ja noch zwei Verdächtige, die sich im Entführen bestens auskennen.«

»Natürlich müssen wir auch die beiden Deutschen in Betracht ziehen. Ich schlage vor, wir holen die Eltern in unsere Besprechung.«

In diesem Moment klopfte es erneut. Wieder war es die Polizistin, wieder mit einem Zettel in der Hand. Ohne sich mit einer Entschuldigung aufzuhalten, überreichte sie das Blatt.

Der Einsatzleiter las vor: »Vor dem Haus der Großeltern von Siiri Rahola ist von unserer Kollegin Venla Keskinen ein verdächtiges Auto mit zwei Männern gesehen worden. Einer der Männer hat einen großen Umschlag im Briefkasten hinterlassen. Dieser Briefumschlag wurde unmittelbar danach von einem unbekannten Snowmobil-Fahrer aus dem Briefkasten gefischt – und entwendet.« Der blonde Hüne warf das Blatt Papier auf den Tisch.

»Daraus werde einer schlau«, kommentierte die Staatsanwältin. »Angenommen, die zwei Männer sind die Deutschen, und Mika Rahola fuhr das Snowmobil. Doch wozu das Ganze?«

»Erst die Entführung, dann ein Erpresser- oder Lösegeldschreiben«, erwiderte der Einsatzleiter. »Das könnte durchaus passen.« Er erhob sich von seinem Stuhl und trat an die Landkarte. »*Perkele!*«, tönte er unverblümt. »Irgendwo da draußen scheint sich ein Drama abzuspielen. Mit drei zwielichtigen Männern. Und einem unschuldigen Kind. – Nur um Himmels Willen: Wo?«

Dreizehntes Kapitel

Verflucht! Er musste telefonieren. Sofort. Bloß wie?

Mika Rahola geriet in Panik. Die Gangster schrieben, sie hätten Siiri entführt. Siiri, die achtjährige Tochter seines Bruders. Sein Patenkind.

Das konnte ein Bluff sein, versuchte er, logisch zu denken. Aber warum sollten die bluffen? Die Entführung ließe sich schnell und einfach überprüfen. Durch einen Anruf bei Lauri. Oder bei seiner Frau.

Doch er besaß kein Handy mehr. In Deutschland hatten die Gangster es ihm abgenommen. Eigentlich war es von Vorteil, auf der Flucht kein Mobiltelefon dabeizuhaben. Dann konnte man nicht so leicht geortet werden. Aber jetzt, hier im Wald von Savonlinna, hätte er ein Vermögen für ein funktionierendes Handy gegeben.

Zwei Snowmobile näherten sich vom See her. In einem Höllentempo rasten sie zwischen den Bäumen hindurch. Mika hätte ein Stück zur Seite fahren müssen, um sie durchzulassen, doch er blieb stehen.

Er streckte den Arm aus, die beiden Motorschlitten stoppten. Nur wenige Zentimeter vor seinem Snowmobil. Mika nahm den Helm ab, stieg vom Sitz und sprach die beiden auf Finnisch an.

»*Hei!* Könnt ihr mir helfen? Ich hab einen Motorschaden und würde gern mal telefonieren. Hab aber leider kein Handy dabei.«

Die beiden Snowmobil-Fahrer schauten sich an, dann nickte der eine. Sie nahmen ebenfalls ihre Helme ab. Lange zottelige Haare kamen zum Vorschein, die beiden Jugendlichen unternahmen eine Spritztour. Wortlos zog der eine sein Smartphone aus der Brusttasche und entriegelte es, um es Mika zu geben.

»Danke!«, sagte der. »Ich brauch nur ’ne Minute.«

Erst jetzt fiel ihm ein, dass er die Telefonnummer seines Bruders gar nicht im Kopf hatte. Dort anzurufen konnte er also vergessen. Kurzentschlossen zog er das Blatt Papier aus dem Umschlag in seiner Jackentasche und tippte die Nummer ein, die die Gangster hinterlassen hatten. Dabei entfernte er sich ein paar Schritte von den Jugendlichen, die sich inzwischen jeder eine Zigarette angesteckt hatten.

Nach zweimaligem Klingeln war ein kurzes »Ja?« zu hören.

»Mika hier«, sagte er auf Deutsch. »Beweist mir, dass Siiri bei euch ist.«

Zunächst war ein Geraschel zu hören, dann sehr deutlich eine weinerliche, herzzerreißende Mädchenstimme, die ihn um Hilfe bat: *»Mika! Apua! Mika!«*

»Olen jo matkalla!«, stieß Mika laut hervor. »Ich bin schon unterwegs!« Er schrie es fast. Die beiden Jugendlichen hatten unfreiwillig mitgehört und guckten ein wenig schräg. Wahrscheinlich dachten sie, dass es da eine kleine Auseinandersetzung mit Ehefrau oder Freundin gab.

»Wo?« Dieses kurze Wort auf Deutsch zeigte Mika, dass einer der Gangster wieder das Gespräch übernommen hatte.

»In einer Hütte. Im Wald. Rund 35 Kilometer im Westen.«

»Genauer.«

Hastig beschrieb Mika, wie man mit dem Auto von Savonlinna zum Blockhaus kam.

»Wann?«

»Ich brauch 'ne halbe Stunde.«

»Keine Polizei! Sonst ...!«

»Nein! Ganz sicher.«

Am anderen Ende wurde das Telefonat abgebrochen. Mika kehrte zu den beiden Jugendlichen zurück, die sich ein Feixen kaum verkneifen konnten.

»Na, was raucht ihr denn da für 'n Zeugs?«, fragte er gereizt, jetzt wieder in seiner Muttersprache. »Schönen Dank jedenfalls!« Er gab das Smartphone zurück, setzte sich den Helm auf und schwang sich auf das Snowmobil. Ohne die beiden Jugendlichen weiter zu beachten, startete er die Maschine und brauste Richtung See davon.

Die guckten sich mit großen Augen an. Hatte der Typ nicht was von Motorschaden gefaselt?

Der Regen wollte nicht enden. Seit über zwölf Stunden schüttete es in Celle ununterbrochen. Von Mitternacht bis Mittag. Dazu kam der warme und heftige Südwestwind, der bis in die letzten Winkel der Altstadt drang und die eisige Winterluft der letzten Woche vertrieb.

Der bevorstehende zweite Advent schien sprichwörtlich ins Wasser zu fallen. Denn laut Prognose der Wetterfrösche war ein Ende der Niederschläge und Plusgrade in Norddeutschland nicht abzusehen. Es würde nur noch Stunden dauern, bis die letzten Reste der weißen Pracht in den Gullys verschwunden waren.

»Jetzt siehst du, wie richtig ich damit lag, den Multivan zu nehmen«, sagte Jo Kleinschmidt. Da der Schneematsch auf dem Waldweg einen tückischen Brei darstellte, hatte er alle Mühe, den Wagen in der Spur zu halten. »Ohne Allradantrieb kämen wir hier nicht weit.«

»Ohne deine Fahrkünste aber auch nicht«, lobte Ellen Vogelsang ihren Kollegen. »Hier im Gelände bist du in deinem Element, das merkt man.«

Mit Vollgas und ordentlichem Schwung drosch er den Wagen durch eine Senke, die voller Schmelzwasser stand. Der Motor ächzte, die braune Pampe spritze bis an die benachbarten Bäume.

»Yippee!«, krakeelte Kleinschmidt. Ihm war der Spaß am Offroad-Fahren anzusehen. »Jetzt geht die Post ab. Geil!«

»Hauptsache, wir kommen heile an«, bemerkte seine Beifahrerin spitz. Mit beiden Händen klammerte sie sich am Haltegriff über der Tür fest. »Und meinetwegen ... meinetwegen kannst du es auch ein bisschen ruhiger angehen lassen.«

»Ach, Quatsch!« Nahezu querstehend driftete er um die nächste Kurve. »Ich hab die Mühle im Griff.«

Zehn abenteuerliche Fahrminuten später erreichten sie den Tatort im Klosterforst – immerhin unbeschadet. Der stramme Wind zerrte an dem rotweißen Absperrband der Polizei, das scheinbar nutzlos und zum Teil schon abgerissen, laut flatternd zwischen den Bäumen hing.

Der Wagen hielt neben dem Forwarder, dem Rückezug des getöteten Niilo Humppi, der nach wie vor an der gleichen Stelle stand wie vor vier Tagen. Der Regen brachte seine blaue Karosse zum Glänzen, als wäre sie neu.

Obwohl es um eine Tatortuntersuchung ging, verzichteten sie auf die unpraktischen weißen Kapuzenschutzanzüge und Schuhüberzieher. Normale Regenjacken und Gummistiefel waren bei diesem Wetter eher angesagt, zumal es sich um eine wiederholte, nachträgliche Besichtigung handelte. Ihr Chef hatte sie vor seinem Abflug nach Finnland beauftragt, bei Tauwetter noch einmal ins Langlinger Holz zu fahren. Nach der Schneeschmelze würde der Waldboden eventuell noch Hinweise, Spuren der Tat oder sogar wichtige Beweismittel preisgeben.

Nachdem sie sich Fotoapparate, Latexhandschuhe und Beweismitteltüten in die Jackentaschen gestopft hatten, brachen sie auf.

»Am besten suchen wir erst mal die Stelle ab, wo der Harvester gestanden hat«, schlug Kleinschmidt vor. »Danach erweitern wir systematisch den Suchradius.«

Der nasse Schlamm quatschte unter ihren Gummistiefeln. Zum Glück war der Waldboden nicht durchgefroren, so dass ein Großteil des Wassers rasch im sandigen Erdreich versickern konnte. Ansonsten hätten sie jetzt in einer Seenlandschaft gestanden.

Eine halbe Stunde später zogen sie ein erstes ernüchterndes Resümee.

»Meine Ausbeute ist höchst überschaubar«, sagte Ellen Vogelsang, während sie eine Beweismitteltüte in der Hand schwenkte. »Zwei Coca-Cola-Kronkorken, Mandarinenschale, der Fetzen eines ölhaltigen Putzlappens, blaues Plastik, so wie von einer Kunststofftasche von Ikea - und eine große schwarze Feder.«

»Eine Feder gehört doch hierher, in den Wald«, gutachterte Kleinschmidt. »Die stammt wahrscheinlich von dem Kolkraben, den der Förster Grube von der Leiche verscheucht hat. Die kannst du gleich hier lassen.«

»Nee, die nehme ich mit.« Trotzig zuckte sie mit den Schultern. »Und was hast du?«

»Ein Stück Kabelbinder, eine Unterlegscheibe, den Deckel eines Joghurtbechers, zwei Glasscherben, ebenfalls blaues Plastik und einen zerschlissenen Arbeitshandschuh.«

»Auch nicht gerade spannend.«

»Wohl wahr.« Kleinschmidt zog die Kapuze tiefer ins Gesicht. Der Wind frischte auf, der Regen kam jetzt nahezu waagerecht daher. »Lass uns eben noch zu dem Baum gehen, wo der Hirsch gelegen hat. Dann verschwinden wir wieder.«

Wenig später standen sie unter der Hute-Eiche am Rand der Mulde.

»Wie sieht das denn aus?«, wunderte sich Ellen Vogelsang. Sie schoss rasch ein paar Fotos. »Die Erde ist ja ganz frisch aufgewühlt. Als ob hier eine Bombe eingeschlagen wär ... oder ein Wildschwein gehaust hätte.«

»Letzeres«, erwiderte Kleinschmidt trocken. »Wahrscheinlich waren es mehrere.«

»Auf Futtersuche?«

»Ja. Die Sauen suchen hier nach Eicheln, die im Herbst vom Baum gefallen sind. Schau, da ... !«

Er unterbrach sich selbst. Sein Blick war auf den gegenüberliegenden Rand der Mulde geheftet. Dort ragte etwas aus dem Erdreich, was da sicher nicht hingehörte.

»Was ist das denn?«, fragte Ellen Vogelsang.

Jo Kleinschmidt antwortete nicht. Er kletterte bereits in die Kuhle hinab.

Siiri!

Wenn die beiden ihr auch nur ein Haar krümmen, würden sie Finnland nicht lebend verlassen. Das schwor sich Mika Rahola.

Siiri! Sein Patenkind! Er konnte an nichts anderes mehr denken.

Mit dem Gas am Anschlag raste er über den See der Hütte entgegen. Die Tachonadel des Snowmobils zitterte um die 110 km/h. Mika musste sich voll auf die Piste konzentrieren, da die gut befahrene Route inzwischen Spurrillen im Schnee aufwies. Eine kurze Unachtsamkeit, ein Schlenker zu viel, ein Verreißen des Lenkers – und er würde ins Schlingern geraten, schleudern, umkippen oder sich gar überschlagen. Bei der hohen Geschwindigkeit konnte dies trotz des Helmes und trotz des vermeintlich weichen Schnees tödlich enden.

Von einer Minute zur anderen hörte es auf zu schneien. Wind kam auf und riss die Wolkendecke entzwei. Die Sicht wurde deutlich besser. Die Mittagssonne, die wie aus dem Nichts aufgetaucht war, stand sehr tief am Horizont im Süden.

Mika war schon 25 Minuten unterwegs, es konnte nicht mehr weit sein. Gerade voraus, am Ufer des Sees, erkannte er zwischen runden schneebeladenen Baumwipfeln ein weißes Viereck. Das musste das Dach des Blockhauses sein.

Ob die Gangster schon da waren?, fragte er sich. Ob sie bereits in das Haus eingedrungen waren und alles durchsucht hatten?

Und wie ging es Siiri?

Die Angst um sein Patenkind versetzte ihn in Panik, in einen Schockzustand. Seit dem Anruf hatte er keinen auch nur halbwegs klaren Gedanken mehr fassen können, ganz davon abgesehen, einen raffinierten Plan zu schmieden. Mit der Entführung Siiris hatten ihn die beiden Deutschen restlos überrascht und überrumpelt.

Jetzt ging es ihm nur noch darum, das Mädchen zu befreien, die Kleine den beiden Gangstern zu entreißen und sie ihren Eltern unversehrt zurückzubringen.

Mit Schwung nahm Mika die Uferböschung und raste den steilen Hang zur Hütte hinauf. Er umrundete den Gebäudekomplex und stoppte das Snowmobil neben dem eingeschneiten Mazda.

Mit rasendem Puls sprang er von der Maschine, riss sich den Helm vom Kopf und schaute sich hektisch um – niemand zu sehen. Er suchte im Schnee nach frischen Spuren, nach Reifen- und Fußspuren.

Sie schienen noch nicht hier gewesen zu sein. Die Zufahrt zeigte eine jungfräuliche Neuschneeschicht. An der Hütte war heute also noch kein Auto angekommen.

Doch, nein! – Was war das?

Als Mika um den Mazda hastete, sah er die Trittsiegel.

Frische Schuhabdrücke eines einzelnen Menschen. Sie waren aus dem Wald gekommen und hatten am Mazda gestoppt. Die unbekannte Person hatte sich an den Reifen zu schaffen gemacht.

Jetzt sah er es. Beide Vorderreifen waren platt. Wahrscheinlich zerstochen. Mika dachte beklommen an seine eigene Reifenstecherei in Oppershausen. Da zahlte ihm jemand mit gleicher Münze heim.

Und hatte ihm einen seiner Fluchtwege abgeschnitten.

Doch wo war dieser Jemand geblieben?

Die Spuren im Schnee führten weiter zur Treppe, die Stufen hinauf. Aber nicht wieder hinab.

Die Person musste im Haus sein.

»Heute früh ist Ihre Tochter Siiri eine Stunde später als üblich zur Schule gegangen?«, fragte der Einsatzleiter. Der Kripokollege Jan Ahonen, der neben Robert Mendelski und Maike Schnur am Tisch saß, übersetzte flüsternd und simultan ins Deutsche. Die Staatsanwältin verfolgte das Geschehen mit steinerner Miene.

»Ja.« Lauri Rahola nickte. Neben ihm saß seine Frau Lenita, scheinbar teilnahmslos. Mit verweinten, glasigen Augen schaute sie aus dem Fenster. »Siiri hat sich heute Morgen nicht wohl gefühlt, hatte Magenschmerzen, und wollte deshalb eigentlich ganz zu Hause bleiben.«

»Dann ist sie aber doch gegangen?«

»Ja, ihr ging es dann plötzlich besser.« Lauri schaute zur Seite. »Meine Frau meint, es war ihr wohl zu langweilig ohne ihre große Schwester Elsa. Da hat sie sich aufgerappelt und ist doch noch losgezogen.«

»Geht sie immer zu Fuß?«

»Ja, zur Schule ist es ja nicht weit.«

»Wie lange läuft man?«

»Fünf Minuten.«

»Heute Vormittag hat es geschneit …«

»Auch dann gehen die Kinder zu Fuß. Sie laufen gern durch den Schnee. Nur bei Regen fahren wir sie.«

»Wie haben Sie gemerkt, dass Siiri nicht in der Schule angekommen ist?«

»In der ersten großen Pause hat Elsa meiner Frau eine SMS geschickt und sich nach ihrer kranken kleinen Schwester erkundigt. Da flog das auf …«

»Sie waren zu der Zeit in Ihrer Firma?«

»Ja. Als meine Frau mich anrief, bin ich sofort nach Hause gekommen.«

»Hm. Ist so etwas schon einmal vorgekommen?«

»Was? Dass unsere Tochter verschwindet?«

»Ja. Hat sie schon mal die Schule geschwänzt? War sie schon mal auf Bummeltour, ohne sich abzumelden?«

»Hören Sie. Unsere Tochter ist acht Jahre alt. Da läuft man nicht einfach so weg. Siiri schon gar nicht.«

»Also gab es so was noch nie?«

»Nein.«

»Sie gehen davon aus, dass Ihre Tochter entführt worden ist?«

»Von was denn sonst.« Lauri atmete schwer, seine Frau fing erneut an zu weinen.

Der Einsatzleiter machte eine kurze Pause, fuhr dann aber mit der Befragung fort: »Bisher hat niemand versucht, Kontakt mit Ihnen aufzunehmen?«

Lauri Rahola schüttelte mit Nachdruck den Kopf. »Nein, niemand. Meine Frau und ich haben unsere Handys dabei. Es hat sich aber keiner gemeldet.«

»Und Ihr Bruder Mika hat auch noch nicht angerufen? Er soll ja schon länger in Finnland sein.«

»Nein!« Lauri wurde zunehmend ungehaltener. »Verdammt, das hab ich Ihren Kollegen doch alles schon erzählt.«

»Entschuldigen Sie bitte!« Der Einsatzleiter versuchte, Verständnis aufzubringen. »Aber wir haben, was das Verschwinden Ihrer Tochter Siiri betrifft, nur sehr wenige Anhaltspunkte. Da muss man immer wieder von vorn anfangen.«

»Okay.« Lauri senkte frustriert den Blick. »Fragen Sie weiter.«

»Könnte das Verschwinden von Siiri mit Ihrem Bruder Mika zusammenhängen? Sie wissen, dass er gesucht wird ... ?«

»Nein. Kann ich mir nicht vorstellen. Warum sollte Mika Siiri kidnappen? Warum sollte er das tun?«

»Vielleicht, weil er in einer aussichtslosen Situation steckt.«

»Mika vergöttert sie. Das macht doch alles keinen Sinn.«

Der Einsatzleiter schaute zur Staatsanwältin hinüber. Die schien zu verstehen, was er von ihr wollte. Sie nickte.

»Eine unserer Kolleginnen,« fuhr er fort, »die Ihre Eltern betreut, hat vor einer Stunde eine interessante Beobachtung gemacht – das könnte mit dem Verschwinden Ihrer Tochter zusammenhängen. Sie hat gesehen, wie am Haus Ihrer Eltern ein Auto vorgefahren ist, höchstwahrscheinlich mit zwei Insassen. Der Beifahrer, ein Mann, ist ausgestiegen und hat einen DIN-A-4-Briefumschlag in den Briefkasten vorn an der Straße geworfen. Dann ist das Auto wieder weggefahren. Nur Sekunden später tauchte ein Snowmobil auf, der Fahrer hat unerkannt den Briefumschlag an sich genommen und ist auf und davon. Was sagen Sie dazu?«

Lauri Rahola stöhnte genervt auf. »Bei Entführungen stellen die Entführer doch Forderungen, oder? Per Telefon, manchmal auch per Post. Vielleicht war dieser Brief ja für uns bestimmt ...«

Der Einsatzleiter zuckte mit den Schultern.

»Sie suchen doch nicht nur meinen Bruder, sondern auch zwei Deutsche, stimmts? Die angeblich auch hier in Finnland sind?«

»Richtig.«

»Könnten die beiden Unbekannten im Wagen denn nicht die Deutschen sein?«

»Vielleicht«, antwortete der Polizist vorsichtig.

»Und wer hat dann das Snowmobil gefahren? – Was für eine Maschine soll das denn gewesen sein?«

»Moment ...« Der Einsatzleiter kramte in seinen Papieren.

Dann hatte er das entsprechende Blatt gefunden. »Die Kollegin meint, es wäre eine grünschwarze Arctic Cat gewesen.«

Lauri sprang auf und schlug mit der flachen Hand auf den Tisch vor sich. Seine Frau zuckte vor Schreck zusammen. »Haben Sie mal 'ne Landkarte?«, rief er. »Dann zeige ich Ihnen, wo unsere Seehütte liegt. Die kennt Mika wie seine Westentasche. Und eine grünschwarze Arctic Cat gibt's dort ebenfalls.«

NUR ZÖGERND BETRAT ER DIE VERANDA. Die durchgefrorenen Nadelholzdielen knackten unter den Sohlen seiner Thermostiefel. Als er sich der Haustür näherte, sah er, dass sie nur angelehnt war. Das Schloss war aufgebrochen, mit Brachialgewalt. Gesplittertes Holz lag am Boden. Als ob jemand die Tür eingetreten hätte.

»Hallo!«, rief Mika auf Deutsch. Er drückte gegen die Tür. »Ist da jemand?«

Keine Antwort.

Vorsichtig trat er ein. Seine Augen - noch vom grellen Licht draußen im Schnee geblendet - mussten sich erst an das schummerige Licht im Hausinneren gewöhnen.

»Ich bin allein«, rief er in den Raum. »Und ohne Waffen.«

Um seinen Worten Nachdruck zu verleihen, hob er die Hände.

»Das will ich hoffen.« Die Stimme kam von links. Es war die Stimme von Sturmhaube.

Mika wandte sich zu ihm um. Der Mann stand am Vorhang des Küchenfensters, maskiert mit einer schwarzen Sturmhaube, wie Mika das bereits aus Deutschland kannte. In der rechten Hand hielt er einen Revolver.

»Na, du Mörder!«, höhnte Sturmhaube. »So schnell sieht man sich wieder.«

Mika verlor keine Zeit. »Wo ist Siiri?«, fragte er, indem er einen Schritt auf Sturmhaube zuging.

»Stehenbleiben!«, donnerte der ihm entgegen. Dabei drohte er mit seiner Waffe. »Und schön die Pfoten oben lassen.«

»Was ist mit meiner Nichte?« Jetzt flehte Mika fast. »Bitte!«

»Die ist in Sicherheit.« Sturmhaube schaute immer wieder zum Fenster hinaus. Anscheinend traute er dem Frieden da draußen nicht recht. »Es sei denn, du hast gelogen und nette Begleitung mitgebracht.«

»Nein. Hab ich nicht.«

»Wie isses denn so als Mörder auf der Flucht?«, ätzte Sturmhaube. »Hast wenig Freunde momentan, wie?«

Mika war kurz davor, durchzudrehen. »Was wollt ihr?«

»Was wir schon immer von dir wollten.«

»Ich hab keine Ahnung ... «

»Schnauze!«, unterbrach ihn Sturmhaube wütend. »Das aus dem Versteck in der Wand. Das, was du bei euch in der Speisekammer versteckt hattest.«

Mika schaute konsterniert. »Wenn ich euch das gebe, lasst ihr Siiri frei?«

»Sofort. – Los, rück's raus. Sonst erfriert die Göre noch.«

Mika flatterten die Nerven. »Wo habt ihr ... ?«

»Quatsch nicht, mach hin!«, blaffte ihm Sturmhaube entgegen.

Mika machte einen Schritt in Richtung Küchenanrichte. »Okay, okay. Aber wie kann ich euch trauen?"

»Trauen? Uns? Gar nicht.« Sturmhaube verlor langsam die Geduld. »Siiri friert. Draußen sind 10 Grad minus. Du hast keine Wahl.«

Die hatte er tatsächlich nicht. Ohne zu zögern öffnete Mika die Gefrierschranktür und zog eine Schublade vor. Nachdem er zwei Tiefkühlpizzen und eine Rehkeule herausgeholt und auf den Tisch gelegt hatte, hielt er das in schwarzer Plastikfolie eingewickelte Bündel in der Hand.

Wortlos legte er es auf den Küchentisch.

»Du willst mich wohl verarschen?« Sturmhaube blieb auf seinem Posten am Fenster. »Das ist doch nicht alles. Wo ist der Rest?«

Nun wurde auch Mika wütend: »Das ist alles. Schau doch nach.«

»Mann ... !«, fauchte der Deutsche. »Reiß auf. Los!«

Mika wickelte die Folie ab und brachte eine rote Stofftasche mit dem Werbeaufdruck eines hannoverschen Energieversorgers zum Vorschein. Aus dieser fischte er zwei Bündel Geldscheine. Grüne Euroscheine. Lauter Hunderter.

»23 000«, sagte Mika. Er warf das Geld auf den Küchentisch.

»Was? Nicht mehr? Das ist doch nicht alles.« Erstmals verließ Sturmhaube seine Stellung am Fenster. »Los, zurück!« Mit dem vorgehaltenen Revolver scheuchte er Mika weg vom Gefrierschrank. Er griff in das Schubfach.

»Wo hast du den Rest?«, brüllte er und richtete den Lauf der Faustfeuerwaffe auf Mikas Kopf. »Siiri ist so gut wie tot.«

»Ich weiß nicht, ich ... «, stammelte der Finne. Weiter kam er nicht. Motorengeräusche drangen von draußen durch die offen stehende Haustür herein.

Sturmhaube stürmte ans Fenster.

»Wenn das mal kein illegal entsorgter Müll ist«, rief Ellen Vogelsang, während sie vorsichtig zu Jo Kleinschmidt in die Mulde stieg.

»Hier doch nicht«, protestierte ihr Kollege. »Mitten im Klosterforst vergräbt doch keiner sowas.« Mit beiden Händen zerrte er am Zipfel eines blauen Plastiksacks, dessen Großteil noch im von den Wildschweinen aufgewühlten Erdreich steckte. »Mann, ist der schwer. Hilf doch mal.«

Da sie kein passendes Werkzeug dabei hatten, mussten sie mit den Händen im Waldboden wühlen. Zum Glück schützten ihre Latexhandschuhe vor Dreck und Nässe. Der schwarze humose Boden, den unzählige kleine Wurzeln durchzogen, war durch die Schneeschmelze und den Regen nass und schwer. Mit vereinten Kräften brachten sie schließlich einen prall gefüllten Sack zum Vorschein. Einen großen Kunststoffsack aus extra dickem Material, wie man sie auf Baustellen verwendet. Der Sack war mit zwei Kabelbindern sorgfältig verschnürt.

»Sieht aus, als läge der schon länger hier vergraben.« Bevor Ellen Vogelsang ihre Kamera in die Hand nahm, wischte sie sich ihre Handschuhe an den Hosenbeinen halbwegs sauber. »Warte, ich schieß erst mal 'n Foto.«

»Mach schnell«, schnaufte Kleinschmidt, der seinen *Leatherman* aus der Gürteltasche fummelte. »Bin gespannt wie 'n Flitzebogen.«

Nachdem sie ein Foto mit und eins ohne Blitz geschossen hatte, gab Vogelsang den Sack frei. »Aber sei vorsichtig«, sagte sie.

Kleinschmidt klappte die Kombizange aus. »Da wird doch nicht noch 'ne Leiche ... «, sagte er, ohne die Miene zu verziehen.

»Jetzt bitte keine Scherze ... «, entgegnete die Kommissarin. Sie war sichtlich angespannt – und neugierig. »Los jetzt, mach schon.«

Nachdem Kleinschmidt die Kabelbinder durchtrennt hatte, öffnete er den Sack und schaute hinein.

»Nun?« Ellen Vogelsang platzte langsam der Kragen.

Behutsam griff er in den Sack. Als er den Arm wieder hervorzog, hielt er ein Paket in der Hand. Ein mit transparentem Kunststoff feinsäuberlich eingeschweißtes Paket in der Größe eines Taschenbuchwälzers. Staunend hielt er es dichter an seine Augen.

»Das gibts doch nicht«, murmelte Kleinschmidt. »Das sind Geldscheine. Zwei Lagen Hundert-Euro-Scheine.«

»Geld?« Ellen Vogelsang beugte sich vor.

Kleinschmidt wiegte das Paket in seiner Hand. »Das hier sind schon mal ein paar Tausend.« Er reichte ihr das Geldbündel und griff erneut in den Sack. Nach und nach brachte er Paket um Paket zum Vorschein.

»Donnerwetter!« Der Kommissar pfiff beeindruckt durch die Zähne. »Das hier sind Bündel mit Fünfhundertern.«.

Er holte tief Luft und stemmte die Fäuste in die Hüften: »Also wenn das mal nicht ein Millionenfund ist!«

Mika zögerte keine Sekunde.

Er schnappte sich die Rehkeule vom Tisch, machte zwei Schritte nach vorn und wirbelte den steinhart gefrorenen Fleischbatzen wie einen Baseballschläger durch die Luft.

»Dieser Idiot!«, schimpfte Sturmhaube, der immer noch aus dem Fenster starrte. Den Revolver hielt er dabei schussbereit in den Raum gerichtet. »Der sollte doch ... «

Weiter kam er nicht. Als er das Geräusch und den Luftzug hinter sich wahrnahm, war es zu spät. Er drehte noch den Kopf um 45 Grad, dann traf ihn die Rehkeule mit voller Wucht.

Ein Schuss krachte.

Beide Männer gingen polternd zu Boden.

Vierzehntes Kapitel

»Heiko!«, brüllte Jo Kleinschmidt in sein Handy. »Hörst du mich jetzt?«

Der Kommissar entfernte sich ein paar Schritte vom Multivan, um eine Position mit besserem Empfang zu finden. Die mobilen Telefonnetze im Langlinger Holz boten noch erhebliche Verbesserungsmöglichkeiten.

»So eine Scheiße ... !«, schimpfte er. »Ich geb's auf.«

Verdrossen stopfte er das Handy in die Brusttasche seiner Jacke und kehrte zu Ellen Vogelsang zurück. Beide sahen aus wie die Erdferkel. Die Bergung des Geldsacks aus dem Erdloch war Schwerstarbeit gewesen – sie hatten sich völlig eingedreckt. Bei der Sichtung der Beute, bei der sie im Auto Paket um Paket aufeinander gestapelt hatten, war ihnen schwindelig geworden. Sie schätzten den Wert der unterirdischen Fundsache auf gut eine Million Euro.

»Ich mach's jetzt über Funk«, blökte Kleinschmidt. »Heiko muss her. Wir kommen nicht drumherum, das Loch bis auf den letzten Krümel zu untersuchen. Notfalls müssen wir den ganzen Dreck durchsieben.«

»Meinst du, da ist noch mehr?«

»Geld meinst du? – Wer weiß. Die Wildschweine haben ja hier alles auf den Kopf gestellt. Aber ich denke auch an Spuren. An Hinterlassenschaften derjenigen, die das irgendwann mal verbuddelt haben.«

Ellen Vogelsang deutete auf die Geldbatzen. »Dann haben wir ja wohl anscheinend das gefunden, was Soyka und Wehmeier so dringend suchen ... «

»Sieht so aus. Und deswegen musste der Finne Niilo Humppi sterben.«

Die Kommissarin schüttelte den Kopf. »Und der andere? Der Rahola? Verstehe da einer die Zusammenhänge ... «

»Das kapier ich auch nicht.« Kleinschmidt kletterte auf den Beifahrersitz. »Ich funke erst mal die Zentrale an.«

»Heiko soll unbedingt Kontakt mit Robert aufnehmen, zur Not über die Deutsche Botschaft in Helsinki. Der Chef muss schnellstens erfahren, was wir hier im Klosterforst ausgegraben haben.«

Benommen lag er am Boden, seinen Widersacher neben sich.

Frank Soyka regte sich nicht. Seine Sturmhaube war durch den Schlag hochgerutscht. Das nun sichtbare Auge war geschlossen. Blut rann von der Augenbraue über die Wange und versickerte in einem ungepflegten Fünf-Tage-Bart.

Mika hatte mit der gefrorenen Rehkeule genau dort getroffen, wo Soyka bei dem Autounfall vor zwei Tagen schon einmal eine heftige Platzwunde davongetragen hatte.

Der Finne versuchte den Kopf zu heben. Ein betäubend lautes Piepen irritierte ihn, beide Ohren schienen in Mitleidenschaft gezogen. Das hatte der Schuss verursacht, dachte er. Der Revolver war direkt vor seiner Brust losgegangen, keine dreißig Zentimeter von den Ohren entfernt.

Plötzlich spürte er die Wärme. Und die Feuchtigkeit. Auf dem Rücken, aber auch vorn, an der rechten Brust. Als er sich - noch im Liegen - von Soyka wegdrehte, bemerkte er, dass mit seiner rechten Schulter irgend etwas nicht stimmte. Sie schmerzte nicht, im Gegenteil, sie war gefühllos, taub. Er tastete nach der Stelle auf seinem Thermo-Overall, direkt über der Brusttasche - und zog erschrocken seine Hand zurück.

Entsetzt starrte er auf seine Finger. Sie trieften vor Blut.

Mein Gott! Sturmhaube hatte ihn getroffen. Unterhalb des Schlüsselbeins musste die Kugel seine Schulter durchschlagen haben. Ein nahezu aufgesetzter Schuss.

Als Mika sich aufzurichten versuchte, sah er aus den Augenwinkeln die Füße neben sich auf den Holzdielen. Es waren Füße, die in ockerfarbenen Canada-Boots mit Schneerändern steckten.

Breitbeinig stehend beugte sich jemand über ihn.

Wollmütze!

Wehmeier presste das Ende eines Doppelflintenlaufs auf Mikas Kehlkopf.

Mühsam kämpften sich zwei Elche durch die hohen Schneeberge, welche die Räumfahrzeuge in den letzten Wochen am Straßenrand aufgetürmt hatten. Eine Elchkuh und ihr inzwischen ausgewachsenes Kalb versuchten, über die Landstraße 14 zwischen Kallislahti und Kolkonpää zu wechseln.

»Varokaa!«, warnte Jan Ahonen den Fahrer neben sich. *»Hirvi!«*

Robert Mendelski und Maike Schnur saßen im Fond des zweiten von sechs Polizeifahrzeugen, die mit hoher Geschwindigkeit gen Westen rasten. Sie konnten sich denken, was Ahonen gerufen hatte. Auch sie hatten die mächtigen Wildtiere am Straßenrand entdeckt.

Die beiden großvolumigen Nissan-Geländewagen, welche die Vorhut der kleinen Kolonne bildeten, wurden scharf abgebremst, um nicht mit den Elchen zu kollidieren. Das vordere Fahrzeug mit dem Einsatzleiter und Lauri Rahola an Bord geriet ins Schleudern, stellte sich quer und rutschte zwanzig, dreißig Meter über die Piste, bevor es zum Stehen kam. Zum Glück kam ihnen auf dieser einsam gelegenen Landstraße gerade niemand entgegen, sonst hätte es gekracht.

Endlich standen alle Fahrzeuge, mehr oder weniger schlingernd gestoppt, auf der Landstraße. Der Notarzt im Ambulanzwagen, der zu der Einsatztruppe zählte, brauchte nicht einzugreifen. Die beiden Elche tauchten im benachbarten Wald unter.

»Puh, da haben wir aber Glück gehabt«, sagte Ahonen auf Deutsch zu seinen beiden Gästen, als sich der Trupp wieder in Bewegung setzte. »Mit einem dieser 800-kg-Kolosse zusammenzustoßen, ist kein Spaß. Jedes Jahr kommen so in Finnland 1 500 Elche um - und mindestens 10 Menschen.«

»Warum laufen die denn am helllichten Tage über die Straße?«, fragte Maike Schnur.

Ahonen zuckte mit der Schulter. »Vielleicht wurden sie gejagt. Von Wölfen. Oder auch von Menschen. Die Jagdzeit geht noch gut eine Woche, bis zum 15. Dezember.«

Robert Mendelski setzte gerade zu einer weiteren Frage an, als sich sein Handy meldete. Es war ein Anruf aus Deutschland. Von der Polizeiinspektion Celle, aus seinem eigenen Fachkommissariat. Von Heiko.

Er gab seine Tarnung auf und schob die Wollmütze hoch.

Lutz Wehmeier hatte beim Anblick seines blutüberströmten, bewusstlosen Kumpels anscheinend die Nerven verloren. Offenbar nahm der Gangster an, Soyka sei tot. Erschlagen von dem Finnen, den sie seit Tagen jagten.

Kein gutes Zeichen, dämmerte es Mika Rahola, der immer noch auf dem Rücken lag, den Flintenlauf am Hals. Seine durchschossene Schulter begann zu pulsieren, durch den Blutverlust wurde er allmählich schläfrig.

»Wo ist Siiri?«, brachte er mühsam über die Lippen.

Statt einer Antwort hob Wehmeier seinen rechten Fuß und setzte ihn auf Mikas Brust. In seinem Gesicht spiegelten sich Wut und Ratlosigkeit. Mit flackernden Augen blickte er auf sein Opfer am Boden.

»Ist ... ist sie da draußen?« Mika hustete mehr, als dass er sprach. »In der Kälte ... ?«

Wehmeier antwortete nicht, sondern erhöhte den Druck auf den Oberkörper des Finnen. Mikas Schulter durchfuhr ein grausamer Schmerz. Verzweifelt versuchte er sich aufzubäumen, doch Flinte und Fuß ließen ihm keine Chance.

Unschlüssig schaute sich Wehmeier um.

»Ach! Sieh mal einer an«, blaffte er höhnisch, als er das Geldbündel auf dem Küchentisch entdeckte. »Ist das unsere Kohle? Und wo ist der Rest?«

Er nahm den Fuß von Mikas Brust und ging die zwei Schritte bis zum Tisch, als Soyka sich plötzlich rührte.

Stöhnend erwachte Sturmhaube aus seiner Ohnmacht.

»Was gibt's denn?«, fragte Maike Schnur neugierig.

»Das glaubst du nicht.« Obwohl Heiko Strunz das Gespräch längst beendet hatte, hielt Robert Mendelski immer noch sein Smartphone ans Ohr.

»Na ... ?«

»Das ist der Hammer! Jo und Ellen haben im Klosterforst etwas ausgegraben. Unter der Eiche, da, wo der Hirsch gelegen hat.« Mendelski steckte sein Handy ein.

»Ja ... und? Komm auf 'n Punkt.«

»Im Waldboden steckte ein Sack. Voll mit Geldscheinen. Über eine Million Euro.«

»Nee!«

»Doch. Sieht so aus, als hätten die Wildschweine das Geld freigelegt.«

»In der Kuhle, wo der tote Hirsch lag?«

»Genau dort.«

»Eine Million Euro?« Jan Ahonen, der mitgehört hatte, drehte sich zu ihnen um. »Ist das vielleicht das Motiv für den Mord an Niilo Humppi?«

»Kann gut sein«, antwortete Mendelski. »Jedenfalls gibt das dem Fall eine kolossale Wendung.«

»Da soll einer draus schlau werden.« Maike standen die Zweifel ins Gesicht geschrieben. »Wenn's um diese Million geht, was machen die drei dann hier? Die schlagen sich hier in Finnland die Köpfe ein, dabei liegt das Objekt ihrer Begierde in Deutschland, im Wald. Wie passt das zusammen?«

»Rivalenkämpfe unter solchen Gangstern sind schon mal kurios«, erwiderte Ahonen. »Vielleicht geht's um Rache, um eine alte Abrechnung ... «.

Mit einem Ohr verfolgte er den Funk, über den gerade auf Finnisch eine Nachricht vom Einsatzleiter kam. »Wahrscheinlich wissen wir das bald mehr«, fügte Ahonen hinzu, nachdem der Funkspruch beendet war. »In fünf Minuten erreichen wir die Hütte.«

Sein Blick wurde immer verschwommener.

Der Flintenlauf drückte nicht mehr gegen seinen Hals, der schwere Stiefel malträtierte nicht mehr seinen angeschossenen Körper. Trotzdem lag Mika wie gelähmt auf dem Rücken. Wehr- und bewegungslos. Der zunehmende Blutverlust setzte ihn außer Gefecht.

»Mensch, Frank!«, hörte er wie aus weiter Ferne. »Lebst du noch?«

Direkt neben ihm beugte sich Wehmeier über seinen Kumpanen. Die blutgetränkte Sturmhaube war jetzt ganz hoch gerutscht. Soykas linke Schläfenpartie sah übel aus.

»Wo ... wo bin ich?«, murmelte er undeutlich. Vergeblich versuchte er, den Kopf zu heben.

»Ganz ... ganz ruhig, Alter!«, stammelte Wehmeier. Er schob eine Hand unter Soykas Nacken. Mit der anderen wickelte er sein Halstuch ab. »Erst mal verbind ich dir die Birne ...«

Mika spürte kaltes Metall an seiner rechten Hand. Etwas, das vorher nicht da gelegen hatte. War das vielleicht die Flinte, die Wollmütze achtlos abgelegt hatte, um sich um seinen Kumpel zu kümmern?

Ein letzter Überlebenswille keimte in seinem mehr und mehr verdunkelten Bewusstsein auf. Seine Finger glitten am Lauf hinab, am hölzernen Vorderschaft entlang bis zum Abzugsbügel.

Die Fingerkuppe seines Zeigefingers ertastete den Abzug.

»Wir sind da«, raunte Jan Ahonen. Über ein tragbares Funkgerät war er mit dem Einsatzleiter im ersten Fahrzeug verbunden. »Da sollen zwei Autos auf dem Platz vor der Hütte stehen.«

Dicht hintereinander hatten die Fahrzeuge auf der Zufahrt zur Hütte angehalten. Mit laufenden Motoren.

Eine seichte Rechtskurve und rund fünfzig Meter trennten sie noch von dem Hüttenparkplatz. Nur die Insassen des ersten Autos hatten freie Sicht auf das Gelände dort.

»Steht da ein roter Mazda?«, wollte Mendelski wissen.

Ahonen übersetzte in sein Funkgerät.

Die Antwort kam prompt. »Ja.«

»Und das andere?«

Ahonen kam nicht dazu, die Frage zu stellen. Aus dem Funkgerät waren aufgeregte Stimmen zu hören. Vom Einsatzleiter, von Lauri Rahola und von seiner Frau.

»Beim zweiten Auto ... «, berichtete Ahonen atemlos, » ... hat sich eine Tür geöffnet ... ein Mädchen ist ausgestiegen ... sie geht auf die Hütte zu.«

»Siiri!« Den Schrei der Mutter hörten sie durch den Funk und durch die offene Seitenscheibe.

»*Pääsy!*«, rief eine harte Stimme aus dem Funkgerät.

Wie auf ein Kommando rasten die Autos los.

Maike Schnur würde dieses Wort nicht so schnell vergessen – den finnischen Befehl für ›Zugriff!‹.

»Hei, Mika?«

Er stutze, den Finger am Abzug. Hatte er richtig gehört? Oder war das schon ein Engel …

»Missä olet … Mika?« Es war eine zarte leise Mädchenstimme.

Mika hörte sie trotzdem. Sie kam von der Veranda, durch die Haustür, die immer noch offen stand. Und sie kam ihm bekannt vor. Sehr bekannt sogar.

Siiri!

»Scheiße! Das Mädchen!« Wehmeier neben ihm war aufgesprungen. Soyka röchelte etwas Unverständliches.

Die Silhouette von Siiri tauchte im Türrahmen auf. Wehmeier stürzte auf sie zu.

»Back to the car!«, zischte er dem Mädchen entgegen und streckte beide Arme aus, um das Kind zu packen.

Mika mobilisierte seine letzten Kräfte.

Sein Finger drückte den Abzug nach hinten.

Als in der Hütte der Schuss krachte, sprangen sie fast zeitgleich aus den Fahrzeugen.

Es war ein einzelner, dumpfer Gewehrschuss gewesen. Ein Schrotschuss.

Routiniert gingen die Polizisten in Deckung, zogen ihre Dienstwaffen und verharrten im Schutz der geöffneten Autotüren.

Sie warteten auf weitere Befehle des Einsatzleiters.

Lenita Rahola wartete nicht.

Die Mutter, die gerade erst ihr Kind in der Hütte hatte verschwinden sehen, stürmte voller Panik los. Die Treppenstufen nahm sie mit zwei Sätzen, hinter ihr schrie ihr Mann.

Auf der Veranda flog ihr das Kind entgegen. Die kleinen Hände auf die Ohren gepresst, die Augen vor Entsetzen weit aufgerissen. Mutter und Tochter fielen sich in die Arme.

In der Hütte krachte es ein weiteres Mal.

Der erste Schuss hatte zwei Beine eines Küchenstuhls zerfetzt und den Kühlschrank getroffen. In dessen Tür klaffte jetzt ein fußballgroßes Loch.

Trotz seiner schweren Verletzung hatte Mika im Liegen den Abzug betätigt. Die Mündung der Flinte war nicht auf den Gangster gerichtet. Denn dort, im Eingangsbereich, hatte auch Siiri gestanden. Um sie zu schützen und um Wehmeier abzulenken, hatte er geschossen.

Sein Plan ging auf. Der Gangster zuckte vor Schreck zusammen und wandte sich halb um. Das Mädchen war ihm jetzt egal.

Wütend wollte er sich auf Mika stürzen.

Der hatte die am Boden liegende Flinte um 180 Grad gedreht. Mika hoffte inbrünstig, dass der zweite Lauf geladen war.

Er war geladen.

Als er abdrückte, spürte er einen fürchterlichen Schlag gegen seine Hand. Das Gewehr wurde mit dem Schuss zur Seite geschleudert, die Schrote prasselten in das Bücherregal.

Während Mika mit Wehmeier und Siiri beschäftigt war, hatte sich Soyka unbemerkt aufgerappelt, ein abgeschossenes Stuhlbein gegriffen und mit voller Wucht auf Mikas Hand eingeschlagen.

Er holte ein weiteres Mal aus, um dem Finnen einen gezielten Schlag auf den Kopf zu verpassen. Doch Mika hatte bereits das Bewusstsein verloren.

»Poliisi! – Kädet ylös!«, brüllten mehrere Stimmen wild durcheinander. Bedrohlich und laut. Dann auch in Englisch: *»Police! – Hands up!«*

Im Nu war der Raum voller Einsatzkräfte. Polizisten in schusssicheren Westen stürmten mit vorgehaltenen Pistolen die Hütte. Durch die Haus- und durch die Hintertür. Wehmeier und Soyka blieb keine Chance. Bevor sie auch nur ansatzweise die Hände in die Höhe recken konnten, hatten sich gleich mehrere Beamte auf sie gestürzt und kampfunfähig gemacht. Binnen weniger Sekunden lagen sie bäuchlings auf den Dielen mit auf den Rücken gefesselten Händen. Ein Polizist, der sich über Mika gebeugt hatte, rief über Funk den Notarzt und leistete erste Hilfe.

Robert Mendelski und Maike Schnur warteten gespannt und nervös draußen auf dem Parkplatz. Zusammen mit Jan Ahonen. Lauri Rahola war mit Frau und befreiter Tochter in einem der Autos verschwunden. Eine Polizistin kümmerte sich um sie.

So schwer es den deutschen Gästen auch fiel, sie durften noch nicht in das Blockhaus. Der Einsatzleiter hatte zunächst den Notarzt angefordert. Der hastete, begleitet von zwei Sanitätern, die mit mehreren Koffern beladen waren, an ihnen vorbei.

»Scheint alles unter Kontrolle«, erklärte Ahonen, der den Funk mithörte. »Die zwei Deutschen sind offenbar überwältigt ...«

»... und Mika Rahola?«, fiel ihm Maike ungeduldig ins Wort. »Was ist mit ihm?«

Ahonen wiegte den Kopf. »Ich fürchte, der Notarzt wurde für ihn angefordert. Sie sprachen von einer stark blutenden Schussverletzung, im Oberkörper.«

»Rahola ist getroffen? Mit Schrot?«, fragte Mendelski rau.

»Bitte nicht noch einen Toten.« kam es leise von Maike, die den Blickkontakt zu Mendelski suchte. Vergebens. Der hatte sich abgewandt und starrte gedankenverloren in den Nachthimmel.

Ahonen lauschte angestrengt in sein Head-Set. »So, jetzt also. Wir sollen ins Haus kommen.«

Fünfzehntes Kapitel

»Bravo! Dieses Mal haben alle dicht gehalten. Sehr gut!«

Triumphierend schwenkte Steigenberger die druckfrische Samstagsausgabe der *Celleschen Zeitung*. »In der *CZ* steht weder etwas vom gestrigen Millionenfund im Klosterforst noch von den Ereignissen in Finnland.«

Heiko Strunz, Ellen Vogelsang und Jo Kleinschmidt, die sich um den Schreibtisch ihres obersten Chefs gruppiert hatten, nahmen das Lob gelassen hin und schwiegen. Sie wussten schon, dass man sie nicht wegen der Presseberichte in die Jägerstraße zitiert hatte. Gestern Abend, kurz vor Feierabend, war per Handy durchgesickert, dass in Finnland etwas Entscheidendes passiert war. Neugierig erwarteten sie Steigenbergers Bericht.

Der Leiter der Polizeiinspektion legte gelassen die Zeitung beiseite und drehte den Monitor seines PC in Position. »Okay, dann mal los«, begann er. »Gestern am späten Abend rief mich Robert an. Ich habe lange mit ihm gesprochen und seinen vorläufigen mündlichen Bericht stichwortartig aufgeschrieben.«

Steigenberger setzte seine Brille auf und schaute auf den Bildschirm.

»Das Wichtigste vorweg: Robert und Maike ist nichts passiert. Zwar gab es eine weitere Geiselnahme und auch weitere gewalttätige Aktionen mit Schusswaffengebrauch. Jedoch keinen weiteren Toten, nur einen Schwerverletzten.«

»Der Schwerverletzte?«, fragte Ellen Vogelsang. »Ist das Mika Rahola?«

»Ja. Er hat einen Schulterdurchschuss durch eine Revolverkugel, ist aber außer Lebensgefahr.«

»Wer hat denn geschossen? Soyka oder Wehmeier?«, wollte Jo Kleinschmidt wissen. »Oder gar die finnischen Kollegen?«

Steigenberger schob ärgerlich die Brille auf die Nasenspitze. »Jetzt mal der Reihe nach«, sagte er. »Also: Mika Rahola, Frank Soyka und Lutz Wehmeier sind gefasst. Sie wurden, nachdem sie sich mehr oder weniger gegenseitig außer Gefecht gesetzt hatten, in einem Blockhaus im Wald festgenommen. Auf Mika Rahola hat Soyka geschossen; der Finne liegt jetzt auf der Intensivstation des Krankenhauses von ...« Steigenberger las vom Bildschirm ab. »... von Savonlinna. Der Heimatstadt von Rahola. Soyka wurde ambulant behandelt, er hat eine Platzwunde und eine leichte Gehirnerschütterung. Wehmeier ist gänzlich unverletzt. Ein achtjähriges Mädchen, die Nichte Raholas, war mehrere Stunden in der Gewalt von Soyka und Wehmeier, ist aber gottlob wohlauf.«

Das Telefon klingelte. Steigenberger nahm ab, sagte knapp: »Jetzt nicht« und legte wieder auf. Dann setzte er seinen Bericht fort. »Des Weiteren wurden sichergestellt beziehungsweise beschlagnahmt: ein 38er-Revolver, eine 12er-Doppelflinte, der Mazda von Frau Lina Henke aus Wienhausen, ein Ford Mustang, der in der Region Hannover angemeldet ist, und 23 000 Euro in großen Scheinen, die sich anscheinend im Besitz von Rahola befanden.«

»Dieses Geld hat aber nichts mit unserem Geldfund im Langlinger Holz zu tun«, kommentierte Heiko Strunz. Er hatte Steigenberger und den anderen verschwiegen, dass er letzte Nacht mit Mendelski übers Internet korrespondiert hatte. Um seinem Chef nicht die Show zu stehlen, hatte er sich - so schwer es auch fiel - zunächst zurückgehalten.

»Gut kombiniert.« Steigenberger schien nichts von Strunz' Wissensvorsprung zu ahnen. »Davon geht man in Finnland auch aus. Anscheinend ist das so eine Art Notgroschen der beiden Finnen. Bei einem so teuren Maschinenpark mit hohem Ersatzteilbedarf scheint das gängige Praxis sein.«

»Notgroschen? Das ist gut.« Kleinschmidt feixte. »23 000 Euro! Ich würde eher von Schwarzgeld reden.«

»Jedenfalls haben wir hier bei uns 1 001 350 Euro gezählt«, erklärte Strunz. »Das ist exakt die Summe, die 2002 bei dem Überfall auf die Stadtsparkasse am Schloss erbeutet wurde. Da fehlt nicht ein Schein.«

Steigenberger wiegte skeptisch den Kopf. »Aber warum sind Soyka und Wehmeier dann überhaupt nach Finnland gefahren?«, fragte er. »Warum diese gnadenlose Hatz auf den Rahola?«

»Vielleicht glaubten sie, die Finnen hätten ihnen die Beute aus dem Bankraub geklaut«, sagte Ellen Vogelsang. »Denn am Montag, dem Tag, an dem Niilo Humppi ermordet wurde, hatten ja auch wir - trotz intensiver Tatortüberprüfung - den Geldsack nicht gefunden.«

»Lag das an dem hohen Schnee?«

»Nie und nimmer«, entrüstete sich Strunz. Er sah sich in seiner Ehre als Chef der Spurensicherung gekränkt. »Der Sack muss da noch tief in der Erde gesteckt haben. Erst letzte Nacht haben den die Wildschweine freigelegt.«

»Habt ihr euch das Loch noch einmal richtig vorgeknöpft?«

»Klar doch. Den gesamten Waldboden haben wir gesiebt. Ohne das geringste Resultat. Nur eines hat uns stutzig gemacht ... der Mais, der da frisch ausgebracht worden war.«

»Mais?« Steigenberger verzog sein Gesicht.

»Ja. Maiskörner. Damit ködern Jäger gewöhnlich die Sauen.«

»Das weiß ich auch«, erwiderte Steigenberger leicht pikiert. »So etwas wird ›ankirren‹ genannt. Aber das macht man in der Regel nur dort, wo ein Hochsitz steht. Damit man auch schießen kann. - Seltsam. Da sollten wir mal Dr. Wimmer fragen.«

»Um den müssen wir uns sowieso noch kümmern«, grinste Heiko breit.

»Wieso?«

»Wegen des Hirschluders. Das sichergestellte Geschoss in dem Kadaver stammt aus seiner Waffe.«

»Donnerwetter! Das wusste ich ja noch gar nicht.«

Steigenbergers Telefon klingelte erneut. Er nahm den Hörer ab.

»Ach, Dr. Wimmer. Guten Morgen.« Steigenberger zwinkerte Strunz zu. »Das trifft sich ja gut ... Sie wollte ich gerade anrufen.«

Sie waren die Letzten im Frühstücksraum. Da der Ort Anfang Dezember touristisch nicht viel zu bieten hatte, residierten zu dieser Jahreszeit im *Hotel Kaartila* nur wenige Gäste. Das Frühstücksbuffet fiel dementsprechend übersichtlich aus.

Nach den turbulenten Ereignissen der letzten Tage und der Festnahme der drei Gesuchten in der Hütte draußen am See hatten sich Robert Mendelski und Maike Schnur ein paar Extra-Stunden

Nachtruhe gegönnt. Obendrein war Mendelski gestern Abend noch zwei Stunden am Notebook tätig gewesen.

»Du hast also noch die halbe Nacht mit Heiko gemailt?«, frotzelte Maike. Sie leerte das Glas mit dem Multivitamin-Saft in einem Zug. »Na, dann erzähl mal.«

Mendelski nippte an seinem Kaffee. »Wo soll ich denn anfangen?«, antwortete er, nachdem er die Tasse abgesetzt hatte.

»Na, bei der Million, die Ellen und Jo im Klosterforst ausgebuddelt haben.« Maike hatte sich eine dicke Schicht Rührei auf ihr Toastbrot gepackt. Als sie zubeißen wollte, fiel die Hälfte davon zurück auf den Teller.

»Die stammt definitiv aus dem Bankraub von 2002«, erklärte er. »Das hat die Sparkasse inzwischen bestätigt. Heiko geht von folgendem Tathergang aus: Soyka, Wehmeier und Reusch hatten ihre Beute unter der Hute-Eiche vergraben. Unmittelbar nach dem Überfall. Und während Soyka und Wehmeyer schnell gefasst wurden, konnte sich Reusch in die Karibik absetzen. Alle Welt - außer Soyka und Wehmeier natürlich - war der Ansicht, er hätte die Beute mitgenommen. Als Reusch dann in der Dominikanischen Republik einem Raubüberfall zum Opfer fiel, mit tödlichem Ausgang, wurde fälschlicherweise vermutet, dass man ihm die Million dort abgenommen hatte.«

Maike machte große Augen. »Dann haben Soyka und Wehmeier also in aller Ruhe ihre Strafe abgesessen? Weil sie wussten, da draußen im Wald wartet ein Schatz auf sie? Für sie beide ganz allein?«

Mendelski wiegelte bedächtig ab: »Na, in aller Ruhe ... das glaube ich nicht so ganz. Die hatten bestimmt reichlich Bauchschmerzen, dass das Versteck nicht sicher genug wäre. War es letztendlich ja auch nicht.«

»Tja, erst einmal gab's ja wohl eine gewaltige Enttäuschung für die beiden Helden.« Maike schenkte sich Tee nach. »Die sind gleich nach ihrer Entlassung in den Wald. Und an der Stelle, wo sie ihr Geld versteckt hatten, gab's nur ein frisch gegrabenes Loch. Mit dem toten Hirsch drin ... «

»Richtig. Und als sie in unmittelbarer Nähe auf die beiden Finnen trafen, die im Wald arbeiteten, dachten sie wahrscheinlich, die hätten das Geld gefunden und eingesackt.« Mendelski nahm einen weiteren Schluck aus seiner Kaffeetasse.

»Und der Hirsch? Was hat der mit der Angelegenheit zu tun?«

»Das kann ich ... «

Sie wurden unterbochen. Ein finnischer Kollege in Uniform, der gestern Nachmittag an der Aktion in der Hütte teilgenommen hatte, war eingetreten und kam auf sie zu.

»Good morning«, sagte er. *»I'd like to bring you to the hospital. Jan Ahonen is waiting for you.«*

»Okay, we are ready«, erwiderte Mendelski und griff zur Serviette. *»Thank you. Five minutes please.«* Und an Maike gewandt: »Mika Rahola scheint ansprechbar. Da bin ich aber gespannt.«

»Schön, dass Sie so bald kommen konnten«, sagte Steigenberger zu seinem Gast, während er Dr. Wimmer einen Stuhl in seinem Büro anbot. Die beiden Männer waren allein.

»Im Mordfall Niilo Humppi hat sich in den letzten vierundzwanzig Stunden einiges getan. Sowohl im fernen Finnland als auch hier im Langlinger Holz, Ihrem Jagdbezirk.«

Dr. Wimmer war die Anspannung anzusehen. Mit ernster Miene nahm er Platz.

»Ich habe mit dem Tod des Waldarbeiters nicht das Geringste zu tun«, ging er sogleich in die Offensive. »Das mit dem Hirsch muss ich auf meine Kappe nehmen. Aber das ist auch alles.«

Steigenberger zog die Augenbrauen hoch. »Sie haben also tatsächlich auf den Hirsch geschossen?«

»Sie wissen doch längst Bescheid«, knurrte Dr. Wimmer.

»Nein, genau Bescheid weiß ich eben nicht.«

»Ich dachte, die ballistische Überprüfung des Geschosses hat ergeben, dass ... «

»Ja, das. Soweit liegen Sie richtig«, unterbrach ihn Steigenberger. »Unser Labor hat herausgefunden, dass das Geschoss im Hirschkadaver aus Ihrer Waffe stammt. Aber nicht, wer geschossen hat. Jetzt sind Sie an der Reihe.«

Dr. Wimmer gab sich einen Ruck. »Tja, der Hirsch ist wohl von meiner Kugel getroffen worden, aber sicher nicht mit Absicht«, sprudelte es aus ihm heraus. »Das müssen Sie mir glauben. Vor genau zwei Wochen ist das passiert. Ich war auf Ansitz, eigentlich wollte ich Sauen schießen. Es war schon ziemlich dunkel. Da tauchte plötzlich dieses Hirschrudel auf, in gut hundert Metern Entfernung. Zwischen den Bäumen waren die einzelnen Stücke nur schwer anzusprechen. Wie viele das letztendlich waren, kann ich gar nicht sagen. Jedenfalls glückte es mir schließlich, einen Achter, einen schwachen III b-Hirsch, ins Zielfernrohr zu bekommen. Da hab ich abgedrückt. Und direkt in diesem Moment ist hinter meinem Achter plötzlich ein zweiter Hirsch aufgetaucht. Ein gewaltiges Monstrum. Doch da war meine Kugel bereits aus dem Lauf.«

»Klingt nicht sehr waidmännisch«, kommentierte Steigenberger skeptisch.

»Das können Sie als Nicht-Jäger ja wohl kaum beurteilen«, echauffierte sich Dr. Wimmer. Dann fuhr er mit seinem Bericht fort: »Jedenfalls lag mein Achter zwanzig Meter vom Anschuss mausetot im Blaubeerkraut. Mit sauberem Blattschuss. Einen zweiten Anschuss konnte ich nicht finden, deswegen habe ich einen Paketschuss ausgeschlossen.«

»Paketschuss?«

»Ja, so nennt man einen ungewollten Doppeltreffer. Zwei Stücke mit einem Schuss. Nicht zu verwechseln mit einer Doublette. Hätte ich nur geahnt, dass das Monstrum von Hirsch hinter meinem Achter *Pani Pronz* gewesen ist, hätte ich bestimmt genauer hingeschaut. Das können Sie mir glauben.«

»Aber Sie sind nicht am folgenden Tag noch mal hinausgefahren, um bei Tageslicht eine Kontrollsuche durchzuführen?«, hakte Steigenberger nach.

»Nein«, erwiderte Dr. Wimmer kleinlaut. »Das hielt ich für sinnlos.«

»Genau genommen haben Sie damit gegen das Tierschutzgesetz verstoßen«, stellte der Polizeichef fest. »Sie hätten sich spätestens am Tag danach vergewissern müssen, ob Sie das zweite Tier getroffen hatten oder nicht. Durch Ihre grobe Fahrlässigkeit haben Sie die Qualen des angeschossenen Hirsches billigend in Kauf genommen.« Er guckte dem Jagdpächter streng ins Gesicht. »Dass

Tierquälerei eine Ordnungswidrigkeit ist, in schweren Fällen gar ein Straftatbestand, wissen Sie sicher.«

Dr. Wimmer schwieg betreten.

Steigenberger machte sich ein paar Notizen, bevor er fortfuhr:

»Spätestens, als das Hirschluder bei Ihnen im Revier gefunden wurde, hätte Ihnen das Ganze klar sein können. Sie hätten sofort reagieren und uns über den Sachverhalt informieren müssen. Vor allem auch deswegen, weil der Kadaver unmittelbar mit dem Tod von Niilo Humppi in Zusammenhang gebracht wurde.«

Der Jäger setzte zu einer Antwort an, entschied sich aber dagegen und sagte nichts.

Steigenberger setzte nach: »Ist Ihnen die Konsequenz Ihres Verhaltens überhaupt klar? Sie haben meine Mitarbeiter, die in einem Kapitalverbrechen ermitteln, bewusst in die Irre geführt und dadurch ihre Arbeit massiv behindert.«

Dr. Wimmer senkte den Blick. »Ich wollte nichts mit einem Mord zu tun haben. Das ist doch verständlich, oder?«

»Nein. Ist es nicht. Ein solches Verhalten kann ich nicht nachvollziehen.« Der Polizeidirektor blieb unnachgiebig. »Ihnen musste doch auch daran gelegen sein, dass ein Verbrechen, das in Ihrem Revier verübt wurde, schnellstmöglich aufgeklärt wird.«

Sein Gegenüber schien auf diesem Ohr taub zu sein. Stattdessen lamentierte er: »Was kann ich denn dafür, dass sich der Hirsch ausgerechnet das Loch unter der Hute-Eiche zum Sterben aussucht?«

»Darum ging es ja gar nicht. Ersparen Sie mir doch solche Ausflüchte.« Entnervt schaute Steigenberger auf seine Notizen. »Aber lassen wir das – für den Augenblick.« Im Moment schien es zwecklos, an dieser Stelle weiter zu bohren. Stattdessen fragte er: »Ist es denn normal, dass sich halbtote Tiere in eine Mulde legen?«

»Ungewöhnlich ist es jedenfalls nicht.« Dr. Wimmer holte Luft, offensichtlich froh darüber, nicht weiter über seine Verfehlungen Auskunft geben zu müssen. Viel lieber rückte er sein jagdliches Know-how in den Vordergrund. »Wenn ein Stück Schalenwild angeschossen ist, sucht es sich eine geschützte Stelle, wo es sich niedertut. Das kann eine Kuhle sein, ein Platz unter einem Baum, oder auch ein dichtes Strauchwerk. Die Stelle, an der sich ein schwerverletztes Tier hinlegt, bezeichnet man in der Jägersprache als Wundbett.«

»Und dort bleibt es, bis es gestorben ist?«

»Meistens ja. Jedenfalls dann, wenn es nicht weiter gestört wird.«

Steigenberger notierte das Wichtigste.

»Haben Sie uns vielleicht noch mehr verschwiegen?«, fragte er nach einer kurzen Pause. »Zum Beispiel, dass Sie in der Zeit vor dem Mord verdächtige Personen im Bereich der Hute-Eiche gesehen haben?« Noch hielt er es nicht für angebracht, etwas von dem Geldfund zu erzählen.

Dr. Wimmer schaute erschreckt auf und überlegte einen Moment. »Nein«, sagte er. »Außer den beiden Finnen und unserem Förster, Herrn Grube, ist mir da niemand aufgefallen.« Dann stockte er, kam kurz ins Grübeln. Sollte er von Heinzens nächtlicher Beobachtung erzählen, als Henning Grube angeblich an der Hute-Eiche auf Sauen angesessen haben wollte?

Er entschied sich dagegen.

»Eine letzte Frage noch«, unterbrach Steigenberger die Gedanken seines Gegenübers. »Bei einer erneuten Besichtigung des Tatorts nach der Schneeschmelze haben wir gestern in der Mulde unter der Hute-Eiche Maiskörner gefunden. Frisch ausgestreute Maiskörner. Das machen doch Jäger, um Wild anzulocken. Waren Sie das?«

Dr. Wimmer machte ein verdutztes Gesicht. »Unter der Hute-Eiche? Eine Kirrung? - Nein. Das war ich nicht. Wozu auch? Da ist doch gar kein Hochsitz ... «

Erneut verfiel er ins Grübeln. War Henning Grube noch einmal eigenmächtig losgezogen, um auf Schweinejagd zu gehen? Und wenn ja, warum ausgerechnet an dieser Stelle?

»Dem werde ich aber nachgehen«, versprach er.

Von der Intensivstation hatte man Mika Rahola bereits auf eine normale Station verlegt. Er war allerdings in einem Einzelzimmer untergebracht, vor dem ein uniformierter Polizist Wache hielt. Mikas Oberkörper und seine linke Hand waren bandagiert, der rechte Arm angewinkelt und am Körper fixiert. Am linken Unterarm war ein Tropf angeschlossen.

Er war wach, als Robert Mendelski, Maike Schnur und Jan Ahonen, begleitet von einer Krankenschwester, eintraten.

»Herr Rahola«, begann Ahonen auf Deutsch, nachdem sie sich um das Bett postiert hatten. »Guten Morgen erst einmal. Wir sind sehr froh, dass es Sie nicht schlimmer erwischt hat. Die Ärztin hat uns erlaubt, Ihnen ein paar Fragen zu stellen.«

»Was ist mit Siiri?« fragte Mika mit leiser Stimme.

»Der geht es gut. Ihre Nichte ist wohlauf und längst zurück bei ihren Eltern.«

Mika schloss die verdächtig glitzernden Augen und atmete einmal tief durch.

»Die beiden Deutschen haben wir festgenommen«, fuhr Ahonen fort. »Allerdings verweigern sie bisher jede Aussage.« Ahonen beugte sich etwas zu Mika hinab. »Darum hätten wir gern von Ihnen gewusst, was am letzten Montag in Deutschland im Wald passiert ist, was die Gangster von Ihnen wollten – und wie es zum Tod von Niilo Humppi kam.«

Mika schloss erneut die Augen. »Ich weiß es nicht, kann mich nicht erinnern«, antwortete er nach einem tiefen Seufzer. »Der Schlag auf den Kopf ...«

Ahonen ließ nicht locker: »Die beiden Deutschen kamen doch zu Ihnen in den Wald. Daran erinnern Sie sich doch ...«

Mika schüttelte den Kopf. »Ich weiß es nicht. Muss wohl ...«

»Retrograde Amnesie. Ein rückwirkender Gedächtnisverlust«, erklärte die Krankenschwester in exzellentem Deutsch. »Durch die schwere Gehirnerschütterung.«

Ahonen griff in seine Jackentasche und holte ein Smartphone hervor. »Gut. Dann versuchen wir es mal anders. Ich habe hier Fotos, die den entscheidenden Moment wiedergeben.«

Mika blickte düster drein. Er schien diese Situation erwartet zu haben. »Das Handy des Deutschen«, sagte er. »Die Fotos hatten sie mir gezeigt.«

»Wirklich?« Ahonen zeigte sich erstaunt. »Und was wollten die damit bezwecken?«

Jetzt war es an Mika, sich zu wundern. »Haben Sie die Bilder denn nicht angeschaut?«

»Doch, bestimmt zwanzig mal«, entgegnete Ahonen. »Im Polizeilabor, heute Nacht. In allen Variationen, gezoomt, hoch aufgelöst - was moderne Software so ermöglicht.«

Mika wandte den Kopf zur Seite. »Na, dann wissen Sie es ja«, murmelte er. »Den Sägeknopf ... als Niilo im Aggregat eingeklemmt war ... den habe ich betätigt. Aber ich weiß nicht, warum ... «

»Haben Sie doch gar nicht«, unterbrach ihn Ahonen. Er beugte sich erneut vor, um seinen Worten Nachdruck zu verleihen. »Herr Rahola, man kann auf den Fotos eindeutig erkennen, dass es nicht Ihre Hand war, die den Joystick bediente. Es war die Hand von Soyka. Ohne Zweifel. Hier, sehen Sie selbst. Von Ihnen sieht man lediglich Teile von Kopf und Schulter. Außerdem einen Revolverlauf, der Ihnen in den Nacken gedrückt wurde.«

Mika starrte Ahonen aus weit aufgerissenen Augen an. Mit einiger Anstrengung versuchte er, sich im Bett aufzurichten. »Ist ... ist das wirklich wahr?«

»Ja«, antwortete Ahonen ruhig.

»Wir sollten jetzt lieber eine Pause einlegen«, sagte die Krankenschwester, während sie mit sanfter Gewalt Mika zurück in die Liegeposition brachte.

»Okay. Danke erst mal. Herr Rahola, gute Besserung!« Ahonen trat einen Schritt zurück. Er wandte sich an Mendelski und Maike. »Eine ausführliche Vernehmung werden wir später durchführen. Wenn es ihm besser geht. Für heute machen wir lieber Schluss.«

Bevor sie gingen, schauten sie noch einmal zu Mika. Er hatte die Augen geschlossen. Zwei schmale Tränenrinnsale liefen über seine Wangen.

»Hier Schrader, Fachkommissariat 2, Polizeiinspektion Celle.«

Die sonore Stimme kam ihr bekannt vor. »Frau Henke, erinnern Sie sich? Wir hatten vor zwei Tagen miteinander zu tun.«

Lina Henke richtete sich in ihrem Krankenbett auf, so gut es Bandage und Tropf erlaubten. Dabei drückte sie das Handy fest ans Ohr, um besser hören zu können.

»Ja, ich erinnere mich«, krächzte sie ins Telefon. »Es ging doch um mein Auto. Gibt es Neuigkeiten aus Schweden?«

»Neuigkeiten ja, aber nicht aus Schweden. Sondern aus Finnland. Frau Henke, Ihr Mazda wurde dort sichergestellt.«

»Wie, sichergestellt?«

»Na, er wurde von den finnischen Kollegen beschlagnahmt. Im Zusammenhang mit einer Straftat. Jedenfalls ist der Wagen unversehrt. Soweit ich erfahren habe, bekommen Sie ihn bald zurück.«

Lina Henkes Augen flatterten. »Und was ist mit dem Fahrer?«, fragte sie ängstlich. »Mit Mika Rahola?«

»Tut mir leid«, antwortete Schrader zurückhaltend. »Das darf ich Ihnen nicht sagen.«

Ein Ruck ging durch ihren Körper. »Ist ... ist er etwa ... tot?« Ihre Stimme überschlug sich.

»Liebe Frau Henke, jetzt bleiben Sie mal ganz ruhig.« Der Kriminalbeamte machte eine kurze Pause. »Nein, er lebt«, sagte er leise. So leise, dass Lina Henke ihn kaum verstand. »Er ist verletzt, aber er lebt.«

»Na, Gott sei Dank.« Entspannt ließ sie ihren Kopf zurück in das Kopfkissen sinken. »Wie verletzt ist er denn?«

»Ich kann Ihnen das nicht sagen.« Schraders Versuch, streng zu klingen, blieb wenig erfolgreich. »Ich wollte Sie nur darüber informieren, dass Ihr Auto in Sicherheit ist.«

»Ach, das blöde Auto soll bleiben, wo der Pfeffer wächst«, wetterte Lina Henke. »Mich interessiert Mika. Liegt er im Krankenhaus?«

»Ja«, flüsterte Schrader. Er schien überrumpelt.

»Also ist er nicht im Gefängnis?«

»Nein.«

»Und er hat nichts mit dem Tod von Niilo Humppi zu tun?«

Schrader zögerte, bevor er schließlich raunte. »Davon scheint man in Finnland auszugehen.«

Lina Henke schloss vor Erleichterung die Augen und atmete einmal tief durch.

»Und die beiden Deutschen? Was ist mit den Gangstern?«, setzte sie nach.

»Jetzt ist es aber genug mit der Fragerei«, kam es in übertrieben empörtem Ton von Schrader. »Frau Henke, ich wünsche Ihnen gute Besserung.«

»Wurden die Kerle verhaftet?«

»Wie gesagt: Kein Kommentar. Guten Tag.« Der Polizist beendete das Gespräch.

Im Vernehmungsraum der *Poliisi Savonlinna* hatten sich sechs Personen getroffen. In der Mitte des fensterlosen Raumes, auf der einen Seite des Tisches, saß Lutz Wehmeier. Er trug Handschellen. Ihm gegenüber hatten Jan Ahonen, Robert Mendelski und Maike Schnur Platz genommen. Die einzige Tür bewachten zwei Polizisten in Uniform, ein Mann und eine Frau. In der Mitte der blank polierten Metalltischplatte standen zwei Mikrofone, die in verschiedene Richtungen wiesen. Vor Jan Ahonen lag ein Notebook auf dem Tisch.

»Herr Wehmeier«, begann der finnische Kommissar auf Deutsch. »Bei den Angaben zu Ihrer Person waren Sie noch gesprächsbereit. Zu den Ihnen zur Last gelegten Taten schweigen Sie jedoch. Wie soll es weitergehen?«

»Wozu hab ich einen Anwalt?«, stellte Wehmeier die Gegenfrage. Er wirkte übermüdet - und trotzig. »Soll der das doch für mich machen.«

»Ihr Anwalt ist in Deutschland. Ich glaube kaum, dass der Ihretwegen nach Finnland reist.«

»Das sind die beiden Kriminalen doch auch.« Wehmeier wies auf Mendelski und Maike. »Der wird schon kommen.«

»Die deutsche Botschaft in Helsinki kann Ihnen einen finnischen Pflichtverteidiger besorgen. Einen, der gut Deutsch spricht.«

»Will ich nicht.«

»Okay. Dann werden wir Ihren Anwalt kontaktieren und fragen, ob er bereit ist, für Sie anzureisen. Aber das kann dauern.«

»Ich hab Zeit.« Mit höhnischer Grimasse lehnte sich Wehmeier zurück und legte seine gefesselten Hände in den Nacken.

»In der Zwischenzeit kommen Sie in Untersuchungshaft. Nach Lappeenranta.«

»Aber gerne doch. Und mein Kumpel Soyka? Was ist mit dem?«

»Hierzu verweigern wir zur Abwechslung mal die Aussage.« Ahonen grinste. »Sie verstehen ... ?«

Mendelski beugte sich vor und tat so, als ob er mit Ahonen allein sprechen wollte.

»Ich habe gehört, dass die Haftbedingungen hier in Finnland sehr human sind.«

»Im innereuropäischen Vergleich stehen wir gut da«, erwiderte Ahonen. »In der Tat. Unser Strafvollzug gilt als vorbildlich und liberal. Die Häftlinge haben innerhalb der Anstalten viele Freiheiten.« Die beiden sprachen miteinander, als ob sie allein im Raum wären. Ahonen schaltete beiläufig die Mikrofone aus. »Doch dürfen Sie nicht vergessen, dass die Inhaftierten das Betriebsklima selbst bestimmen.« Ahonen wandte sich ganz dem deutschen Kommissar zu. »Sehen Sie, ein Gefängnisaufenthalt in Finnland mag durchaus erträglich sein, dennoch kommt es auch bei uns unter den Inhaftierten immer wieder zu unschönen Übergriffen.«

»Wie das?« Aus den Augenwinkeln konnte Mendelski gut beobachten, dass Wehmeier interessiert mithörte.

»Na, zurzeit sitzen hier ziemlich viele Russen ein. Kriminelle Grenzgänger. Meist junge, beinhart trainierte Männer, die selbst im Gefängnis aggressiv und brutal gegen andere Gruppierungen vorgehen. Darunter haben bedauerlicherweise vor allem homosexuelle und pädophile Mitgefangene zu leiden. Aber letztere stehen ja sowieso ganz unten in der internen Hierarchie der Haftanstalten, der Hackordnung der Verbrecher. Das ist wohl auf der ganzen Welt nicht anders.«

»Und Kindesentführer?«

»Werden wie Kinderschänder behandelt. Da wird nicht unterschieden ... «

»He, ihr spinnt wohl!«, fuhr Wehmeier aufgebracht dazwischen. »Wollt ihr mir Angst machen? Wenn sich einer im Knast auskennt, bin ich das.«

»Eben.« Nun übernahm Mendelski. »Herr Wehmeier, es steht in allen Zeitungen, selbst die Gefängnisspatzen pfeifen es von den Dächern, dass Sie zusammen mit Soyka die achtjährige Siiri entführt haben.« Mendelski legte eine kurze Pause ein. Wehmeier sah ihn mit zunehmendem Entsetzen an. »Da wird Sie wohl in der U-Haft keiner fragen, was Sie mit dem Mädchen vorhatten. Spricht ohnehin kaum einer von denen Deutsch. Die zählen einfach eins und eins zusammen.«

Wehmeier war blass geworden. »Russen, sagten Sie?« Er wandte sich an Ahonen.

»Richtig.« Jetzt war es Ahonen, der sich behäbig zurücklehnte.

Wehmeier rutschte unruhig auf seinem Stuhl hin und her. »Gibt's bei Ihnen denn keine Einzelhaft?«

»Nur in Sonderfällen.«

»Aber ich bin doch ein Sonderfall«, brauste Wehmeier auf.

Ahonen blieb ruhig. »Wenn Sie mit uns kooperieren«, sagte er kühl, »dann könnte ich darüber nachdenken.«

Wehmeier wand sich wie ein Aal. »Scheiße auch!«, fluchte er schließlich. »Also los. Was wollen Sie wissen?«

Jan Ahonen schaltete die Mikrofone wieder ein.

Er war gerade auf dem Sprung, als das Jagdhornsignal auf seinem Smartphone einen Anruf signalisierte. Jacke und Schuhe hatte er bereits angezogen, den Autoschlüssel in der Hand. Henning Grube wollte seine Annika, die ihn am Wochenende besuchen kam, vom Zug in Celle abholen.

»Der hat mir gerade noch gefehlt«, murmelte er, als er den hinterlegten Namen auf dem Display las. Mit einem unguten Gefühl nahm er das Gespräch an.

»Grube.«

»Dr. Wimmer hier.« Es klang gehetzt. »Ich komm gleich zur Sache. Herr Grube, waren Sie das mit dem Mais an der Hute-Eiche?«

»Wie bitte?«

»Haben Sie in den letzten Tagen Mais an der Hute-Eiche ausgestreut?«

Henning Grube streckte instinktiv den Arm aus und hielt das Telefon so weit weg von seinem Kopf wie möglich. Er musste sich erst mal sammeln.

»Hallo, Herr Grube, sind Sie noch da?«, hörte er Dr. Wimmer in der Ferne rufen.

Henning Grube öffnete die Wohnungstür und trat ins Treppenhaus. Das Smartphone hielt er immer noch weit von Ohr und Mund entfernt. »Bin wohl ... gerade ... in 'nem ... Funkloch«, täuschte er radebrechend vor, während er die Stufen hinabstieg. »Hallo, hallo ... ?«

Als er vor das Haus trat, steckte er das Telefon in seine Jackentasche - noch immer war es mit Dr. Wimmer verbunden. Doch von dem hörte man nichts mehr.

Henning Grube eilte zum Parkplatz und überlegte. Sollte er das mit dem Mais zugeben - oder nicht?

Besser nicht, entschied er sich. Hastig entriegelte er den Kombi.

»NACH DER ENTLASSUNG AUS DEM KNAST in Deutschland haben wir eine Woche gewartet.« Wehmeier starrte düster auf die Tischplatte vor sich, während er berichtete. »Aus Vorsicht. Für den Fall, dass wir überwacht würden. Erst dann sind wir in den Wald, um unsere Beute zu holen.«

»›Wir‹ - damit meinen Sie sich und Soyka?«, fragte Mendelski zur Sicherheit.

»Wen sonst?«, meckerte Wehmeier. »Also: Wir wollten uns die Kohle holen, unsere wohl verdiente Beute, von der wir zehn Jahre lang im Knast geträumt hatten. Doch dann kam die ... «

»Das Geld aus dem Bankraub von 2002?«, fragte Mendelski dazwischen. »Die Million Euro?«

»Was soll die blöde Fragerei. Das wissen Sie doch längst.«

»Schon gut. Fahren Sie fort.«

Wehmeier knurrte etwas Unverständliches, bevor er weiter sprach: »Da waren die beiden Finnen. Arbeiteten mit ihren Maschinen im Wald. Direkt neben unserem Versteck. Und das Versteck war ausgeräumt. Ganz frisch. Die Erde unter dem Schnee musste in den Tagen davor aufgewühlt worden sein. Außerdem lagen da Reste von dem Plastik herum, wo wir die Geldsäcke reingewickelt hatten. Schwarze Folie und blaues Plastik von Ikea-Taschen.«

»Sie haben eine Million Euro in Ikea-Plastiktaschen verpackt?«, fragte Maike Schnur ungläubig.

»Warum denn nicht?« Wehmeier guckte irritiert. »Die halten doch ewig. Außerdem hatten wir die Kohle doppelt und dreifach eingewickelt. Erst eingeschweißt, dann in stabile Folie gewickelt und erst zum Schluss in die Ikea-Taschen.«

»Wie ging's weiter?« Mendelski interessierte sich für andere Dinge.

»Wir sind dann mit den Finnen zur Eiche hin. Die stellten sich natürlich blöd. Wussten angeblich nichts von dem Geld. Sie hatten einen toten Hirsch in das Loch geworfen. Keine Ahnung, was die damit bezwecken wollten.«

»Aha.« Mendelski staunte. »Sie und Soyka glaubten, dass der Hirsch ein Ablenkungsmanöver sei? Interessant.«

»Wir machten uns da weiter keinen Kopf über das tote Viech. Wir haben uns lieber die Finnen vorgeknöpft. Die sollten endlich quatschen.«

»Und so kamen Sie auf die Idee mit dem Harvester.«

»Nicht sofort. Wir also zurück zu den Maschinen. Aber da ist die Sache eskaliert. Der eine Finne - der, der jetzt tot ist - fing plötzlich an, sich zu wehren. Da hab ich ihm eine verpasst, mit der Faust. Er knallte lang hin, so mit dem Kopf gegen den Sägekopf vom Harvester. Als ich ihn hochziehen wollte, war er bewusstlos. Da bot sich's doch an, ihn in die Zange zu legen und ein bisschen zu piesacken.«

»Piesacken nennen Sie das?« Maike musste sich beherrschen, um nicht über den Tisch zu springen und Wehmeier eine zu knallen. »Das war Mord. Fiesester, abscheulicher Mord.«

»Nee, nee!« Wehmeier schüttelte vehement den Kopf. »Das war so nich' geplant, das war 'n Unfall. Ganz klar. Wir wollten die Finnen doch nur ein bisschen ärgern. Damit sie uns verraten, wo sie das Geld versteckt hatten.«

»Ich fass es nicht ... « Maike konnte sich nicht beruhigen.

»Bitte der Reihe nach«, sagte Mendelski. »Sie haben den bewusstlosen Niilo Humppi in die Zange gelegt. Was passierte dann? Hat sich Mika Rahola, der andere Finne, nicht gewehrt?«

»Wie denn?«, höhnte Wehmeier. »Soyka drückte ihm doch ständig die Püste in den Nacken. Nee, der hatte keine Chance. Die beiden sind dann in das Führerhaus vom Harvester geklettert. Ich blieb draußen beim Sägekopf. Soyka kriegte den Finnen soweit, die

Maschine anzuschmeißen. Dann hat der die Zange vorsichtig geschlossen und den Kran hochgefahren. Samt dem Kollegen, der sich so langsam wieder berappelte.«

»Oh mein Gott!« Maike wandte sich angewidert ab. »Wie bestialisch!«

»Nee. Bestialisch wird's doch erst noch«, giftete Wehmeier. »Dem Finnen in der Zange ging es ja gar nicht so übel bis dahin. Der fing plötzlich an zu reden, wahrscheinlich wollte er endlich auspacken. Und dann hat ihm der andere Finne einfach den Kopf abgesägt. Ratzfatz. Ein Schnitt, und ab war die Rübe.«

Für ein paar Sekunden herrschte beklommene Stille im Raum. Mendelski und Maike schauten sich sprachlos an.

Jan Ahonen klappte sein Notebook auf und betätigte ein paar Tasten. Dann drehte er den Monitor zu Wehmeier.

»Schauen Sie sich dieses Foto mal genau an«, sagte er. »Wessen Hand ist das auf dem Joystick, die den Sägeknopf betätigt?«

Wehmeier beugte sich vor. »Nee. Nee!« Er lachte gequält. »So kriegt ihr mich nicht. Das ist doch getürkt. Frank hat mir erzählt, dass der Finne die Säge betätigt hat. Ganz eindeutig. Der wollte schnell seinen Kumpel ausschalten, damit er die Kohle für sich allein einsackt.«

»Ist das Ihr Ernst?« Mendelski fand langsam wieder in die Spur. »Frank Soyka scheint ein verdammt abgebrühter Zocker und Lügner zu sein. Der hat sogar Sie hinters Licht geführt.«

»So'n Quatsch«, krächzte Wehmeier. »Das macht der nicht. Nicht der Frank. Niemals!«

»Sie glauben also nach wie vor, dass die Finnen das Geld aus dem Versteck genommen haben?«

»Natürlich. Wer denn sonst?«

»Okay. Lassen wir das erst mal«, entgegnete Mendelski. Er sah überhaupt keine Veranlassung, Wehmeier von dem Geldfund zu unterrichten. »Wie ging es weiter, was haben Sie dann gemacht?«

»Wir waren total in Panik. Als der Kopf da lag, haben wir uns schleunigst verpisst.«

»Sie waren derart in Panik, dass Sie ganz aus Versehen den Mika Rahola mitgenommen haben?«

»Was sollten wir denn machen? Der war doch unsere letzte Chance. Der andere Finne war ja tot.«

»Sie sind also mit ihm zu seinem Haus nach Oppershausen und haben es durchsucht?«

»Na, wir haben die Bude ziemlich auf links gedreht, aber gefunden haben wir nichts. Auf das Versteck in der Speisekammer hat uns der Finne ja erst zwei Tage später gebracht. Aber da war's schon leer und die Kohle futsch.«

Unvermittelt lehnte Wehmeier sich zurück und schickte einen schiefen Blick zu Jan Ahonen. »Das reicht jetzt doch für 'ne Einzelzelle, oder? Den Rest kriegen Sie von meinem Anwalt.«

Sechzehntes Kapitel

Der Kolkrabe, der sich in der winterkahlen Krone einer Linde am Wienhäuser Mühlenkanal niedergelassen hatte, plusterte sein Gefieder auf, um es von Sonne und Wind trocknen zu lassen.

Erst vor einer halben Stunde hatte es aufgehört zu regnen. Fast 24 Stunden lang war heftiger Dauerregen auf Wienhausen niedergegangen. Für den ersten Tag des Weihnachtsmarktes war das eine Katastrophe gewesen. Nur ein geringer Teil der Gäste, die gewöhnlich den Advents-Samstag für den Marktbesuch nutzen, hatte sich auf den Weg gemacht.

Für heute, den Sonntag, war ein kräftiger Südwestwind vorausgesagt worden - und auch eingetroffen. Er sorgte für fast frühlingshafte Temperaturen und viel Sonnenschein. An das kalte Winterwetter der vergangenen zwei Wochen erinnerten nur noch kümmerliche, eher an Schmutz als an Schnee erinnernde Haufen rechts und links der Gehwege und Straßen.

Erwartungsvoll beobachtete der Kolkrabe das Treiben unter sich. Heute müsste er nicht weit fliegen, um seine Tagesration Futter aufzutreiben. Die Menschenscharen, die da vom Klosterparkplatz herbeiströmten, versprachen Essensreste satt. Der Aasvogel brauchte nur abzuwarten, bis die ersten Brötchenhälften oder Wurstreste im Gebüsch rund um die Mühlenstraße landeten.

Den Kolkraben im Geäst da oben nahmen sie nicht wahr, als die vierköpfige Gruppe über den Fußweg am Mühlenkanal spazierte. Robert und Carmen Pidal-Mendelski, begleitet von Maike Schnur und Matthew Hill. Gut gelaunt strebten sie in Richtung Mühlenteich.

»Grüne Weihnachten!«, stänkerte Maike, während sie in die Sonne blinzelte. »Wie jedes Jahr. Wären wir bloß in Finnland geblieben, nicht wahr, Robert?«

»Dass es dir dort so gut gefallen hat, lag ja wohl nicht nur am Winterwetter«, konterte Mendelski trocken. »Dem charmanten Kollegen Ahonen ›*Näkemiin!*‹ zu sagen, ist dir sichtlich schwer gefallen.«

Matthew war hellhörig geworden. »Hey, wie? Was war denn da los?« Sein rechter Ellenbogen landete unsanft an ihrem Oberarm. »Was bedeutet - ›*Näke ... miin*‹?«

»Spinnst du?« Sie rieb sich die Schulter. »Wir haben einen Mord aufgeklärt. Das war da los. Kennst doch Robert.«

»›*Näkemiin*‹ heißt ›Auf Wiedersehen!‹, erklärte Mendelski mit einem breiten Grinsen. »Ja, wir haben in den zwei Tagen Finnland viel gelernt ... «

Bald erreichten sie die Mühlenstraße und die ersten Buden des Weihnachtsmarktes. Sie bogen nach links ab und passierten das Kulturhaus. Trotz des frühen Nachmittags war es dort bereits brechend voll.

»Auch wenn es nicht so kalt ist, hätte ich gern einen Glühwein«, sagte Carmen.

»Weihnachtsmarktbesuche ohne Glühwein, das geht gar nicht«, pflichtete ihr Maike bei. »Los, da vorn gibt's welchen.«

Sie hatten kaum an ihren Bechern genippt, als sie von der Seite angesprochen wurden.

»Selbst hier ist man vor der Kriminalpolizei nicht sicher«, begrüßte Dr. Wimmer die Vierergruppe leutselig. Man sah seiner roten Nase an, dass er schon den einen oder anderen Punsch, Met oder Glühwein gekostet hatte. »Ich dachte, Sie wären noch unterwegs? In Finnland.«

»Unsere Mission ist beendet«, klärte ihn Mendelski auf. »Wir sind gestern Nacht zurück gekommen.«

»Wie - die Mission ist beendet? Haben Sie die Burschen ... ?«

»Kein Kommentar. Heute ist Sonntag. Da bleibt das Dienstliche außen vor. Wir sind privat hier.«

»Das soll ich glauben?« Dr. Wimmer stupste Mendelski an. »Aber, wo ich Sie gerade treffe: Passen Sie gut auf die Hirschtrophäe von *Pani Pronz* auf. Ich hole sie demnächst ab. Habe das mit Ihrem Chef so besprochen ... «

»Lass uns bloß weitergehen«, murmelte Maike Mendelski zu. »Der Kerl geht mir auf'n Sack.« Sie hakte sich bei Matthew ein und drängte ihn zum Gehen. Mendelski und seine Carmen schlossen sich ihnen an.

»Übrigens«, rief ihnen Dr. Wimmer noch nach. »Brauchen Sie noch einen Weihnachtsbaum? Auf dem Gutshof da hinten verkauft Förster Grube welche. Da kriegen Sie sicher Beamten-Rabatt ... « Seine letzten Worte mündeten in ein albernes Gekicher.

»So'n Vollpfosten!«, schimpfte Maike, als sie weit genug entfernt waren. »Jetzt hab ich meinen Glühwein verschüttet.«

Zehn Minuten später kamen sie beim Gutshof an, den man in den Weihnachtsmarkt integriert hatte. In dessen Mitte befand sich ein Rondell mit zwei Laubbäumen, unter denen etliche mannshoch abgesägte Blaufichten und Nordmannstannen aufgereiht standen – mit einem handgeschriebenen Schild: Weihnachtsbäume frisch aus dem Wald! Direkt vom Förster!

Henning Grube trat auf die Gruppe zu und begrüßte sie. Er schien sich tatsächlich über den Besuch zu freuen.

»Hab schon gehört. Mika ist im Krankenhaus und halbwegs wohlauf. Und die beiden Gangster sitzen im Gefängnis«, sagte er. »Und das Beste: Mika soll an dem Tod von Niilo gar keine Schuld haben.«

»Woher wissen Sie das denn?«, forschte Mendelski erstaunt. »Die Pressekonferenz ist doch erst morgen.«

»Tja, ich hab da so meine Informanten.« Henning Grube schmunzelte. »Nein, Spaß beiseite. Das hab ich von Lina Henke. Ein Kollege von Ihnen hat bei ihr angerufen und sie informiert, dass ihr Auto in Finnland sicher gestellt wurde. Bei der Gelegenheit hat ihn Oma Henke noch ein bisschen ausgehorcht. Dem Charme der alten Dame kann doch keiner widerstehen.«

»Oh, oh! Wenn das erst unser Chef erfährt ... «, kommentierte Maike.

»Mir werden Sie doch Näheres erzählen, oder?« Henning Grube trat einen Schritt näher, damit die Umstehenden nichts mitbekamen, und mimte den Vertrauten. »Was ist denn nun in Finnland genau passiert?« fragte er leise. »Und um was ging es eigentlich überhaupt?«

»Das«, wiegelte Robert Mendelski ab, »erfahren Sie morgen. Heute sind wir privat hier und hätten gern einen Weihnachtsbaum gekauft.«

»Das höre ich doch gern.« Eine junge, dunkelhaarige, ausnehmend hübsche Frau war neben ihnen aufgetaucht. »Was soll es denn sein? Eine Blaufichte oder eine Nordmannstanne?«

»Das ist Annika«, stellte Henning Grube die junge Dame vor. »Meine Freundin. - Und das sind die Kriminalkommissare Mendelski und Schnur aus Celle.«

»Ach, Sie sind das«, erwiderte die junge Frau fröhlich. »Henning hat mir viel von Ihnen erzählt.«

»Ich hoffe, nur Gutes«, kokettierte Maike.

Das Gesicht des Försters lief rot an. Annika sprang ihm zur Seite: »Natürlich. Nur Gutes. Allerdings haben ihn die Ereignisse der letzten Woche auch arg mitgenommen. Er hat ja kaum geschlafen, sich immens Sorgen um Mika gemacht, und sogar Vorwürfe. Als ob er eine Mitschuld an dem Drama hätte. Zu guter Letzt wollte er schon unsere Thailandreise absagen ... «

»Ach, lass das doch.« Henning Grube war sichtlich unwohl in seiner Haut. Seine rötliche Gesichtsfarbe war in hektische Blässe umgeschlagen.

»Nein, nein.« Annika ließ nicht locker. »Das können sie doch ruhig wissen. Zwischendurch bist du auf dem Zahnfleisch gegangen, hast dich sogar mit mir gestritten. Thailand wäre gestorben. Das ginge jetzt nicht mehr. Wegen des Geldes ... «

»Jetzt hör aber auf!«, fuhr Henning Grube dazwischen. Er reagierte aus dem Stand derart erbost, dass sich nicht nur seine Freundin wunderte.

Dann wandte er sich den Kriminalbeamten zu und riss sich zusammen.

»Was jetzt?«, fragte er betont freundlich. »Blaufichte oder Nordmannstanne?«

Eineinhalb Stunden später waren sie auf der Heimfahrt in Richtung Celle. Auf dem Dachgepäckträger ihres Autos trotzte ein eingenetzter Weihnachtsbaum dem Fahrtwind. Eine stattliche Nordmannstanne von zweieinhalb Metern Höhe.

Carmen Pidal-Mendelski, die sich mit einem Glühwein begnügt hatte, saß am Steuer, ihr Mann hatte auf dem Beifahrersitz

Platz genommen. Sie fuhren gerade durch Bockelskamp, als Maike sich nach vorn beugte und ihren Kopf zwischen die Sitzlehnen steckte.

»Sorry, Carmen. Aber ich hab da noch eine dienstliche Frage an Robert. Es ist die letzte für heute, ich versprech's«.

Carmen lächelte gutgelaunt. »Nur zu.«

Maike wandte den Kopf leicht nach rechts.

»Robert.« Sie flüsterte nahezu. »Hast du nicht auch den Eindruck, dass uns der Förster Grube etwas Wesentliches vorenthält?«

»Absolut.«

»Da bin ich aber beruhigt, dass ich nicht die einzige bin.«

Maike Schnur zog ihren Kopf zurück und ließ sich in Matthews Arme sinken. Ihr stand eine schlaflose Nacht bevor.

Danksagung

All denen, die mit Informationen, Rat und Tat
zum Gelingen dieses Buches beigetragen haben, möchte ich
an dieser Stelle herzlich danken:

Jan Rahola - finnischer Harvesterfahrer
(weder verwandt noch verschwägert mit Mika Rahola)
Lauri Humppi - finnischer Forwarderfahrer (lebt gottlob noch)
Christian Damrau - Forwarderfahrer

Stefan Hausmann - Bezirksförsterei Flotwedel
Antje Richard - Polizeiinspektion Celle
Burghard Türk - Revierförsterei Hänigsen
Günter Schröder - Forstamt Stadtwerke Hannover
Renate Hartmann - Tourist-Information Wienhausen
Margot Hirsch - Allgemeines Krankenhaus Celle
Ina Rehwinkel - Sparkasse Celle
Anne und Roger Everest-Phillips - Sidmouth, Südengland
Anja Plesse - Kleinburgwedel

Ganz besonderer Dank gilt
Uli Hilgefort (siehe Impressum), seiner Frau *Barbara*
und natürlich meiner Familie.

Dies ist ein Roman. Sämtliche Figuren und Ereignisse
sind frei erfunden. Jede Ähnlichkeit mit Begebenheiten und
Namen, mit lebenden oder verstorbenen Personen ist nicht
beabsichtigt und wäre rein zufällig.

Die verwendeten geographischen Daten
- wie Städte, Dörfer, Straßen, Wälder, Wiesen, Bäche und
andere Landschaften - gibt es tatsächlich, ebenso
die Mehrzahl der übrigen Lokalitäten.

Glossar

Erläuterungen zu den in diesem Roman verwendeten Ausdrücken aus der Jägersprache und dem Forstbereich:

Achter	Rothirsch mit jeweils vier Enden an beiden Geweihstangen
äugen	blicken, sehen (bei allen Wildarten)
Ansitz	Einzeljagd, wobei der Jäger das Wild in guter Deckung erwartet (in der Regel vom Hochsitz aus)
Ansitzbock	niedriger Hochsitz, speziell für Drückjagden
aufwerfen	beim Schalenwild: das Haupt heben, um zu sichern
Augsprosse	unterstes Ende vom Geweih beim Rot- und Damhirsch
Auslage	Abstand der Geweihstangen voneinander
Bache	weibliches Wildschwein vom 3. Lebensjahr an
Blattschuss	Schuss, der das Wild im Bereich des Schulterblatts trifft (dahinter befinden sich die lebenswichtigen Organe wie Herz und Lunge)
Blattzeit	Brunftzeit des Rehwildes
brechen	den Boden bei der Suche nach Fraß aufwühlen
Brunft	Paarungszeit des wiederkäuenden Schalenwildes
Decke	behaarte Haut beim Schalenwild (ausgenommen Schwarzwild, dort Schwarte)
Doublette	Erlegen von zwei Stück Wild unmittelbar hintereinander mit zwei Schüssen, ohne die Waffe abzusetzen
Drückjagd	Form einer Treibjagd auf Schalenwild
Fallwild	im Gegensatz zu erlegtem alles aus sonstiger Ursache tot aufgefundene Wild

Forwarder	Forstmaschine (auch Rückezug oder Tragrückeschlepper), die geerntetes Holz aus dem Bestand an den Waldweg vorliefert
Frischling	beim Schwarzwild Jungtier im ersten Lebensjahr
Gebrech	Maul beim Schwarzwild
Geweih	Stirnwaffen der Cerviden aus Knochensubstanz, die jährlich abgeworfen und neu gebildet werden
Harvester	Holzerntemaschine (Vollernter), die alle anfallenden Teilarbeiten der Holzernte ausführen kann: Fällen, Entasten, Vermessen, Einschneiden, Zopfen, Ablegen
Hauptschwein	starker Keiler
Ia-Hirsch	Kapitaler Rothirsch, Kronenhirsch, mindestens zehn Jahre alt, mit einem bestimmten Mindest-Geweihgewicht
IIIb-Hirsch	ein bis drei Jahre alter, schwach veranlagter Rothirsch
Hute-Eiche	weit ausladender Laubbaum, der für Weidevieh gepflanzt wurde
Keule	Schenkel des Haarwildes
kirren	Ausbringen von kleinen Mengen Futter zum Anlocken von Wild
Kluppe	Schieblehre zum Messen von Baumdurchmessern
Lauscher	Ohren beim Schalenwild (ausgenommen Schwarzwild, dort Teller)
Lebenshirsch	ein äußerst kapitaler, rekordverdächtiger Hirsch
Luder	in Verwesung übergegangene Tierleiche oder Teile davon (Aas)
Naturverjüngung	Entstehung neuen Waldes durch Anflug oder Aufschlag von Baumsamen
Paketschuss	unbeabsichtigter Doppeltreffer

Rotte	Gemeinschaft (Sozialverband) beim Schwarzwild
Rückegasse	unbefestigter Weg oder Schneise zum Holztransport
Schalenwild	dem Jagdrecht unterliegende Paarhufer, wie zum Beispiel Reh-, Rot-, Dam- und Schwarzwild
Schlumpschütze	schlechter, ungeschickter, auch leichtfertiger Schütze
Schmalreh	weibliches Reh im zweiten Lebensjahr
Seher	Augen beim Haarwild (ausgenommen Schalenwild, dort Lichter)
sichern	beim Wild: aufmerksames Beobachten der Umgebung mit allen Sinnesorganen
Ständer	Beine beim Federwild (ausgenommen Schwimm- und Greifvögel)
Stangenholz	jüngerer Baumbestand (Hochwald)
Träger	Hals beim Schalenwild
Trittsiegel	Abdruck eines einzelnen Laufes (Bein des Haarwildes)
Überläuferkeiler	männliches Wildschwein im zweiten Lebensjahr
Ungerader Zwanzigender	Rothirsch mit zehn Enden an der einen und weniger als zehn an der anderen Geweihstange
verenden	Wild verendet, wenn es infolge von Verletzungen aufgrund akuter äußerer Einwirkungen ums Leben kommt; dagegen: eingehen
verludern	in Verwesung übergehende tote Tiere
waidmännisch	waidgrecht (unter Beherrschung des Jagdhandwerks)
Wildbergehaken	Stahlhaken zum Transportieren des Wildes
Wundbett	Lager von verletztem Schalenwild

CHRISTIAN OEHLSCHLÄGER

Wo Hirsch und Has'...

Jagdgeschichten

Hardcover
256 Seiten
Format: 13,2 x 21 cm

ISBN 978-3-7888-1490-8
EUR 14,95 (D)

Humorvolle, vor allem aber fantasiereiche und spannende Geschichten zu den Themen Jagd, Wild und Natur.
In *Der Leiterbock* geht es um die Jagd nach einem Konfirmationsbraten mit makaberen Begleitumständen. *Jagdzeit* erzählt von geheimnisvollen Hirschjägern anno 1849, die im Fuhrberger Königsforst selbst zu Gejagten werden. Meister Lampe gerät am Heiligen Abend in *Es ist ein Has' entsprungen* auf gefährliche Abwege. Auch ohne Jagdschein kommt ein jagender Geistlicher – mit dem Segen von höchster Stelle – in *Der Pastor von Gillerbeck* zu Schuss. *Holland&Holland* handelt von einem betrügerischen Landarzt und Waffennarr, der eine böse Überraschung erlebt, während sich *Der Mongolfasan* mit einem störrischen Gockel beschäftigt, der partout nicht als Weihnachtsbraten herhalten möchte. Und in *Winternacht* wird es richtig gruselig ...

Verlag J. Neumann-Neudamm AG
Schwalbenweg 1 34212 Melsungen
Tel 05661.9262-26 Fax 05661.9262-19
info@neumann-neudamm.de www.neumann-neudamm.de

NEUMANN-NEUDAMM

Christian Oehlschläger

Wildwechsel

Jagdgeschichten

Hardcover
253 Seiten
Format: 13,2 x 21 cm

ISBN 978-3-7888-1296-6
EUR 14,95 (D)

Neumann-Neudamm

Zwölf Geschichten, die das (Jäger-)Leben schrieb: spannend, voller Witz und Komik und mit tragischen Momenten. Christian Oehlschläger erzählt sie, als wäre er dabei gewesen.
Dem Leser mag das eine oder andere bekannt vorkommen – kein Wunder: die Geschichten ranken sich um einen wahren Kern, wurden aber auf meisterhafte Weise – mit Fantasie und sprachlichem Geschick – neu gestaltet. Sieben Sauen auf einen Streich, erlegt von einem Waldarbeiter ohne Jagdschein – wann hat man je so etwas gehört? Was macht ein Hirsch mit Christbaumkerzen im Geweih? Ein Jagdhund, der einen Fisch erbeutet; die Trophäe, die sich an ihrem Erleger rächt; der Minikrimi um den Weihnachtsbaumdieb mit einer höchst überraschenden Wendung – all das hat mit Jägerlatein nicht das Geringste zu tun. Oder?
Jäger und andere Naturfreunde erwartet ein erfreuliches Lesevergnügen.

Verlag J. Neumann-Neudamm AG
Schwalbenweg 1 34212 Melsungen
Tel 05661.9262-26 Fax 05661.9262-19
info@neumann-neudamm.de www.neumann-neudamm.de